专用于国家职业技能鉴定

国家职业资格培训教程

核燃料元件生产工

（芯体制备初级技能　中级技能　高级技能
技师技能　高级技师技能）

中国核工业集团有限公司人力资源部
中国原子能工业有限公司　**组织编写**

U0333000

中国原子能出版社

图书在版编目(CIP)数据

核燃料元件生产工:芯体制备初级技能 中级技能
高级技能 技师技能 高级技师技能 / 中国核工业集
团有限公司人力资源部,中国原子能工业有限公司组
织编写. —北京:中国原子能出版社,2019.12
 国家职业资格培训教程
 ISBN 978-7-5022-7014-8

Ⅰ. ①核… Ⅱ. ①中… ②中… Ⅲ. ①燃料元件—制
造—技术培训—教材 Ⅳ. ①TL352.2

 中国版本图书馆 CIP 数据核字(2016)第 002146 号

核燃料元件生产工(芯体制备初级技能 中级技能 高级技能 技师技能 高级技师技能)

出版发行	中国原子能出版社(北京市海淀区阜成路 43 号 100048)
责任编辑	肖 萍
装帧设计	赵 杰
责任校对	冯莲凤
责任印制	潘玉玲
印 刷	保定市中画美凯印刷有限公司
经 销	全国新华书店
开 本	787 mm×1092 mm 1/16
印 张	16
字 数	396 千字
版 次	2019 年 12 月第 1 版 2019 年 12 月第 1 次印刷
书 号	ISBN 978-7-5022-7014-8 定 价 72.00 元

网址:http://www.aep.com.cn **E-mail:atomep123@126.com**
发行电话:010-68452845 版权所有 侵权必究

国家职业资格培训教程

核燃料元件生产工(芯体制备初级技能 中级技能 高级技能 技师技能 高级技师技能)

编审委员会

前　言

为推动核行业特有职业技能培训和职业技能鉴定工作的开展,在核行业特有职业从业人员中推行国家职业资格证书制度,在人力资源和社会保障部的指导下,中国核工业集团有限公司组织有关专家编写了《国家职业资格培训教程——核燃料元件生产工》(以下简称《教程》)。

《教程》以国家职业标准为依据,内容上力求体现"以职业活动为导向,以职业技能为核心"的指导思想,紧密结合实际工作需要,注重突出职业培训特色;结构上针对本职业活动的领域,按照模块化的方式,分为初级技能、中级技能、高级技能、技师技能和高级技师技能五个等级进行编写。本《教程》的章对应于职业标准的"职业功能",节对应于职业标准的"工作内容";每节包括"学习目标""生产准备""工艺操作"及"自检"等单元,涵盖了职业标准中的"技能要求"和"相关知识"的基本内容。此外,针对职业标准中的"基本要求",还专门编写了《核燃料元件生产工(基础知识)》一书,内容涉及:职业道德;相关法律法规知识;专业基础知识;辐射防护知识;安全文明生产与环境保护知识;质量管理知识。

本《教程》适用于核燃料元件生产工(芯体制备)的初级、中级、高级、技师和高级技师的培训,是核燃料元件生产工(芯体制备)职业技能鉴定的指定辅导用书。

本《教程》由颜学明、张歆军、毛成志、陈煜、布仁扎力根、辛秀广、蔡振方等编写,由杜维谊、王友良、谭耘、郭吉龙审核。中核建中核燃料元件有限公司承担了本《教程》的组织编写工作。

由于编者水平有限,时间仓促,加之科学技术的发展,教材中不足与错误之处在所难免,欢迎提出宝贵意见和建议。

中国核工业集团有限公司人力资源部
中国原子能工业有限公司

目 录

第一部分 核燃料元件生产工初级技能

第二部分　核燃料元件生产工中级技能

第三部分　核燃料元件生产工高级技能

第四部分　核燃料元件生产工技师技能

第五部分　核燃料元件生产工高级技师技能

第一部分　核燃料元件生产工初级技能

第一章　初级核燃料元件生产工理论知识

学习目标:通过学习成品芯体的技术要求、芯体制备用材料的一般性常识、常用量具的结构和使用方法、记录填写规范和要求、芯体标识和可追溯性规定、物料的存放和转移等内容,掌握初级核燃料元件生产工的相关理论知识。

第一节　成品芯体技术要求

学习目标:能够掌握成品芯体的技术要求。

由于世界各国的压水堆燃料组件设计上的差异,对燃料芯体的技术要求也不尽一致。这种不一致充分反映在相应的技术标准里。例如,美国材料和实验协会标准 ASTM C776,德国标准 RBG 和 RE-LE 840,法国标准 RCC-C,日本标准 JAERI 4053,虽然其基本内容相近,但具体指标仍存在一定差别。我国也制定了相应的国家标准 GB/T 10266—2008《烧结二氧化铀芯块技术条件》。

GB/T 10266—2008 等效采用国际公认的权威标准 ASTM C776—2006,该标准规定了烧结二氧化铀芯体的技术要求、芯体批、取样、实验和检验,以及包装和运输的要求。下面介绍该标准技术要求部分的主要内容。

一、化学要求

所有化学分析方法应采用国家标准或行业标准,或经供需双方一致同意的方法进行。

1. 铀含量

铀含量最小值为 87.7%(质量分数)。

2. 杂质含量

单个杂质元素最大含量限值不应超过表1-1的规定。表1-1所列杂质元素含量的总和不应超过 $1\,500\ \mu g/gU$。

表 1-1 杂质元素和最大含量限值

μg/gU

杂质元素	最大含量限值	杂质元素	最大含量限值
Al	250	H	1.3(总氢)
C	100	Fe	500
Ca+Mg	200	Ni	250
Cl	25	N	75
Cr	250	Si	500
Co	100	Th	10
F	15		

3. 氧铀比

芯体的氧铀比应控制在 1.99~2.02。

4. 水分含量

水分含量包括在总氢限值内(见表 1-1)。

二、核要求

1. 同位素含量

对于 ^{235}U 富集度低于 5% 的芯体,应采用 GB/T 13696《^{235}U 丰度低于 5% 的浓缩六氟化铀技术条件》中规定的同位素要求和放射性核素要求,或由供需双方共同商定同位素要求。

2. 当量硼含量

对于热中子反应堆,总当量硼含量应不超过 4.0 μg/gU,总当量硼含量是单个元素当量硼含量之和。

表 1-2 列出了在计算总当量硼含量时通常所考虑的元素和这些元素中子速度为 2 200 m/s 条件下测定的吸收截面值。计算当量硼含量所需的特定元素及其吸收截面值,取决于各反应堆的特性,表 1-2 仅作为一个例子。特定元素及其当量硼含量由供需双方商定。

表 1-2 当量硼因子

元 素	中子吸收截面/b	相对原子质量	当量硼因子	元 素	中子吸收截面/b	相对原子质量	当量硼因子
Ag	63.3	107.87	0.008 3	Cd	2 520	112.41	0.317 2
Ar	0.68	39.95	0.000 2	Cl	33.5	35.45	0.013 2
As	4.5	74.92	0.000 8	Co	37.2	58.93	0.008 9
Au	98.65	196.97	0.007 1	Cr	3.07	52.00	0.000 8
B	764	10.81	1.000 0	Cs	29	132.91	0.003 1
Br	6.9	79.91	0.001 2	Cu	3.78	63.54	0.000 8
Ca	0.43	40.08	0.000 2	Dy	940	162.50	0.081 8

续表

元　素	中子吸收截面/b	相对原子质量	当量硼因子	元　素	中子吸收截面/b	相对原子质量	当量硼因子
Er	159.2	167.26	0.013 5	Lu	76.4	174.97	0.006 2
Eu	4 565	151.97	0.425 0	Mn	13.3	54.94	0.003 4
Fe	2.56	55.85	0.000 6	Mo	2.55	95.94	0.000 4
Gd	48 890	157.25	4.399 1	N	1.90	14.01	0.001 9
Ga	2.9	69.72	0.000 6	Na	0.53	22.99	0.000 3
Ge	2.3	72.59	0.000 4	Nb	1.15	92.91	0.000 2
H	0.33	1.01	0.004 6	Nd	50.5	144.24	0.005 0
Hf	104.1	178.49	0.008 3	Ni	4.49	58.69	0.001 1
Hg	372.3	200.59	0.026 3	Os	16.00	190.20	0.001 2
Ho	64.7	164.93	0.005 6	Pd	6.90	106.42	0.000 9
Sc	27.20	44.96	0.008 6	Pr	11.5	140.91	0.001 2
Se	11.70	78.96	0.002 1	Pt	10.30	195.08	0.000 7
Sm	5 670	150.36	0.533 6	Re	89.70	186.21	0.006 8
Sr	1.28	87.62	0.000 2	Rh	145.20	102.91	0.020 0
Ta	20.6	180.95	0.001 6	Ru	2.56	101.07	0.000 4
Tb	23.4	158.92	0.002 1	S	0.52	32.06	0.000 2
Te	4.70	127.60	0.000 5	Sb	5.1	121.75	0.000 6
Th	7.37	232.04	0.000 4	Tl	3.43	204.37	0.000 2
Ti	6.1	47.88	0.001 8	Tm	105	168.93	0.008 8
I	6.2	126.90	0.000 7	V	5.08	50.94	0.001 4
In	193.8	114.82	0.023 9	W	18.4	183.85	0.001 4
Ir	425.30	192.22	0.031 3	Xe	23.90	131.29	0.002 6
K	2.1	39.10	0.000 8	Y	1.28	88.91	0.000 2
Kr	25.00	83.80	0.004 2	Yb	35.5	173.04	0.002 9
La	8.97	138.91	0.000 9	Zn	1.11	65.39	0.000 2
Li	70.6	6.94	0.143 9				

杂质元素的当量硼含量等于该元素当量硼因子与含量之积,单位为 $\mu g/gU$。

上述限定不适用于快中子反应堆。

三、物理要求

1. 几何参数

芯体几何参数由需方规定,几何参数包括芯体直径、高度、垂直度,有时还包括表面粗糙度等其他几何参数。

2. 芯体密度

芯体的密度由需方规定。天然同位素含量的二氧化铀芯体的理论密度为 10.96 g/cm³。采用几何方法或经供需双方商定的方法来测定。

3. 晶粒尺寸与孔隙形态

芯体的性能可能会受其晶粒尺寸与孔隙形态的影响，这些性能应由供需双方商定。

4. 芯体的完整性

检查芯体的完整性，其准则是保证在燃料棒装填时，芯体不发生过度损伤。验收实验方法包括与芯体外观标样的目视对比（一倍）或供需双方认可的其他方法，例如承载能力实验。

（1）表面裂纹

1）轴向裂纹长（包括延伸至芯体端部的裂纹）：小于二分之一高度；

2）周向裂纹长：小于三分之一周长。

（2）掉块

1）圆柱面掉块：

① 圆柱面掉块：小于芯体圆柱面表面积的 5％；

② 最大线性尺寸：最大线性尺寸应能确保在使用过程中使燃料性能保持稳定，其限值由供需双方商定。

2）芯体端部掉块：小于芯体端部面积的 1/3（可按芯体端部缺损 1/3 圆周检测）。

5. 芯体外观质量

成品芯体表面应无肉眼可见的夹渣和异物，如油污与磨削媒介。

四、标识

应采用标记或编码标识芯体的 ^{235}U 富集度。

五、辐照稳定性

为了评价芯体辐照稳定性，应采用 EJ/T 689《烧结 UO₂ 芯块热稳定性实验方法》进行热稳定性实验。

第二节　芯体制备用材料

学习目标：能掌握芯体制备用材料的一般性常识。

一、UO₂ 粉末

1. UO₂ 粉末的制备

UO₂ 粉末是压水堆普遍和大量使用的核燃料。目前，制备二氧化铀粉末的方法很多。以制备用的原料分，有两种情况：一种以 UF₆ 为原料，有 ADU、AUC、IDR、APU 和火焰法等；另一种，以生产过程中产生的废料（如废粉、废块、渣）为原料，则有 ADU 和过氧化铀法等。以制备的工艺分，大致分为干法和湿法两种。

2. UO_2 粉末的性能

从使用角度出发,粉末性能可分为化学性能、物理性能和工艺性能三个方面。

(1) UO_2 粉末的化学性能

严格控制 UO_2 粉末的化学成分是产品质量的需要。用作核燃料的二氧化铀,除了对总铀含量有严格的要求外,对化学杂质元素的含量也是非常苛刻的。这是因为,有害的杂质元素不但直接影响到核反应性,而且还可能在反应堆运行工况下造成组件事故,危及反应堆的安全。此外,某些杂质元素含量过高,常常使燃料加工发生困难。

(2) UO_2 粉末的物理性能

UO_2 粉末的物理性能包括颗粒形状、粒度及粒度组成、比表面、粉末的真密度和晶格状态等。

1) 颗粒形状:颗粒形状主要由粉末的生产方法决定,同时也与物质的分子或原子排列的结晶几何学因素有关。颗粒形状直接影响粉末的流动性、松装密度、气体透过性,另外对压制性与烧结体强度也有显著影响。粉末颗粒可分成如图 1-1 所示的几种类型。

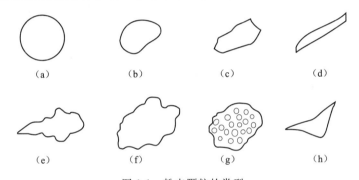

图 1-1 粉末颗粒的类型

(a) 球形;(b) 近球形;(c) 多角形;(d) 片状;(e) 树枝状;
(f) 不规则形;(g) 多孔海绵状;(h) 碟状

生产二氧化铀粉末可以有多种方法,不同的工艺流程得到的二氧化铀粉末,其颗粒形状很不相同。即使采用同一种工艺,也会因原料的不同和工艺参数的差异,导致粉末颗粒形状的较大差别。

2) 粒度和粒度组成:由于生产过程中不可能使每个粉末的颗粒尺寸都相同,因此,粉末体内的粉末颗粒尺寸只能处于一定的范围内。为了使用方便,常常将粉末体内的粉末颗粒按一定粒度筛分分级,并用各级粉末占整个粉末体的质量分数来表示粉末体的粒度组成。

3) 比表面:比表面是粉末体一个极其重要的物理特性。所谓比表面积是指单位质量或单位体积的粉末的表面积。粉末的比表面积愈大,则具有更大的表面能,或者说粉末的活性愈好。因此,它必然会对粉末的其他物理化学行为发生重要影响。

(3) UO_2 粉末的工艺性能

UO_2 粉末的工艺性能包括松装密度、振实密度、流动性、压烧性能等。

1) UO_2 粉末的流动性:UO_2 粉末的流动性通常指 50 g 二氧化铀粉末从标准的漏斗流出所需的时间,单位为 s/50 g。

粉末的流动性首先取决于粉末颗粒之间的摩擦,故受粒度及粒度组成、颗粒形状的影响。一般来讲,粉末颗粒愈细(比表面愈大),颗粒形状愈复杂(表面粗糙度愈大)的粉末,其流动性愈差。其次,粉末的流动性也受粉末含湿程度的影响,粉末的湿度愈大,流动性往往变差。

粉末的流动性主要影响成型过程。尤其是大规模工业生产中,对于二氧化铀粉末的自动压块过程,如果粉末的流动性不好,势必对压制成型不利,以至自动压块无法进行。

2)松装密度与振实密度:松装密度是指粉末在规定条件下自然充填容器时,单位体积内的粉末质量,单位为 g/cm³。振实密度系将粉末装于振动容器中,在规定条件下,经过振动后测得的粉末密度。

松装密度是粉末自然堆积的密度,它取决于颗粒间的黏附力、相对滑动的阻力以及粉末体孔隙被小颗粒填充的程度。

粉末的松装密度是粉末又一重要的工艺特性。对于粉末的压制成型影响极大,常常是压模设计的重要依据。

松装密度受粉末的粒度及粒度组成、颗粒形状和颗粒内孔隙的影响。显然,比表面大(颗粒尺寸小),形状复杂(表面粗糙度大)的粉末,其松装密度小;颗粒内孔隙大的粉末其松装密度也小。此外粉末松装密度的大小还决定于细粉末充填粗粉末颗粒之间空隙的程度,以及在装填粉末时"拱桥"的形成与破坏。

由于振实密度不受装填情况的影响,其测定值的重现性优于松装密度。振实密度一般要比松装密度大 20%~50%,这是因为粉末颗粒之间的间隙由于轻轻地振打而有效地消除,部分"拱桥"遭到破坏,从而使粉末的堆积更加紧密的缘故。

3)压烧性能:

① 二氧化铀粉末的压制性能。粉末的压制性包括压缩性和成型性两个方面。一般来讲,粉末的压缩性和成型性是互相矛盾的一对:压缩性好的粉末,成型性可能差;成型性好的粉末,压缩性可能不好。故判定粉末的压制性要兼顾压缩性和成型性两个方面。

压缩性又叫压紧性。它是指粉末在压制过程中被压缩的能力。故压缩性可在压制平衡图——压坯密度与压制压力的关系曲线上反映出来。常用一定压制压力(例如 400 MPa)下所得的压坯密度来表示它。

粉末的压缩性主要与粉末颗粒的塑性有关。良好的压缩性很明显是一个优点。它表明在较低的压力下就可以得到较高的压块密度,从而意味着能减少模具的磨损,或者说能在额定压力较小的压机上制备较大尺寸的零件。

粉末的成型性是指粉末在压成生坯后保持一定形状的能力。故成型性和生坯强度密切相关。实际上成型性是判断生坯质量的一个量度。因为烧结前的生坯只有具有足够的机械强度,才不至于在运送过程中被损坏。

成型性取决于压制压力,也取决于粉末的颗粒形状及粒度组成。定性地鉴别粉末的成型性,主要看生坯有无裂纹,表面状态如何。定量地测定成型性常用两种办法:一种是压坯的抗压实验;一种是转鼓实验。

生坯的抗压实验常在压力实验机上完成,或者采用加载杠杆装置进行。

生坯的转鼓实验又称 Rattle 强度实验,在 UO₂ 粉末的压制中用得很普遍。它从坯块抗边角稳定性出发来评价强度,也是判断粉末压制性的一项重要指标。现在,在 UO₂ 坯块的实验方面,实验者基本上沿用金属粉末里相关的标准。Rattle 实验采用图 1-2 所示的装

置。坯块在一个圆筒形转鼓金属丝网里以一定的速度滚动,用规定时间里坯块因磨蚀而损失的质量百分比表示坯块抗边角磨蚀的能力:

$$R = \frac{A-B}{A} \times 100\%$$ (1-1)

式中:R——质量损失率,%;

　　A——试样实验前质量,g;

　　B——实验后质量,g。

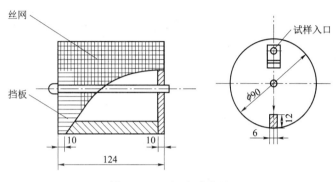

图 1-2　Rattle 实验装置

② 二氧化铀粉末的可烧结性。二氧化铀粉末的可烧结性是指在一定条件下,二氧化铀粉末制成的坯块经过烧结后达到某个密度值的能力。它是粉末的一种工艺性能,也是粉末的一种综合性能。由于它表征的粉末自身具有的烧结能力,故通常用规定条件下的粉末基体密度来表达。不同的粉末,其基体密度值有大小。也就是说,它们的可烧结性有差别。

二、常用添加剂

1. U_3O_8 粉末

加入 U_3O_8 粉末,既可以回收利用生产中的废块,同时又有利于改善二氧化铀粉末的压制性,增加芯体强度,对芯体密度进行调节。

2. 硬脂酸锌

硬脂酸锌主要是作为混合粉末的润滑剂,加入硬脂酸锌可以改善粉末的成型性,增加坯块强度。

3. 草酸铵

草酸铵主要是作为二氧化铀芯体制备中的造孔剂,防止堆内的密实化,同时加入草酸铵可以降低芯体密度。

第三节　常用量具的结构和使用方法

学习目标:能掌握常用计量器具的基本性能;能正确使用常用量具。

一、0.02 mm 的游标卡尺的结构和使用方法

1. 0.02 mm 的游标卡尺的结构

图 1-3 所示的分度值为 0.02 mm 的游标卡尺,由尺身、制成刀口形的内外量爪、尺框、游标和深度尺组成。它的测量范围为 0~125 mm。

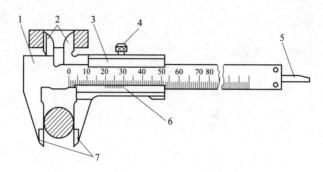

图 1-3 0.02 mm 游标卡尺

1—尺身;2—内量爪;3—尺框;4—紧固螺钉;5—深度尺;6—游标;7—外量爪

2. 刻线原理

图 1-4 所示的尺身上每小格为 1 mm。当两测量爪并拢时,尺身上的 49 mm 刻度线正好对准游标上的第 50 格的刻度线,则:

$$游标每格长度 = 49 \div 50 = 0.98 \text{ mm}$$

$$尺身与游标每格长度相差 = 1 - 0.98 = 0.02 \text{ mm}$$

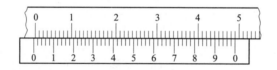

图 1-4 0.02 mm 游标卡尺刻线原理

3. 使用方法

1) 测量前应将游标卡尺擦干净,量爪贴合后游标的零线应和尺身的零线对齐。

2) 测量时,所用的测力应使两量爪刚好接触零件表面为宜。

3) 测量时,防止卡尺歪斜。

4) 在游标上读数时,避免视线误差。

二、千分尺

1. 普通千分尺的结构和使用方法

(1) 千分尺的结构

图 1-5 所示是测量范围为 0~25 mm 的千分尺,它由尺架、测微螺杆和测力装置等组成。

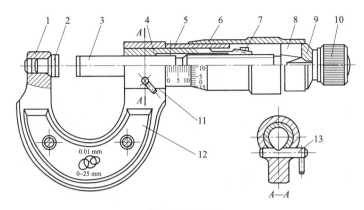

图 1-5　千分尺

1—尺架；2—测砧；3—测微螺杆；4—螺纹轴套；5—固定套筒；6—微分筒；7—调节螺母；
8—接头；9—垫片；10—测力装置；11—锁紧机构；12—绝热片；13—锁紧轴

（2）刻线原理

千分尺测微螺杆上的螺纹，其螺距为 0.5 mm。当微分筒 6 转一周时，测微螺杆 3 就轴向移进 0.5 mm。固定套筒 5 上刻有间隔为 0.5 mm 的刻线，微分筒圆周上均匀刻有 50 格。因此，当微分筒每转一格时，测微螺杆就移进：

$$0.5 \div 50 = 0.01 \text{ mm}$$

故千分尺的分度值为 0.01 mm。

（3）使用方法

1）测量前，转动千分尺的测力装置，使两侧面靠合，并检查是否密合；同时看微分筒与固定套筒的零线是否对齐，如有偏差应调整固定套筒对零。

2）测量时，用手转动测力装置，控制测力，不允许用冲力转动微分筒。千分尺测微螺杆的轴线应与零件表面贴合垂直。

3）读数时，最好不取下千分尺进行读数。如需要取下读数，应先锁紧测微螺杆，然后轻轻取下千分尺，防止尺寸变动。读数时要看清刻度，不要错读 0.5 mm。

2. 数字千分尺和电子数显卡尺

（1）数字千分尺

数字千分尺的读数部分是用数字显示的，其读数器采用齿轮机构，当测微螺杆转动时，带动齿轮机构使数字移动进位，可直接读出全部实测数值。

（2）电子数显卡尺

电子数显卡尺采用容栅或光栅传感器和专用集成电路来实现数字化测量，测量结果用液晶显示，仅需一只氧化银纽扣电池供电即可。电子数显卡尺可用于工件的内外尺寸、小孔、深度、台阶深度等长度尺寸的绝对和相对测量，在量程范围内可在任意位置清零，具有测量效率高、体积小、使用方便等优点。该尺的测量范围为 0～150 mm，分辨率为 0.01 mm。

三、电子天平的结构和使用方法

1. 电子天平的结构

图 1-6 所示为常用的电子天平，它主要由称量盘、水平仪、功能键、除皮键、显示器和电

源开关组成。

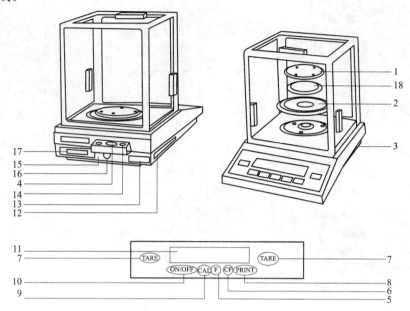

图 1-6 电子天平的结构

1—称量盘;2—屏蔽环;3—地角螺栓;4—水平仪;5—功能键;6—CF 键;7—除皮键;8—打印键;

9—调换键;10—接通/关断键;11—显示器;12—合格标签;13—型号标牌;14—防盗装置;

15—解除连锁开关;16—电源接口;17—数据接口;18—天平底盘

2. 电子天平的使用方法

(1) 开机前的准备工作

1) 连接天平的电源,所接电源必须与变压器上的标出电压值相一致;

2) 检查天平的屏蔽环及称量盘是否到位;

3) 借助于水平仪校正电子天平水平,在电子天平使用地点调整地脚螺栓的高度,使水平仪内的空气泡正好位于圆环的中央。

(2) 电子天平的操作

电子天平的操作包括:

1) 预热时间,为了达到理想的测量结果,电子天平初次接通电源或在长时间断电之后,至少需要 30 min 的预热时间,只有这样才能达到所需要的工作温度。

2) 在接通电源后,电子称量系统自动实现自检功能,当显示器显示零时,自检过程即结束,此时天平工作准备就绪。

3) 在显示器左下方显示"0",表示仪器处于待机状态,表明显示器已通过 1/0 键关闭,天平处于工作准备状态,一旦接通,仪器便可以立刻工作,不需要预热。但仪器必须经过清零后,才能执行准确的质量测量。

4) 将称量物小心放到称重盘或支架物上,当显示器上出现为稳定标记的质量单位"g"或左下角"."符号消失后,方可读出质量数值。

3. 电子天平的调整和校对

1) 应考虑电子天平的灵敏度与其工作的匹配特性,并在预热过程执行完毕后进行调整。当天平改变了场所,或者受环境的改变及仪器变动后,都必须进行重新调效。读数 <0.1 mg 的电子天平都配有一个内置的校对砝码。该砝码由电机驱动,并结束调效过程 之后被重新卸载,可选择外部校正及灵敏测度测试。

2)当显示为"0"时,用"CAL"键激活校正功能,即:持续按住"CAL"键来完成,特别提 示,在校零时,不许在称量盘上加装。

4. 电子天平的维护与保养方法

1)清洗:在对仪器清洗之前,将仪器与工作电源断开。使用中性清洗剂(肥皂)浸液擦 洗,应特别注意不要让液体渗到仪器内部。在湿毛巾擦完后,再用一块干燥的软毛巾擦干。 被测件剩余物必须小心用毛刷去除。

2)安全检查:① 浸液洒入电子天平内、按键上或显示器上;② 变压器出现人眼可见的 破损情况;③ 变压器不能正常工作;④ 长期存放于恶劣的环境中出现锈迹。出现以上的情 况应停止使用。

第四节　记录填写规范和要求

学习目标:能掌握记录的定义、作用、填写规范及保存要求。

一、记录的定义

记录是指阐明所取得的结果或提供所完成活动的证据的文件。

对质量有影响的各项活动应按规定要求做好记录。记录不限于书面的,还可以是构成 客观记录的录像带、磁带、照片、见证件或其他种种方式存储的资料。

二、记录的作用

记录的作用是提供证据,表明产品、过程和质量管理体系符合要求和质量管理体系得到 有效运行,对其进行分析可作为采取纠正措施和预防措施的依据,可为完善质量管理体系提 供信息。

三、记录的填写规范和要求

组织应对记录的标识、储存、检索、保护、保存期限和处理进行控制,并制定相应的文件。 为证明产品符合要求和质量管理体系有效运行所必需的记录。如:培训记录、工艺鉴定记 录、投产记录、管理评审记录、产品要求的评审记录、设计和开发评审、验证、确认结果及跟踪 措施的记录、设计和开发更改记录、供方评价记录、产品标识记录、产品测量和监控记录、校 准结果记录等。

1. 记录的填写

汉字的填写采用第一次公布的简化字,书写字体要求工整,笔画清楚、间隔均匀、排列整 齐。字母与数字参照 GB/T 1491《中华人民共和国国家标准技术制图　字体》中的直体字。

当记录需要修改时,应在原错误内容上画一条横线,并在其上签注修改人姓名、日期,在 附近空白处重新填写正确的内容,原错误内容应能辨认。每一页记录最多允许修改 3 处;不允许使用涂改液或挖补、纸贴的方式修改数据。

2. 记录的保存

记录分为永久性记录和非永久性记录,永久性记录保管期限为 50 年以上,非永久性记录的保管期限分长期保管和短期保管,长期保管期限为 16 年以上至 50 年,短期保管期限为 15 年以下,我厂的岗位记录一般属于短期保管记录,要求至少保存到所属燃料组件寿期终止。

记录保存时,应对记录进行标识,应能分清是何种产品、生产日期、保存期限等内容。记录的储存必须确保记录不变质,记录应装订成册或装入文件夹,放置在铁皮文件柜中。一些特殊记录应特殊保存,如 X 射线底片,其保存要求密闭、干燥、温度变化小。定期对记录进行检查,一般记录一年检查一次,对重要的记录或与环境条件密切相关的记录,应缩短检查周期。如 X 射线底片可以采取半年检查一次。检查内容主要包括:记录完好无损、无短缺;储存柜完好,保存条件符合要求。

第五节　芯体标识和产品的可追溯性规定

学习目标:能够识别和使用芯体标识。

一、成品芯体的富集度标识

1. 图形富集度标识

不同富集度 UO_2 芯体按照不同的图形标识要求,标识位置在 UO_2 芯体的一个或两个端面上。

2. 数字富集度标识

数字富集度标识文字采用印刻在模具的上冲头上。以富集度为 4.20% 的芯体为例,其标识如图 1-7 所示。

采用数字富集度标识后,原有的图形富集度标识继续有效,但在同一次生产中只采用一种标识。

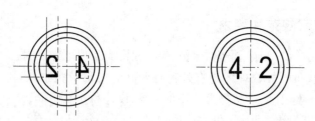

(1)数字标识上冲头俯视图　　　(2)数字标识芯体上端面俯视图

图 1-7　芯体富集度标识

二、成品芯体的批次标识

烧结芯体经磨削装盘后应标有芯体富集度、材料、制造年份、芯体批号、压机号、炉号、正或返料、烧结舟号及等级,相应标识符号见表1-3所示。

表1-3 成品芯体标识符号

××	P	××	××	×	×	+、-	×××	A、B 或 J
富集度	表示芯体	制造年份	芯体批号	压机号	烧结炉号	正、返料	舟号	A级芯体(可省略)、B级芯体、J配高块

三、产品的可追溯性

质保部门应根据产品特点制订质量跟踪方案及质量跟踪的方法。当质保部门所制订的跟踪方案不能够满足生产者检验部门内部实现可追溯性要求时,生产检验部门应根据实际情况制订跟踪办法,如:制订鉴定样品的编号规则和射线底片的编号规则等。对物项及标识的跟踪,可以通过检验报告单、跟踪单、流通卡等质量记录的形式实现追溯,对具体跟踪的内容与要求应作出详细规定,以达到从原材料开始至最终产品产出的全过程质量跟踪。

第六节 物料的存放和转移

学习目标:能够对物料进行正确转移和存放。

一、二氧化铀粉末的交接和存放

1. 二氧化铀粉末的交接

二氧化铀粉末领用单位,在生产前应提前向主管部门申报用料计划,填写核物料领用申请报告,报主管部门审批后办理领料手续。二氧化铀粉末必须经质保部门放行后方可进行交接和转运。转运的二氧化铀粉末必须进行称重并具有铀总量分析数据。

2. 二氧化铀粉末的贮存管理

入库的二氧化铀粉末必须数据齐全,标识清楚,容器表面干净,不符合要求,严禁入库。二氧化铀粉末的装载量和存放位置等应严格按《岗位临界安全操作细则》执行。不同富集度的二氧化铀粉末必须进行分区隔离,并有明显的富集度标识牌。

二、二氧化铀芯体交接和存放

1. 二氧化铀芯体的交接

二氧化铀芯体领用单位,在生产前应提前向主管部门申报用料计划,填写核物料领用申请报告,经审批后办理领料手续。二氧化铀芯体必须经质保部门放行后方可进行交接和转运。转运的二氧化铀芯体必须进行称重并具有铀总量分析数据。

2. 二氧化铀芯体的贮存管理

入库的二氧化铀芯体必须数据齐全,标识清楚,容器表面干净,不符合要求严禁入库。二氧化铀芯体的装载量和存放位置等应严格按《岗位临界安全操作细则》执行。不同富集度的二氧化铀芯体必须进行分区隔离,并有明显的富集度标识牌。

第二章 制备核燃料生坯芯体

学习目标:通过学习掌握制备八氧化三铀粉末和制备核燃料生坯芯体的基本操作及相关知识。了解生坯芯体表面缺陷的种类及生坯芯体外观检查方法。

第一节 生坯芯体制备的工艺流程

学习目标:能掌握生坯芯体制备的工艺流程。

由二氧化铀粉末制造二氧化铀生坯芯体,采用传统的粉末冶金工艺,其工艺流程如图 2-1所示。

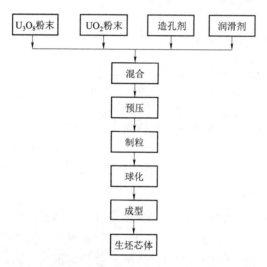

图 2-1　生坯芯体制备的工艺流程

第二节 八氧化三铀粉末的制备

学习目标:能正确掌握制备八氧化三铀粉末的基本操作及相关知识。

一、制备八氧化三铀粉末的工艺流程

八氧化三铀粉末是采用粉末冶金方法制备二氧化铀芯体的常用添加物。生产中添加八氧化三铀粉末,不仅可以有效地改善二氧化铀粉末的压制性,调节二氧化铀芯体的烧结密度,而且可以直接回收二氧化铀芯体制造过程中产生的废品。八氧化三铀粉末可用灼烧铀盐或铀氧化物的方法获得。

通常采用的 U_3O_8 粉末干法制备工艺流程如图 2-2 所示,其基本过程包括备料、氧化、冷却、筛分、均匀化合批、质量检验和放行。

氧化过程是工艺流程中的核心,决定产品的质量。如何控制好氧化过程是整个生产的关键所在,通常除严格控制各工艺参数外,生产人员还要认真做好设备运行监护,保证设备安全稳定地运行才是整个生产的保障。

冷却采用自然冷却方式。通常在氧化炉断电后,让物料在炉内自然冷却或把物料推入冷却箱内冷却。

筛分是保证产品质量,去除杂质、杂物的必要手段。操作人员务必做到精心操作,随时监护筛网的工作情况,并严格按规定拆换筛网。

均匀化合批就是把来自同一种物料形态的 U_3O_8 粉末混匀的全过程。使容器内的物料物理化学性能均一,以便下一道工序的配料添加。

图 2-2　U_3O_8 粉末干法
制备工艺流程

合批后的 U_3O_8 粉末按质保部门文件规定取样分析粉末性能。合格的 U_3O_8 粉末在容器上附上产品卡,标明富集度和质量数据,并贴上质保部门签发的产品合格证。

二、常用氧化炉的结构

常用于制备 U_3O_8 粉末的设备有箱式电阻炉和自动氧化装置。下面仅介绍箱式电阻炉和 02WF2 自动氧化装置。

1. 箱式电阻炉

箱式电阻炉包括炉体和电气仪表控制柜,示意图如图 2-3 所示。箱式电阻炉测量温度一般使用 K 型热电偶。

把装好料的料盘置于炉膛内的舟架上,再启动电源开关,使氧化炉自然升温到规定的温度,同时调整压空流量,保温一段时间,然后冷却出炉。

2. 02WF2 自动氧化装置

02WF2 自动氧化装置是集氧化炉、冷却箱和筛分装置于一体的综合型设备。基本结构如图 2-4 所示。

02WF2 自动氧化装置分为四大系统,分别是:

1)氧化反应系统,包括氧化炉和压空过滤器。

2)压空气动系统,共有 6 个工作气缸,分别是进舟气缸、前炉门气缸、后炉门气缸、横推气缸、出舟气缸和推料气缸。

3)按钮操作系统,包括就地前操作箱、就地后操作箱、PLC 控制柜。

4)辅助系统,包括进料箱、冷却箱、出料箱、负压装置、筛分系统。

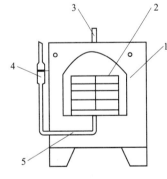

图 2-3　箱式电阻炉结构示意图
1—氧化炉炉体;2—舟架;3—排气管;
4—压空流量计;5—进气管

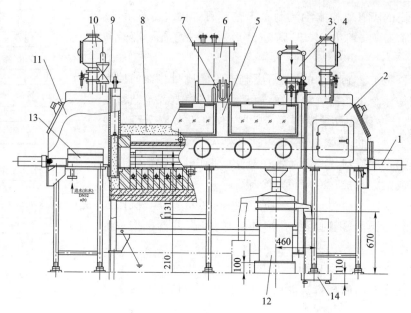

图 2-4　02WF2 自动氧化装置基本结构

1—气缸;2—进料工作箱;3、4、10—负压过滤器;5—筛分工作箱;6—压空过滤器;7—负压计;
8—氧化炉;9—滑轮;11—冷却箱;12—回旋筛;13—料舟;14—电子台秤

三、氧化炉的操作步骤

1. 箱式氧化炉的操作步骤

箱式氧化炉的操作步骤包括:

1) 启动设备前,首先检查电源、配电装置和通风是否完好,排除异常情况。

2) 按工艺要求设定好温度、时间和压空流量炉内压力。

3) 把备好物料的料盘推上炉中格架,关闭炉门。

4) 开启通风,合上炉子电源,使炉子加热到工作温度、并保持恒温。

5) 记录物料种类、批号、富集度、日期和操作人员。

6) 作好设备运行记录。

7) 待反应完毕,关闭电源,冷却后出炉将料盘置于料柜内。

2. 02WF2 自动氧化装置的操作步骤

02WF2 自动氧化装置的操作步骤包括:

1) 检查电源、压空、排风、冷却水,排除异常状况。

2) 按工艺要求设定好温度、时间、压空流量和炉内压力。

3) 把待氧化的物料均匀地装入舟内。

4) 使料舟框架处于进舟的正常位置。

5) 把舟置于料舟框架上。

6) 按下自动运转按钮。

7) 自动状态下,踩下脚踏开关,前后炉门打开,推料气缸推出、退回;横推气缸推出退回;出舟气缸推出,确认待进炉料舟到位后,再踩下脚踏开关,进料气缸推出(进料),出舟气缸退回(出料),进料气缸退回,完成五次出料、进料后,前后炉门关闭,炉子按设定好的升温时间、保温时间、降温时间自动转入氧化阶段。等待运行完毕,蜂鸣器提示。准备下一周期的生产运作。

8) 停炉,依次关闭压空、排风、冷却水、电源。

四、氧化炉的维护和保养

氧化装置在运行期间要严格遵守操作规程,杜绝违章指挥和操作。此外,操作人员还应做好以下几点:

1) 各温控仪表、热电偶等定期进行计量检定,保证其在有效期内使用。
2) 检查所有电器组件的连接部分是否紧固可靠。
3) 检查加热炉丝的连接是否良好,绝缘、接地是否达到要求。
4) 更换加热丝需更换与原阻值相同或相近的加热丝。
5) 拆卸安装气缸推板时,需先将紧固螺杆上面的粉尘清洗干净,再进行拆装,以防损坏气缸。

第三节　混　合

学习目标:能正确掌握混合的基本操作及相关知识。

一、混料器的结构及性能

在二氧化铀芯体制造过程中,为了获得符合二氧化铀芯体技术条件所要求的密度和微观结构,往往需要在二氧化铀粉末中添加八氧化三铀粉末、草酸铵和硬脂酸锌等添加物。这些添加物粉末必须均匀地分布在基体二氧化铀粉末中。因此,混合这一道工序在二氧化铀芯体制造中是必不可少的。

混合一般是指将两种或两种以上不同成分的粉末混合均匀的过程。有时候,为了需要也将成分相同而粒度不同的粉末进行混合,这种过程称为合批。

混合有机械法和化学法两种。对于二氧化铀粉末的混合,通常采用机械法。常用的混料器有轨道螺旋式混合器(又称单锥混料器)、V形混料器、高效搅拌混料器,有的甚至就采用一个简单的框架式混料器。混合器有多种多样,依据的混合机制也不相同。但从宏观上看,粉末在混合器里的混合作用不外乎依靠扩散、对流和剪切三种主要的运动形式。轨道螺旋式混合器是用得较为广泛的一种混料器,在一个倒锥形混合器里,混料螺旋既作公转也作自转,使二氧化铀粉末和八氧化三铀粉末以及草酸铵、硬脂酸锌粉末互相扩散和对流,最后达到混匀的目的。轨道螺旋式混合器的结构如图 2-5 所示。

轨道螺旋式混合器由筒盖部分、转动部分、螺旋部分、筒体部分、出料阀和电气控制部分等构成。

轨道螺旋式混合器的工作原理:

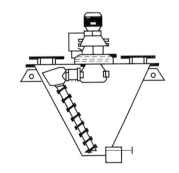

图 2-5　轨道螺旋式混合器的结构

1) 混合器螺旋的快速自转,物料向上提升,形成沿筒臂由下向上的螺旋物料流。

2) 转臂带动的螺旋公转运动,使螺旋外的物料不同程度进入螺柱包络线内。一部分物料被抛出螺柱,从而达到全圆周方位物料的不断更新扩散。被提到上部的物料再向中心凹穴汇合,形成一股向下的物料流,补充了底部的空穴,从而形成对流循环。

3) 由于上述运动的复合,物料可在较短时间内获得均匀混合,混合均匀程度较高。

二、混料操作步骤

1. 混合准备

混合前的准备工作包括备料、设备检查和文件核对。

(1) 备料

备料工作有三项内容:

1) UO_2 粉末和其他添加物粉末重量的核实;

2) 将需混合的粉末料桶吊装到合适的位置;

3) 准备好装料工具和取样器。

(2) 设备检查

正式装料前必须认真进行设备检查,其主要检查内容有:

1) 负压系统:

① 检查风机的油面指标是否在合适位置;

② 系统阀门位置是否正确;

③ 试启动,听听电机和风机响声是否正常;

④ 停机再启动,看看负压指示能否达到规定要求。

2) 混料系统:

① 混合器各阀门是否在正确位置;

② 中间容器的过滤管是否有泄漏;

③ 检查电子秤是否处于正常状况;

④ 检查吸料器与各连接软管是否完好;

⑤ 氮气供给是否正常。

(3) 文件核对

在正式往混合器里抽料前,还应该仔细核对文件。文件核对包括:

1) 适用记录和操作文件是否符合规定。

2) 按照操作文件,核对:粉末批号、料桶号、^{235}U 富集度、UO_2 粉末重量、添加物的重量等。

2. 混料操作

混料操作大致分为以下几个步骤:

(1) 往混合器里抽料

一般情况下,使用负压输送系统将被混物料抽入混合器。

(2) 混合

按启动按钮,混料开始,同时要通入一定量的氮气。螺旋混料器将按工艺设定的参数进行自动工作,直至混合完毕。混合结束,停止供氮。

（3）取样

混合后,按有关文件规定取样进行粉末的质量检验。

（4）记录和检查

每混合一个批次,按规定认真填写工艺卡,同时做好原始数据、设备运行状况、交接班记录。

三、螺旋混料器的检修和维护保养

每天工作结束时应将设备擦拭干净。经常检查螺旋混料器的易损件的磨损情况。定期检查混料器相关部件的润滑状况,应保持油质清洁、良好。定期检查电气系统。

第四节　制粒和球化

学习目标:能正确掌握制粒和球化的基本操作及相关知识。

一、概述

制粒是将小颗粒的粉末制成大颗粒或团粒的工序。陶瓷级二氧化铀粉末由于颗粒很细,流动性较差,无法满足自动成型时的工艺要求。因此,成型前通常要对粉末进行制粒。

然而,也有不经制粒而能自动成型。据资料介绍,德国西门子公司 KWU 工厂的 ADU 流程得到的二氧化铀粉末,由于有相对好的流动性,在具有阴模润滑系统的旋转式压机里可以不经制粒而能自动成型;据称,在瑞典早期的研究中,曾经用 ADU 沉淀并在氢气中还原得到 UO_2 粉末,这种粉末呈球状带孔隙的团粒结构,晶粒尺寸约 $0.1\ \mu m$,平均团粒尺寸 $40\sim60\ \mu m$,它们也可以不经球磨和制粒而能直接用于压块和烧结。

不过,这都是一些特别的例子。目前,无论 ADU 流程还是 IDR 流程,世界上这些大规模工业生产流程得到的 UO_2 粉末,在成型前都是经过制粒处理的。

用于 UO_2 粉末的制粒方法包括:团粒化、湿法制粒和干法制粒等。在早期的二氧化铀芯体的生产中,曾使用团粒化和湿法制粒用于二氧化铀粉末的制粒,目前在工业上已很少使用。本节将主要介绍干法制粒方法。干法制粒是使用最广泛的一种制粒方法,干法制粒不仅广泛应用于金属陶瓷和硬质合金生产工艺中,而且也广泛用于二氧化铀粉末的制粒。

二、干法制粒

干法制粒又称预压制粒。该方法通过等静压或模压的方法,先将二氧化铀粉末预压成块(片、板),然后破碎预压块经制粒机制成颗粒粉末。

干法制粒采用加压的办法使很细的粉末结成大的颗粒聚团,除了在粉末中添加极少量硬脂酸锌粉末以外,不加入其他任何黏结剂或增塑剂。与湿法制粒工艺相比,它具有工艺流程短、粉末利用率高。因不需要干燥,因而避免了粉末因烘干时易发生氧化而报废等缺点。

1. 干法制粒工艺流程

工业上广泛采用的 UO_2 粉末干法制粒工艺流程如图 2-6 所示。其基本过程包括预压、破碎、制粒和球化。

（1）预压

预压是第一道工序。通常使用的设备有液压机、旋转式机械压机和轧片机。液压机往往压力大，得到的压块（饼）体积也大。机械压机压力小，得到的压块（饼）小。但是，旋转压机速度快，单位时间内得到的压块数量多。

（2）制粒

制粒是第二道工序。制粒通常采用的设备是摇摆式颗粒机，通过摆杆的往复运动，将压块破碎并强行通过筛网，筛下物即为希望得到的制粒粉末。各个工厂采用的筛网尺寸不一样，一般在 10～14 目之间。

（3）球化

球化是第三道工序。有的燃料厂将球化称为滚磨，其基本

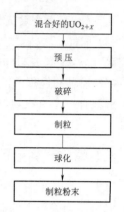

图 2-6　UO_2 粉末干法
制粒工艺流程

含义是去掉制粒粉末颗粒的棱角，使其球形化，这样就可以减轻粉末体的内摩擦。在大多数情况下，球化时都加入一些润滑剂粉末，进一步改善制粒粉末的流动性。球化用的装置各个工厂也不相同。双锥混料器、环形混料器和卧式混料器是几种不同形式的球化装置。一般来说，球化装置的内壁要求非常光滑，转动速度不宜过快，球化时间也不宜太长。现在的核燃料厂通常采用双锥混料器进行球化。双锥混料器具有以下优点：双锥混料器的筒体通常由不锈钢材料制作，筒内表面光滑；双锥混料器具有可靠的密封效果，粉料不会泄漏；双锥混料器工作过程无死角，无沉积，可使混合的物料达到均匀一致的效果。

2. 旋转压片机制粒

（1）旋转压片机的结构和工作原理

旋转压片机主要由传动部件、转台部件、压轮架部件、轨道部件、润滑部件及围罩等组成。一般转台结构为 3 层，上层的模孔中装入上冲杆，中层装中模，下层模孔中装下冲杆。由传动部件带来的动力使转台旋转，在转台旋转的同时，上下冲杆沿着固定的轨道做有规律的上下运动。同时，设计人员在上冲上面及下冲下面的适当位置装着上压轮和下压轮，在上冲和下冲转动并经过各自的压轮时，被压轮推动，使上冲向下、下冲向上运动并加压于物料。转台中层台面置有一位置固定不动的加料器，物料经加料器源源不断地流入中模孔中。压力调节手轮用来调节下压轮的高度，下压轮的位置高，则压缩时下冲抬得高，上下冲之间的距离近，压力大，反之压力就小。旋转式压片机压片时转盘的速度、物料的充填深度、压片厚度可调节。电动机装在机座内，用三角皮带拖动蜗杆传动转盘，并在电动机轴上装置无级变速皮带轮，通过电机的移动，可任意调节速度。

（2）旋转压片机的操作步骤

旋转压片机的操作步骤包括：

1）检查旋转压片机的各部位有无异常。

2）开启总电源开关，进入主机操作状态。

3）启动转动台启动按钮，空车运行几分钟后，无异常即可转入负载运行。

4）按照相应的技术条件调整转台转速。

5）将压制压力逐步调到所需的压力值。

6）按照工艺卡的要求将压片密度和压片的厚度调到设定值。

7）预压饼的检验：调整好压机参数后，从中取出几块压饼来测量压饼密度，当高度、直径和密度在工艺要求范围内，再启动压机连续压制。每隔一段时间检测一块预压饼，如果高度、密度发生了变化，则要重新抽样。如果仍是上述结果，则要进行调整，直到符合工艺要求为止。

8）检验后的压饼装入料桶，转入下一道工序。

（3）预压饼的破碎操作步骤

预压饼的破碎步骤包括：

1）将料桶内的预压饼装入料斗。

2）检查制粒机的电气及机械部分，应保持正常的工作状况。

3）检查筛网尺寸及筛网是否破损。

4）启动制粒系统。

5）开机后注意观察制粒情况。

6）按有关文件检查制粒效果。

（4）旋转压片机的检修和维护保养

旋转压机的检修和维护保养包括：

1）每班工作结束后，做好设备和地面的清洁工作。

2）应定期对压机的机械和电气部分进行检修和维护。

3）设备如停用时间较长，须将设备清洗干净，清洗后的机件的表面应涂上防护油，同时把冲杆、冲头、橡胶圈等拆下擦洗干净，放置在有盖的箱内，并全部浸入油中，以免碰伤和生锈；下次使用前，须将拆下的部件按原工位号一一对应恢复原状。

3．轧辊制粒

（1）WP200 型轧辊制粒机的结构和工作模式

1）WP200 型轧辊制粒机的结构：WP200 型轧辊制粒机的结构如图 2-7 所示，WP200 型轧辊制粒机主要包括机械系统、液压系统、真空系统和电气控制系统。轧辊制粒机工艺流程如图 2-8 所示。

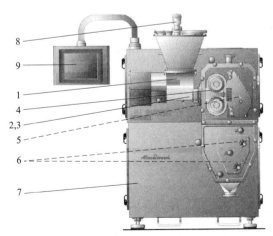

图 2-7　WP200 型轧辊制粒机工艺流程

1—进料搅拌器；2—螺旋进料器；3—真空系统；4—轧辊；5—碎片机；

6—制粒机；7—机架；8—料位计；9—控制面板

2）WP200 型轧辊制粒机的工作模式：轧辊机有自动和手动两种工作模式。

① 自动工作模式：轧辊机各功能部分工作状态互锁。启动时，各功能组件按照物料流动的方向（见图 2-8）逆序依次启动；停机时，各功能组件按物料流向（见图 2-8）顺序停止。

操作人员需根据物料性能设定各功能单元的自动运行参数（如：旋转速度，开/关信号延时器）。

自动运行期间，设备检测到故障、安全报警会自动停机。也可以通过切换按钮随时切换至手动模式。

② 手动工作模式：在手动操作模式下，未激活组件间的互锁装置。因此可以单独启动/停止各功能组件。如果仍有物料在设备内部，各功能组件按物料流向（见图 2-8）逆序依次启动。

（2）WP200 型轧辊制粒机的操作

1）启动前检查：在设备开始操作之前，必须做如下检查（见表 2-1）。

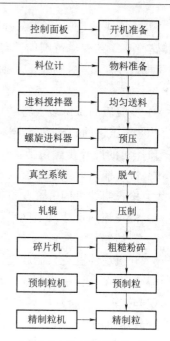

图 2-8　轧辊制粒机工艺流程及各部分功能

表 2-1　轧辊制粒机开机前检查表

项　目	标　准	确认人
记录	查阅上一班的设备运行记录，按要求对遗留项进行处理	当班人员
双锥	1）双锥阀门完好，双锥料车轮子完好； 2）双锥位于装料位置，且与轧辊制粒机下料口对接完好，管道密闭、软连接无破损	当班人员
液压系统	管路完好、无泄漏，设备内部和周围无油渍	当班人员
设备主体	1）外表清洁、所有门关闭； 2）无损坏	当班人员
单锥	1）配套单锥未处于进料、混料状态； 2）单锥、螺旋送料器和轧辊制粒机之间软连接密闭、无松动、破损	当班人员
其他	1）设备工器具定置摆放； 2）设备周围照明良好； 3）检查、拧紧各连接卡箍	当班人员
急停按钮	处于打开状态	当班人员

2）开机、调机：

① 将配电柜上主开关从 0 切换到 1 位置。

② 在控制面板显示的控制程序主菜单上选择左下角"总览"，进入操作人员的操作界面。

③ 在操作界面按右上角"登陆"按钮并输入用户名和密码。

④ 在手动模式下,调试、修改设备运行参数。各功能组件按物料流向逆序依次启动。

⑤ 设备调试完成后,在无故障报警的条件下,将手动模式转为自动模式,按启动按钮开始正常生产。自动运行后将切换至运行监控界面。

3) 运行监控及操作:运行中需对图 2-9 中各功能部件运行状态监控:显示灰色(控制元件关闭)、显示绿色(运行正常)和显示红色(控制元件出现故障)。

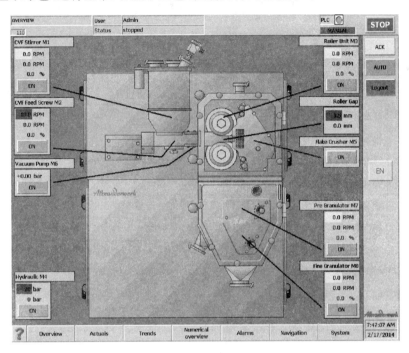

图 2-9　运行状态监控界面

4) 停机:在正常操作条件下(非紧急状态),可以有两种方式停机(见表 2-2)。

表 2-2　设备的停机操作

停机型式	停机方法	操作方法	适应范围
正常停机	按自动模式停机,物料会继续流动	第一步:按主菜单上的 Shut Down Plant-按钮。第二步:将主开关转换到 0 位置,停机	1) 生产结束 2) 停机维护
故障停机	各功能单元立即停止工作,无物料流动	按主菜单上的 Quick Stop-按钮,立即停止设备运行	设备发生故障,或物料堵塞
紧急停机	各功能单元立即停止工作,无物料流动	第一步:用电控柜上的紧急停机按钮进行紧急停机或切断控制柜上主电源开关;第二步:异常情况处理结束后,将"紧急停机"按钮解锁,按正常开机流程操作设备	故障或异常情况会带来严重安全隐患

(3) WP200 型轧辊制粒机的常见故障及处理方法

其常见故障及处理方法如表 2-3 所示。

表 2-3 常见故障及处理方法

现 象	问 题	处理方法
物料没压实	辊轮间隙不满足要求	调整辊轮间隙
	物料堵塞设备	移走物料
	压力过低	检查生产数据,纠正压力过低
	物料细粉增大	重新调整辊侧密封
	真空泵关闭	打开真空泵
	真空泵故障	更换或维修真空泵
	真空泵的吸入过滤器堵塞	清洁吸油过滤器
	过滤装置堵塞	卸下并清洁过滤装置
物料破碎不充分	辊轮表面磨损	正确调整刮刀
	筛板倾角不够	调整筛板倾角
	筛板使用有误或破损	更换筛板
物料附着压辊	压辊刮板调整错误	正确调整压辊
	物料潮湿	更换物料
辊距控制无效	辊距不可调	由于辊缝控制开关关闭,因此通过调节螺杆转速,轧辊速度和压力来调节辊距
		接通辊缝控制
物料堵塞	堵塞处出现机械故障	检查、维修机械部分
	堵塞功能单元转速设置不合理	调整该功能组件或前级组件的转速
无物料	功能单元前级部分物料堵塞	用橡胶锤敲击堵塞部位

(4) WP200 型轧辊制粒机的维护保养

其维护保养如表 2-4 所示。

表 2-4 WP200 型轧辊制粒机的维护保养

周 期	设备部位	维护项目	实施人员
每班	工作区域	使用负压系统、擦拭纸和合适的清洁剂清洁工作区域内设备表面和地面卫生	岗位人员
	工器具	清洁岗位工器具并定置摆放	岗位人员
	连接部位	紧固设备松动的连接部件,更换损坏部件	岗位人员
	主机	监控设备运行状态,对发现的异响、抖动、异味、异常温度、泄漏等现象及时处理、报告并记录	岗位人员
每月	机架	清洁工作室视窗内外表面、动力室	岗位人员
	各功能装置	检查筛板、搅拌器、给料螺旋、压辊等零部件的磨损、变形、装配间隙和密封状态	岗位人员
	液压系统	检查系统油位、密封状态及增压速度的均匀性、连续性	岗位人员

周　　期	设备部位	维护项目	实施人员
每半年	开关柜	1）用清扫器或者真空清扫器清扫开关柜内部； 2）紧固接线端子、检查电力接触器的主触点和线路。如更换损坏件； 3）检查电流调节器风扇的功能； 4）检查急停、主电源开关的完整性、功能是否齐全	专业维修
	主机	1）清扫、检查线路。如需要，更换； 2）检查液压泵、各传动电机；如更换损坏件； 3）检查各传动齿轮磨损情况，对损坏件进行修复或更换； 4）检查各齿轮箱内润滑油油质、油位和密封； 5）紧固设备上松动部件	专业维修
	液压系统	1）检查液压油位和管路密封、清洗吸油过滤器； 2）检查管道的损害、变形、泄漏和表面脆裂情况	专业维修

4. 球化的操作步骤

球化的操作步骤包括：

1）将制粒好的粉末放入球化混料器中，然后关紧混料器各阀门；

2）启动混料器，按工艺卡规定的时间混合；

3）按技术文件检查制粒粉末质量。

第五节　生坯成型

学习目标：能够正确掌握生坯成型的基本操作及相关知识。

生坯成型的目的是将混合料制成具有一定形状和尺寸、一定密度和强度的生坯块。在核燃料生坯芯体的制备中，一般使用机械式压机或液压机压制成型。压制可以这样定义：压力机产生的压力，通过冲头作用于充满模腔的混合料上，使混合料粉末产生位移和受压变形，成为具有一定形状和尺寸、一定密度和强度的压坯的过程。压制过程可以看成是粉末颗粒之间接触状态的改变、接触面积增加的过程。由于这一过程而使混合料粉末由松散体系转变为具有一定形状和尺寸、一定密度和强度的生坯块。同时，由于粉末颗粒之间的接触面积增加，必然孔隙减少，粉末体的体积被压缩，一般被压缩 1/2 以上。

一、金属粉末压制过程

1. 金属粉末压制现象

粉末料在压模内的压制示意图如图 2-10 所示。

压力经上模冲传向粉末时，粉末在某种程度上表现有与液体相似的性质——力图向各个方向流动，于

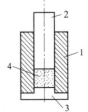

图 2-10　压制示意图

1—阴模；2—上冲头；3—下冲头；4—粉末

是产生了垂直于压模壁的压力——侧压力。粉末在压模内所受压力的分布是不均匀的,这与液体的各向均匀受压情况有所不同。因为粉末颗粒之间彼此摩擦、相互楔住,使得压力沿横向(垂直于压模壁)的传递比垂直方向要困难得多。并且粉末与模壁在压制过程中也产生摩擦力,此力随压制压力而增减。因此,压坯在高度上出现显著的压力降,接近上模冲端面的压力比远离它的部分大,致密化程度也就有所不同。在压制过程中,粉末由于受力而发生弹性变形和塑性变形,压坯内存在着很大的内应力,当外力停止作用后,压坯便出现膨胀现象——弹性后效。

2. 金属粉末压制时的位移与变形

众所周知,粉末在压模内经受压力后就变得较密实且具有一定的形状和强度,这是由于在压制过程中,粉末之间的孔隙度大大降低,彼此的接触显著增加。也就是说,粉末在压制过程中出现了位移和变形。

(1)粉末的位移

粉末在松装堆集时,由于表面不规则,彼此之间有摩擦,颗粒相互搭架而形成拱桥孔洞的现象,叫做搭桥。

粉末体具有很高的孔隙度,如还原铁粉的松装密度一般为 $2 \sim 3 \ g/cm^3$,而致密铁的密度是 $7.8 \ g/cm^3$;工业用中颗粒钨粉的松装密度一般为 $3 \sim 4 \ g/cm^3$,而致密钨的密度是 $19.3 \ g/cm^3$。当施加压力时,粉末体内的拱桥效应遭到破坏,粉末颗粒便彼此填充孔隙,重新排列位置,增加接触。现用两颗粉末来近似地说明粉末的位移情况,如图 2-11 所示。然而,粉末体在受压状态时所发生的位移情况要复杂得多,可能同时发生几种位移,而且,位移总是伴随着变形而发生的。

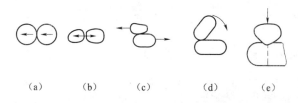

(a)　　　(b)　　　(c)　　　(d)　　　(e)

图 2-11　粉末位移的形式

(a)粉末颗粒的接近;(b)粉末颗粒的分离;(c)粉末颗粒的滑动;

(d)粉末颗粒的转动;(e)粉末颗粒因粉碎而产生的移动

(2)粉末的变形

如前所述,粉末体在受压后体积大大减少,这是因为粉末在压制时不但发生了位移,而且发生了变形,粉末变形可能有三种情况:

1)弹性变形:外力卸除后粉末形状可以恢复原形。

2)塑性变形:压力超过粉末的弹性极限,变形不能恢复原形。压缩铜粉的实验指出,发生塑性变形所需要的单位压制压力大约是该材质弹性极限的 $2.8 \sim 3$ 倍。金属的塑性越大,塑性变形也就越大。

3)脆性断裂:单位压制压力超过强度极限后,粉末颗粒就发生粉碎性的破坏。当压制难熔金属如 W、Mo 或其化合物如 WC/Mo_2C 等脆性粉末时,除有少量塑性变形外,主要是脆性断裂。

粉末的变形如图 2-12 所示。由图可知,压力增大时,颗粒发生变形,由最初的点接触逐渐变成面接触;接触面积随之增大,粉末颗粒由球形变成扁平状,当压力继续增大时,粉末就可能碎裂。

3. 金属粉末压制时压坯密度的变化规律

粉末体受压后发生位移和变形,在压制过程中随着压力的增加,压坯的相对密度出现有规律的变化,通常将这种变化假设为如图 2-13 所示的三个阶段。

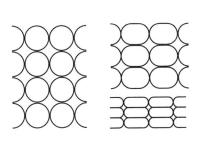

图 2-12　压制时粉末的变形

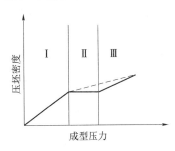

图 2-13　压坯密度与成型压力的关系

第 I 阶段:在这阶段内,由于粉末颗粒发生位移,填充孔隙,因此当压力稍有增加时,压坯的密度增加很快,所以,此阶段又称为滑动阶段。

第 II 阶段:压力继第 I 阶段施压后继续增加时,压坯的密度几乎不变。这是由于压坯经第 I 阶段压缩后其密度已达到一定值,粉末体出现了一定的压缩阻力,在此阶段内,虽然加大压力,但孔隙度不能减少,因此密度也就变化不大。

第 III 阶段:当压力继续增大超过某一定值后,随着压力的升高,压坯的相对密度又继续增加,因为当成型压力超过粉末的临界应力后,粉末颗粒开始变形,由于位移和变形都起作用,因此,压坯密度又随之增加。

应当首先指出,上述三阶段是为了讨论问题而假设的理想状态,实际情况是复杂的。在第 I 阶段,粉末体的致密化虽然以粉末体的位移为主,但同时也必然会有少量的变形;同样,在第 III 阶段,致密化是以粉末颗粒的变形为主,而同时伴随着少量的位移。

其次,在第 II 阶段的存在情况也是根据粉末种类的不同而有差异的。硬而脆的粉末,其第 II 阶段较明显,曲线较平坦;而塑性较好的粉末,其第 II 阶段则不明显。如压制铜、锡、铅等塑性很好的金属粉末时,第 II 阶段基本消失。

需要指出的是,上述对压制过程三个阶段的描述,仅仅是人为的一种假设。实际的压制曲线并不是明显的三段;此外,导致压制过程三个阶段的因素也不能截然分开。也就是说,在某个阶段,只是发生了以某种形式为主或为表现形式的颗粒变化,其实,其他形式的颗粒变化也在发生。因此,对于特定的粉末压制,必须进行具体的分析。

坯块强度随外加压力的变化,也可以用一个三阶段的模式来描述。如图 2-14 所示,在压制的第 I 阶段,虽然坯块密度有了大的增加,但由于此时的压力还小,坯块的强度很低;在压制的第 II 阶段,坯块

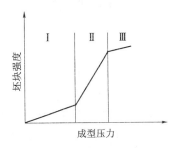

图 2-14　坯块强度随成型压力的变化

密度虽然没有大的增加,但是粉末颗粒的联结随外加压力而大大加强,坯块强度迅速增加;到了第Ⅲ阶段,尽管外加压力还在增加,但是,由于坯块的强度已趋于某种极限,外压的增加使坯块强度增加的幅度变得缓慢。更有甚者,还可能因过大的压应力不能均匀释放,反而使坯块强度下降,或造成废品。

二、压机

压机是冷压成型最主要的设备,压机的性能是影响压制过程的重要因素,并直接影响到制品性能。

早期在德国和法国的燃料厂,UO_2 生坯块的成型曾采用具有液压补偿的多冲头机械压机,冲头数在 7~14 不等。采用机械式压机的弊端在于它们往往用推料板往复式填料,一方面对制粒粉末的颗粒强度要求高;另一方面又对制粒粉末颗粒有破坏作用。因此,粉末的填模往往不能均匀一致,得到的生坯块也因之高低不齐;或者生坯密度的均匀性不能保证,使烧结块径向收缩不一,磨削后的尺寸散差较大。

旋转式压机的特点是成型速度快,效率高,而且设备非常紧凑,体积小,自动化程度高。旋转式压机又分为液压式和机械式两种。

目前,在世界各核燃料工厂中,用得较多的成型压机要数比利时 COURTOY 公司生产的旋转压机。他们的 R53 系列产品包括 12 工位(R53E)、14 工位(R53D)、16 工位(R53C)、18 工位(R53B)和 20 工位(R53A)五种类型,而其中 R53C 是最广泛使用的压机。R53C 压机包括上压制工位、上凸轮、冲头负载弹簧压紧装置、平面中空旋转台、压制模具、粉末进料装置、下凸轮、下压制工位、主传动装置、润滑装置、安全装置。它的最大填料高度为 55 mm,最大压制力为 13 t。该压机的上、下压辊具有气压补偿装置,即使在高速压制下,也能保持对每块生坯进行等压压制;对压制极易掉盖的陶瓷粉末,该压机的压紧凸轮和保压凸轮,可使坯块在整个脱模过程中保持一定的压力。

模具是压制成型的重要工装。成型生坯的质量要靠模具来保证,特别是二氧化铀粉末的成型,模具往往起着非常重要的作用。这是因为:

1) 陶瓷 UO_2 粉末是一种压制性特别差的粉末,成型模具的结构设计必须考虑这一特点。

例如,在模具设计时,应考虑阴模有合适的脱模锥度,以便生坯块脱模时应力释放均匀,避免生坯开裂。

2) UO_2 粉末本身又是一种磨料,颗粒硬,成型模具材料的选择必须适应这一特点。因此,耐磨性极佳的硬质合金在 UO_2 坯块压制模具中得到了广泛的应用。

3) 从反应堆运行出发,往往对最终 UO_2 芯体在几何尺寸和形状上有严格要求,这些要求必须靠模具来保证。

4) 通常,UO_2 芯体的形状并不复杂,但芯体的加工数量特别巨大,成型模具必须适应多模具自动成型的情况,其加工精度应该十分严格。以常用的旋转式压机为例,它是一种高速成型的自动压机,具有很多任务位。也就是说,与它配套的就有很多副模具。这些模具的加工公差要求十分严格,每副模具之间的一致性也要非常好。

因此,一方面要保证成型模具的设计和加工质量,同时也要便于模具的修整。

第二章 制备核燃料生坯芯体 29

三、生坯的成型操作

生坯的成型操作大致分为生产准备、压机检查、试压和运行等几个方面。

1. 生产准备

根据成型操作的文件和工艺通知单,检查:

——被加工物料的^{235}U富集度、批号、桶号、标识和转移卡片;

——适用压机号和模具尺寸;

——适用生坯密度计算图;

——适用生坯密度控制图;

——适用岗位记录。

2. 压机检查

上岗前,必须仔细阅读压机说明书,开机前,按说明书要求对压机进行检查。一般来说,对于这种压机检查的项目主要有:

——润滑系统:油标指示是否在正确位置;

——压空系统:气源压力应当大于4 kg/cm^2;

——控制系统:O-C控制器显示是否正常;

——用手盘动压机旋转工作台,看转动是否灵活、平稳,冲头进出阴模位置是否合适;

——压机上各种控制旋钮是否在正确位置。

经过上述检查,就可以作开机准备:

——备料。将被成型粉末料桶吊装到压机上的给料容器,打开球形阀往压机供料;

——空隔板和料舟准备。清理表面黏附物,整齐排列到规定位置;

——生坯密度和其他质量检验装置、计量器具和工具的准备。

3. 试压

试压时采用点动操作。

启动压机,在供料情况下,使压机工作台旋转一周。察看各个工位填料情况。调节压力到预定值,取出在预定压力下得到的每个工位的一块生坯于V形料盘内。并做下列检查:

——仔细检查每块生坯的几何形状是否规整,特别是碟形、倒角的轮廓线是否清晰,富集度标识和工位是否明显;

——测量每块生坯的高度是否在规定的范围内;

——测量每块生坯的几何密度是否在规定的范围内;

——对每块生坯都进行丙酮浸泡实验,仔细观察坯块的边角部分是否出现气泡。有的还进行煮沸实验,观察坯块断裂位置是否处于中间部位,以判断生坯在阴模中的最终成型位置是否恰当。如果所做的检查不令人满意,则必须进行压机压制参数的调节或者对某个工位进行调节,直到每一块成型生坯的质量都令人满意为止。

注意:调机试压的坯块都必须作废块处理,调试情况应当做好记录。

4. 运行

经过上述调试,可以获得满足工艺要求的生坯。在这种情况下,成型压机可以投入正常运行。

但是,处于正常操作的成型过程,仍然要注意:

——压机运行速度不能超限;

——按规定取出足够数量的样品进行密度测量,并作出控制图;

——注意压机的工作情况,尤其是 O-C 控制器仪表显示的运行情况,随时保证供料,并实施紧急情况下的停机;

——随时抽检生坯的质量,注意坯块的高度、外观情况。发现异常问题及时处理并报告。

四、UO$_2$ 生坯块密度的测量

对生坯制造质量的控制,最重要的是生坯密度。从芯体制造的工艺的角度看,总希望将生坯密度提高一些。烧结密度随生坯密度所变化曲线在高生坯密度区有一个平台,此时的烧结密度几乎不随生坯密度的提高而变化。对于最终产品——UO$_2$ 芯体来说,烧结密度的最小变化意味着密度的稳定性和尺寸稳定性。芯体不仅具有抗密实化能力,而且,在烧结块的后续磨削加工中,可以获得最小的直径尺寸偏差。适当提高生坯密度,对 UO$_2$ 芯体的微观结构也是有好处的。

然而,过高的生坯密度也是不必要的。除了高生坯密度需要更高的压力,对压机和模具有一定影响外;生坯在高压下承受的应力,一旦脱模时不均匀释放,反而会产生横向裂纹。这是成型过程中我们不希望看到的。

因此,在成型过程中,一定要严格按照规定的工艺要求检查生坯块密度。生坯密度的测量有两种办法:一是人工测量;二是计算机自动测量。

1. 人工测量

通常采用精确到 0.01 g 的电子天平和精确到 0.01 mm 的数显千分尺,分别测出坯块的质量和坯块的高度与直径,就可以进行计算或通过计算图求出。对于那些有倒角有碟形的坯块,倒角和碟形的体积是事先经过测量和计算后作为一个常数项在密度计算公式中修正的。密度的计算公式是:

$$\rho_g = \frac{m}{V - V_1} \tag{2-1}$$

式中:ρ_g——生坯密度,g/cm^3;

　　m——坯块质量,g;

　　V——测量高度和直径计算的体积,cm^3;

　　V_1——倒角和碟形的体积,cm^3。

密度的计算也可以采用查图的办法。例如,可以做一张生坯密度计算图,已知所用成型阴模直径和生坯密度控制的中值。计算图的横坐标可以为生坯质量,纵坐标为生坯高度,当质量和高度变化时,可以得到一组不同密度的平行线。为了保证成品芯体高度在技术条件规定的范围内(例如某产品要求的 12～14 mm),我们对生坯高度加以控制(例如 15～16 mm)。由于模具的加工尺寸往往在一个非常精密的加工带内,得到的生坯的直径不会有明显的变化,可以作一个定值处理。这时,只要知道了生坯的质量和高度,就可以从图上查出生坯密度值来。而且,在设计计算图时就已经考虑了碟形和倒角的体积。所以,查图得到的结果,不需要再作修正。

2. 计算机自动测量

现在,由于计算机的工业应用,自动测量生坯的装置可以一次完成生坯密度的测量和统计。从而减少了查图的麻烦,提高了工作效率。生坯块质量由高精度电子天平测量,质量数据显示且输到计算机进行数据处理;生坯块高度采用非接触式光电测量,准动态自动测量及数据处理系统,确定高度且输出到计算机进行数据处理;生坯块直径、空腔体积由模具保证,视为常数。计算机处理以上数据,得出生坯块密度,并显示在屏幕上。

UO_2 生坯块密度的测量步骤:

1）检查天平水平。

2）检查系统各连接导线是否连接正确,正确无误后接通 UPS 电源。

3）打开计算机,打开天平及仪器面板上的电源开关,进入测量系统,进行参数设置及定标,使天平进入准测量状态。

4）测量:测量前看天平是否处于零位,如不是零位,则执行一次清零。将所取样块表面擦拭干净,用不锈钢镊子夹住轻置于工作台中心的定位套环内,关上天平玻璃门,待天平稳定后,按空格键,即完成一个生坯块的密度测量。取出生坯块,准备下一块的测量。

5）工作完毕,退出测量系统,关闭计算机及仪器面板上的电源开关,最后断开 UPS 电源。

五、旋转压机的检修和维护保养

1. 旋转压机的检修

旋转压机的检修步骤包括:

1）拆卸时应按系统顺序进行,须用专用工具和夹具。严禁用铁件锤打拆卸。

2）随时对沾料、夹料的模具修理和抛光。

3）定期检查模具的磨损情况并修复更换损坏的模具。

4）定期检查夹具磨损情况,定期更换涡轮润滑油,喷雾润滑油。

5）定期对设备转台精度进行测量、修正。

2. 旋转式压机的维护保养

1）每班工作后,必须清洗设备,做到无粉末无油污。

2）经常注意油箱油位,油位不足时随时补充。

3）对损坏的零件要及时更换。

4）设备长期不用时,每 2 个月通电预热并空运转一次,运转时间不少于 1 h。

第六节　生坯芯体表面缺陷及外观检查

学习目标:了解生坯芯体表面缺陷的种类及生坯芯体外观检查方法。

一、生坯芯体表面缺陷的种类

常见的生坯废品有以下几种情况:掉盖、掉边角;横向裂纹;竖向裂纹;大小头;端部不规整和低块等。

这几类废品的表现形式,有的从生坯就可以看到;有的只有在烧结后或磨削后才能看到。但是,不论哪种情况,造成这类废品的主要原因在于成型,所以,我们仍然将这类废品称为废生坯。

1. 掉盖、掉边角

磨削后的芯体,靠端部不到 1 mm 的距离,有时可以看到周向一整条 1/3 周长左右的微裂纹,裂纹的宽度很窄,用不锈钢镊子也不能将其剥离;但是,也有严重的,裂纹几乎贯穿整个周向,或者是数条裂纹搭接和重叠,裂缝也比较宽,用镊子就可以将整片剥离下来。这种现象称之为掉盖。掉盖是一种严重的芯体缺陷。通常,如果一旦发生,就会大量出现,甚至造成整批芯体报废。掉盖是由于粉末的压制性太差造成的。陶瓷 UO_2 粉末中如果存在大量硬颗粒,则出现掉盖的情况更甚。解决这个问题最根本的办法是制造出压制性好的粉末。

2. 横向裂纹

横向分层裂纹与压坯的受力方向垂直。因此,它是压坯脱模时应力释放不均匀造成的。磨削后观察到芯体表面的横向裂纹有两种表现形式:一是横向大裂纹,位于离两端 2～3 mm 处,裂纹的长度可达芯体周长的 1/2 以上,裂纹的宽度则不等,有的很细,有的较粗。掉盖是这种裂纹的特殊表现形式;另一种是横向微裂纹,可以集中在芯体表面的某个区域,也可以布满整个芯体表面。裂纹一般 2～3 mm 长,宽度不等。

出现横向裂纹的原因多与粉末的压制性有关。压制性不好的粉末,在成型过程中,颗粒的重排易呈与压力垂直的定向分布,压坯脱模时,压应力不均匀释放就可以产生这种裂纹。

3. 竖向裂纹

竖向裂纹多发生在芯体的上端,长度较长,有的甚至可贯穿上下两端;有的会在裂纹的中部分岔,形成一"人"字形。

4. 大小头

烧结后的芯体一头大一头小,有着明显的锥度。烧结块的锥度还会带到磨削以后(因为无心磨削),使磨削后的尺寸超差。这种虽然是烧结以后才表现出来的超差现象,原因却在成型,是成型坯块两端密度不均匀。造成生坯密度不均匀的原因是成型时上下冲头施加于坯块的压力不等。发生这种现象的主要原因多数是坯块最终成型位置不在阴模孔的正中,上下冲头对粉末体施压时的行程不等。因此,解决这个问题的关键在调节上下冲头的入模深度,保证最终成型位置处于阴模的中间。

5. 端部不规整

芯体的端部不规整表现为:① 几何形状不规整。如碟形偏斜,肩凸的宽度不一致,碟深尺寸不合要求,富集度标识看不清楚,倒角上有毛刺等;② 端部表面沾污。如表面有深色的油污痕迹,表面有黏附的粉末颗粒等。解决这类问题的方法,一是认真调整和紧固冲头,注意冲头的磨损情况,及时修整模具;二是精心操作,文明生产,清洁冲头上的油污,清除坯块上黏附的粉末。

6. 低块

生坯的高度不够,造成最终芯体尺寸不能满足技术条件。解决这类低块的办法是调节填料深度,保证生坯的高度在控制图的控制范围内。

总之,芯体的许多缺陷来自生坯,保证生坯质量对提高产品合格率意义重大。上述生坯缺陷只是常见的几种,肯定不能代表全部。但是,不论什么形式的缺陷出现,操作人员都要及时发现,认真分析产生的原因,并采取改进措施,绝不让生坯废品流入下一道工序。

二、生坯芯体外观检查

1. 检查方法

检查方法包括采用肉眼直观检查生坯芯体外观质量和丙酮浸泡实验。

2. 检查步骤

检查步骤包括:

1) 按照相关技术文件取样。

2) 将生坯芯体置于专用 V 形盘上,采用目视观察的方法进行生坯芯体外观缺陷和清洁度的检查。

3) 将生坯芯体在丙酮溶液中浸泡,观察产生气泡情况。

4) 根据生坯芯体检查情况调整压机的运行,直至生产出满足技术条件要求的生坯芯体。

第三章　烧结核燃料芯体

学习目标:通过学习掌握烧结的基础知识、常用烧结炉的结构及性能和烧结炉的基本操作。了解烧结废品的种类及烧结芯体的外观检查方法。

第一节　烧结的基础知识

学习目标:能掌握烧结的基础知识。

烧结方法在冶金生产中的应用,起初是为了处理矿山、冶金、化工厂的废弃物,以便利于回收。随着科学技术的发展,粉末冶金在冶金生产中的地位越来越重要。作为粉末冶金生产中重要的一环,烧结工艺也逐渐完善起来。

一、粉末冶金烧结理论

1. 烧结在粉末冶金生产过程中的重要性

烧结是粉末冶金生产过程中最基本的工序之一。粉末冶金从最一般的意义上来说,是由粉末冷压成型和对粉末压坯热处理(烧结)这两道基本工序所组成。从工艺流程的顺序看,烧结是对产品的最终性能起决定性的作用。

2. 烧结的概念及定义

烧结是一种高温过程,是粉末压坯或松散的粉末体在适当的条件下受热的作用,颗粒之间产生黏结,并且提高温度或加热时间的延长,使制品的孔隙缩小、球化和消失。结果,由原来松散的粉末或比较脆性的坯块变成致密且具有一定机械强度的产品。

烧结可定义为一种物理和化学过程,也可定义为一种工艺操作,在不严格区别它们时,可以这样给烧结下定义:烧结是一种热处理,是粉末压坯在低于其基本成分熔点的温度下保温。烧结对粉末冶金材料和制品的性能有着决定性的影响。烧结的结果是粉末颗粒间发生黏结,烧结体的强度增加,而且在大多数情况下,其密度也提高。在烧结过程中,压坯要经历一系列的物理化学变化。开始是水分或有机物的蒸发或挥发,吸附气体的排除,应力的消除,粉末颗粒表面氧化物的还原;继之是原子间发生扩散,黏性流动和塑性流动,颗粒间的接触面增大,发生再结晶、晶粒长大等等。出现液相时,还可能有固相的溶解和重结晶。这些彼此间并无明显的界限,而是穿插进行,相互重叠,相互影响、加之一些其他烧结条件,使整个烧结过程变得很复杂。

烧结作为一种工艺和熔化是有一定区别的,熔化也是一种热处理过程,不过熔化是使材料主要成分在热处理过程中变成液态,而烧结则是使材料主要成分在热处理过程始终保持固态。

3.粉末冶金烧结特点

按粉末冶金学的观点,烧结过程有以下几个特点:

1)烧结都必须在一定的气氛下进行。

2)烧结都必须在一定温度下进行。通常,非合金金属的烧结温度开始于主要成分材料熔点的50%左右,生产中一般在熔点的65%～75%温度下烧结。

3)生坯在烧结时都发生密度和尺寸的变化。这种变化随制品的需求而异,可以通过各种措施加以控制。

通常不能采用熔炼方法得到所需密度的制品,一般多采用粉末冶金的烧结方法制造。

二、粉末冶金烧结的分类

1.按压坯主要成分在烧结过程中有无液相产生进行分类

1)固相烧结;

2)液相烧结。

固相烧结又可分为:

1)单元系粉末的固相烧结。其中包括纯金属粉末的烧结,如铁;难熔化合物的烧结,如硼化锆,二氧化铀等;以及合金粉末的烧结。

2)不生成固溶体或化合物的多元系粉末的固相烧结。其中包括铜-石墨、青铜-石墨以及某些金属化合物不与基体金属起作用的多元系的烧结。

3)形成固溶体或化合物(成分互溶)的多元系粉末的烧结,其中包括铁-镍、铜-镍、铜-锌等。

但在上述这些具体划分中,也存在着某些例外的情况。

2.按压坯主要组成成分分类

1)单元系烧结;

2)多元系烧结。

单元系烧结,是指纯金属或固定化学成分的化合物或均匀固溶体的粉末在固态下的烧结,烧结过程中不出现新的组成物或新相,也不发生凝聚状态的改变(不出现液相),故也称为单相烧结。单元系烧结过程,除黏结、致密化及纯金属的组织变化之外,不存在组元间的溶解,也不形成化合物。

多元系烧结,是指烧结制品中存在两个或两个以上组元的烧结过程,而多元系烧结又可分为多元系固相烧结和多元系液相烧结。

3.按烧结温度分类

1)低温烧结;

2)中温烧结;

3)高温烧结。

这里温度划分是根据烧结制品的保温时温度划分的,高温烧结是根据烧结制品在烧结温度的上限进行的烧结,低温烧结是指烧结温度低于正常的烧结温度,中温烧结温度介于两者之间。

三、粉末冶金烧结的基本过程

粉末制品烧结后，烧结体的强度增加，首先是颗粒间的联结强度增大，即联结面上原子间的引力增大。在粉末或粉末压坯内，颗粒间接触面上能达到原子引力作用范围的原子数目有限。但是在高温下，由于原子振动的振幅加大，发生扩散，接触面上才有更多的原子进入原子作用力的范围，形成黏结面，并且随着黏结面的扩大，烧结的强度也增加。黏结面扩大而形成烧结颈，使原来的颗粒截面形成晶粒界面，而且随着烧结的继续进行，晶界可以向颗粒内部移动，而导致晶粒长大。

烧结体的强度增大还反映在孔隙体积和孔隙总数的减少以及孔隙的形状变化上。由于烧结颈长大，颗粒间原来相互连通的孔隙逐渐收缩成闭孔，然后变圆。在孔隙性质和形状发生变化的同时，孔隙的大小和数量也在改变，即孔隙尺寸增大，此时小孔隙比大孔隙更容易缩小和消失。

颗粒黏结面的形成，通常不会导致烧结体的收缩。因而，致密化并不标志烧结过程的开始，而只有烧结体的强度增大才是烧结发生的明显标志。随着烧结颈长大，总孔隙体积减小，颗粒间距离缩短，烧结体的致密化过程才真正开始。因此粉末的等温烧结过程，按时间大致可以划分为三个界限不十分明显的阶段。

1. 黏结阶段

烧结初期，颗粒间的原始接触点或结合面转变成晶体结合。这一阶段中，颗粒内晶粒不发生变化，颗粒外形也基本未变，整个烧结体不发生收缩，密度增加也极微，但是烧结体的强度和导电性明显增加。

2. 烧结颈长大阶段

原子向颗粒结合面的大量迁移使烧结颈扩大，颗粒间距离缩小，形成连续的孔隙网络。烧结体收缩，密度和强度增加。

3. 闭孔隙球化和缩小阶段

当烧结体密度达到90％以后，多数孔隙被完全分隔，闭孔数量大为增加，孔隙形状趋近球形并不断缩小。

等温的三个阶段的相对长短主要由烧结温度决定：温度低，可能仅出现第一阶段；在生产条件下，至少应保证第二阶段接近完成；温度愈高，出现第二甚至第三阶段就愈早。在连续烧结时，第一阶段可能在升温过程中就完成。

将烧结过程划分为上述三个阶段，并未包括烧结中所有可能出现的现象，例如粉末表面气体或水分的挥发、氧化物的还原和离解、颗粒内应力的消除、金属的回复和再结晶以及聚晶长大等。

四、二氧化铀的烧结

UO_2 的熔点为 $(2\,865 \pm 15)$ ℃，其理论密度为 10.96 g/cm^3，而成品芯体的密度约为其理论密度的 (95 ± 1)％T.D.。

密度百分比：也叫相对密度。就是将生坯烧结得到的密度值除以此生坯主要成分的理论密度值，再乘以 100％，单位为％T.D.。

UO₂ 生坯块一般添加几种添加剂：硬脂酸锌、草酸铵、U_3O_8 粉末等。各添加剂在烧结过程中的物理、化学变化是不同的。

UO₂ 生坯的烧结作为少批量生产时，可考虑采用间隙式烧结方式，而大批量生产则必须采用连续推舟烧结方式。

烧结周期：烧结过程就其本质来说，是对粉末压坯的热处理，当把生坯装进烧结炉内，在合适的烧结气氛下，坯块按一定程序加热到高温然后冷却出炉，从而完成一个周期。

二氧化铀坯块的烧结结果随烧结工艺条件的改变而有一定差别。烧结工艺条件包括：烧结温度、烧结时间和烧结气氛。

五、几种常用气体的性能

1. 氢气的性能

氢气作为烧结炉内主要工作气体完成二氧化铀生坯块的烧结过程。氢气是一种无色无味的气体。在 101 kPa 时氢气在 −252 ℃时变成液体，在 −259 ℃变成雪花状固体，它难溶于水，密度比空气小。在标准状况下，1 L 氢气的质量为 0.089 g，大约是同体积空气质量的 1/14。氢气具有可燃性和还原性。通过科学实验测定，空气中如果混入的氢气的体积达到总体积的 4%～74.2%时，点燃混合气体就会发生爆炸，这个范围叫做氢气的爆炸极限。

2. 天然气的性能

天然气又称油田气、石油气、石油伴生气。天然气的化学组成及其理化特性因地而异。天然气是一种多组分的混合气体，主要成分是甲烷，还含有少量乙烷、丁烷、戊烷、二氧化碳、一氧化碳、硫化氢等。无硫化氢时为无色无臭易燃易爆气体，密度多在 0.6～0.8 g/cm³，比空气轻。通常将含甲烷高于 90%的称为干气，含甲烷低于 90%的称为湿气。天然气系古生物遗骸长期沉积地下，经慢慢转化及变质裂解而产生的气态碳氢化合物，具可燃性，多在油田开采原油时伴随而出。天然气在空气中的浓度较高时，对人体有一定的麻醉作用。为便于识别其在空气中的存在，在生产过程中添加了少量的臭味剂（硫醇、硫醚等物质）。天然气的爆炸极限为 5%～15%。

3. 氮气的性能

氮气占大气总量的 78.12%（体积分数），以单质的形式存在于空气之中，取之不尽，用之不尽，是无色、无毒、无味的惰性气体。氮气的化学性质很稳定，常温下很难跟其他物质发生反应，但在高温、高能量条件下可与某些物质发生化学变化，用来制取对人类有用的新物质。氮气在水里溶解度很小，在常温常压下，1 体积水中大约只溶解 0.02 体积的氮气。它是个难于液化的气体。氮气在极低温下会液化成无色液体，进一步降低温度时，更会形成白色晶状固体。在生产中，通常采用黑色钢瓶盛放氮气。

第二节　烧结炉的结构、性能

学习目标：能掌握立式感应烧结炉的结构及性能；能掌握卧式感应烧结炉的结构及性能；能掌握连续推舟烧结炉的结构及性能；能掌握几种常用烧结炉的结构及性能。

所谓烧结炉一般是指用加热组件(电热组件)将电能转换成热能进行工件加热的设备。

烧结炉的结构根据其用途不同而有很大的区别。基本上是由炉体、供电及电气控制系统、气体控制系统、冷却系统和辅助机械系统组成。炉体一般由炉壳、电加热组件、炉膛、炉衬(包括隔热屏)等部件组成。供电及电气控制系统包括电源、变压器、温度及自动控制仪器仪表等。气体控制系统包括气体管线、减压阀、点火装置及真空炉的真空机组等。辅助机械系统包括炉门的启闭机构、驱动机构(推舟、推料机构)和返还传送机构等。

根据烧结炉的工作状况,把用于 UO_2 坯块烧结的炉子分为两类:间歇式和连续式。

间歇式炉子包括立式感应烧结炉、钨丝炉和钼丝炉等;连续式炉子包括卧式感应炉和推舟烧结炉等。

一、立式感应烧结炉

感应加热烧结炉,升温快,使用方便,可通入保护性、还原性气体,也可在真空中使用。它常用于小批量生产和实验室中。

立式感应烧结炉的结构示于图 3-1 中,它由炉体、分离器、真空泵、感应电源供给等几部分组成。炉盖上有窥视孔,用于测温。感应圈、炉体和炉盖均用水冷却,炉体内有感应线圈、发热体、保温层、料盘、试样等。保温层可用纯 Al_2O_3 或 ZrO_2 制作,料盘用金属钼片制作。

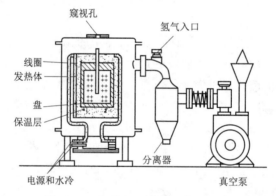

图 3-1　立式感应烧结炉的结构示意图

这种炉子只能对坯块分批地进行烧结,操作较麻烦;炉内存在的温度不均匀性会造成产品性质的不均匀;炉子结构对流动性气氛还不能完全适应。

二、卧式感应烧结炉

卧式感应烧结炉由推舟机构、炉体、炉管、水冷系统、供气系统和供电系统等部分组成。推舟的速度可以在一定范围内调节。舟内放入一定数量的坯块,由推舟机构推动前进。烧结气体与料舟呈逆流方向进入,从炉头排出。

这种烧结炉体积小,操作方便,各坯块有相同的加热、烧结历程,产品性质均匀,重现性好。但供电系统复杂,维修较困难。

三、连续推舟烧结炉

这类烧结炉多用钼丝制作发热组件,也有用钨棒或钽片制作发热组件的,工作温度可达

1 750 ℃,常用温度为 1 650 ℃。推舟机构多数为机械执行机构。

四、几种常用烧结炉

工业生产 UO$_2$ 芯体采用连续式高温烧结炉。下面介绍几种常用的烧结炉。

1. Degussa 炉

Degussa 炉为德国 Degussa 公司产品。该炉炉长 9.95 m,炉体总重 12 t,分进料室、预热区、烧结区和出料室四部分。炉膛截面积尺寸为 165 mm×160 mm(宽×高)。按温度变化分成三区:预热区、烧结保温区和冷却区;按钼丝发热组件的布置,温度沿炉长分成六段。预烧区额定温度 900 ℃,由两组独立的发热体供热;发热体的材质为 Ni-Cr 基合金,额定功率 2×6 kW;烧结区额定温度 1 800 ℃,以多股金属钼丝捆扎起来作加热组件,三组加热线圈的功率为 3×30 kW;烧结区名义长度 2 100 mm,等温区有效长度不低于 1 600 mm。

(1) Degussa 炉的结构

Degussa 炉结构上有以下特点:

1) 炉壳用低碳钢焊接圆柱体形状,可以减轻事故状态下的爆炸应力;

2) 在预热区和烧结区之间有一 H$_2$ 进口,可以有效地阻隔预热区产生的挥发性气体不向烧结区倒灌,确保烧结区的物料和发热组件不受沾污;且有利于预热区坯块的杂质元素的还原;

3) 炉子的气密性良好,可保证炉子在正压下操作;

4) 部分采用步进梁结构,使冷却区的料舟能以步进式运动前进。

(2) Degussa 炉的控制系统

Degussa 炉的控制系统分四个部分:气体控制系统、加热系统、操作系统和冷却水系统。

1) 气体控制系统:该炉使用的气体有氢气、氮气、天然气和压缩空气。四种气氛的作用各不相同,天然气用于尾气、炉门开启时的火帘点火;压缩空气用于开启炉门;氮气作为烧结氢气的补充,维持炉内压力;氢气为炉内主要工作气体完成烧结工艺过程,氢气分四股进入炉内。

2) 加热系统:加热系统由电源开关,加热回路测温热电偶,记录仪表和控制仪表组成。双组测温热电偶分预热Ⅰ、Ⅱ区,烧结Ⅲ、Ⅳ、Ⅴ区分别测量炉温,一组用于显示仪表上读数和记录;另一组用来通过控制盘反馈信号给可控硅调压器,让控制变压器给加热线圈输出加热电流。

3) 操作系统:炉子操作系统为一过程控制器。分手动和自动两种。通常,炉子正常运行时采用自动控制,按照设定的程序自动运行。只有在故障情况和调试时采用手动操作。

操作程序设置八个步骤,可以在一个仪表盘面上显示:

——进料室开门;

——进料机前进;

——进料机后退;

——进料室关门。

完成这四步,主推料机自动前进。主推料机进到某个位置,烧结区尾端的料舟被推上步进梁。此时,步进梁自动动作,将冷却区尾端的一个料舟送到出料位置,于是:

——出料室开门;

——出料机前进;

——出料机后退;

——出料室关门。

此时,主推料机还可前进一段距离,待烧结时间满足规定要求,就可转入下一个循环。

4) 冷却水系统:冷却水系统由控制盘,水温和流量仪表、凉水塔、储水箱和过滤塔、泵和管路组成,为了防止炉壳上的冷却水结垢和腐蚀,该炉使用去离子水作循环冷却水;而且,从炉壳上的冷却水管里流出的循环水先经过一个凉水塔冷却,然后经过一个由活性炭、石英砂等分层过滤物组成的过滤塔滤去杂质再回到炉壳供冷却用。储水箱的容积达 8 m³,即使在断电的情况下,依靠高位储水箱的自流,也可维持炉子冷却达 3 h。由于采用了有效的冷却水系统,炉壳表面温度通常不会超过 80~120 ℃。

2. FHD 炉

FHD 推舟式烧结炉为英国 FHD 公司的产品。该炉炉壳采用低碳钢板制成,结构坚固,密封良好,可以拆卸。烧结区采用浇铸氧化铝难熔马弗炉筒;预热区马弗筒为耐热钢制成;炉体保温层用高级氧化铝耐火砖砌成。保温层由加少量碳酸钠的纯氧化铝隔热粉充填,保温层较厚,可使炉内热量损失降到最小。预热区的加热组件用耐热丝制成螺旋状,安装在封闭的氧化铝衬板内;烧结区的加热组件用多股钼丝制成连续的 U 形状,固定在炉膛侧面的钼钩上,其终端经炉壳的气密硅胶衬垫与变压器电源相连接,终端采用水冷却。该炉除上述的马弗炉炉体外,还有温控系统,供气系统,传送系统和其他运动系统等,共同构成 FHD 炉的运行体系。

(1) 温度控制系统

预热 1 区和 2 区都装有两支单丝镍硅热电偶,一支用于温度控制,另一支用于超温保护/记录。主烧结区 3 区和 6 区每区都装有两支钨 3%铼和钨 25%铼热电偶,同样一支用于温度控制,一支用于超温保护/记录,主烧结区 4 区和 5 区也装有两支钨 3%铼和钨 25%铼热电偶,作用与 3 区和 6 区一样,这两区的热电偶各区的装在一起,当发生超温时,各测点的监控装置便会相应发出声光报警。所有热电偶组件都过左侧壁插入工作室内,它们的传感头靠近加热组件的中心线上。

(2) 供气系统

氢气经压力调节器和压力开关进入烧结炉膛、进料区、出料区、进料门和出料门;天然气经专门管线送达进料门和出料门用于气幕点火;氮气经压力调节器和压力开关送达炉子进气口用于通氢之前驱赶气密区的空气和停炉时打开气密区前再次赶气,同时氮气在氢气流量低烧结炉故障主电源断开的情况下,作为紧急备用气体。为了防止气体压力、流量等准备不充分时烧结炉功能程序发生故障,所有自动气体控制都与烧结炉生产系统全部内连锁,同时还装有提示误动作的声光报警。

(3) 传送系统

FHD 的传送系统从料舟运行方向看,包括装料传送带、进料推机、主推机、传送推机、出料传送带和返回轨道。

装料传送带是一条平板钢履带,上面能放置五块装料钼板,传送带由有齿轮箱的交流电阻尼电机驱动,靠近装料传送带的控制柜有三个位置开关:OFF、AUTO 和 INDEX(关,自动,计号码),操作员在将每个钼板放在履带上后把 OFF 转换到 INDEX,如此重复直到装上

5块钼板。然后开关拨到 AUTO 位置,恢复自动生产。当最后一块钼板准备传送时,系统声光报警提醒操作员。

　　进料推机是一台链式推机,采用万向铰接的特殊链条,链条沿驱动扣齿轮的 90°弧度的圆周运动,笔直时内联一根刚性棒。推料机的行程长度与装在铝导管上的磁力开关之间的距离相等,两磁力开关为:推料机完全退回和推料机推进。

　　主推机装在进料台架内,为一台电动/机械装置,传动轴通过水冷气密垫进入主推机推车室,与导向滑槽上安装有凹槽凸轮的滑板连接。主推机完全退回时,推板转动到底平面下,把钼板装进进料管,当主推机向前移动时,它在钼板后面抬起,接触钼板的后边缘,向前推动钼板与先前装进的钼板接触,推动整条线向前通过烧结炉。当第一块钼板到达出料传送点的光电管装置时,主推机就会停止,完成传送后恢复推进状态。主推机的推进速度由主控制柜的速度控制器调整,推进速度在每小时 100 mm 和 2 200 mm 之间变化。通过调整主控制柜内的力矩限制器防止主推机烽矩过大而损坏。主推机后退由缩短延迟的气动系统驱动。

　　传送推料机与进料推料机的机械电气原理一样。

　　出料传送带在炉子尾端,最多可装载 5 块从烧结炉推出的钼板,在炉生产系统内自动操作,当出料推机推出炉门一关闭,传送带就会向前导引,清除新传出的钼板,当传送带已满,就会触发声光报警,提醒操作员即时清除。

　　用铜管制造的 4 个单独多路装置形成烧结炉的水冷系统。水冷系统主要对炉子的电源接头、测温热偶和冷却区实施强制冷却。为避免烧结区外壳上的热损耗,使炉子处于良好的环境条件下,炉壳外罩形成一条气沟,10 台轴流风机在气沟中形成连续气流,使炉子表面温度维持 70 ℃左右。

　　炉子的主通道两端设置有进口与出口检修门,便于手工处理炉子故障,检修门亦设有手控气帘,防止空气进入炉膛。

　　炉子从启动、进行到降温都由 PLC 控制,全部程序通过微机输入给主控制器。

3. BTU 炉

(1) 工作原理概述

　　BTU 推舟炉是一台自动连续的烧结炉,其示意图如图 3-2 所示。装有多种保护装置的有效气体控制系统引入生产气氛(100%氢气)。工艺室内,保持氢气微正压,以防止外部空气进入工艺室而与氢气混合。氢气从出舟端引入,从进舟端排出,形成一方向与产品运行方向相反的气流,使产品通过烧结炉前进总是朝更清洁的环境移动。

　　烧结炉的气流和所有其他操作都受烧结炉控制器装置(FUC 和一台运行 Microsoft Windows 的专用计算机。使用 GE Logic Master 可编程序逻辑控制器(PLC)很容易对不同的工艺任务对计算机编程)的控制。

　　在 6 个各自受控加热区的钼电帘加热器可以使产品的温度升高到 1 800 ℃。预热区的最高温度通常为 1 200 ℃。1 区和 2 区之间的屏蔽墙有利于保持预热区的第 2 区的温度稳定。在高温区,3 区和 4 区之间,5 区和 6 区之间也有屏蔽墙,有助于精确控制温度。高温区的最高温通常为 1 780 ℃,被烧结产品从高温区推到冷却和出舟区,由水冷却套带走热量,使产品冷却至室温,防止产品离开烧结炉时过热。

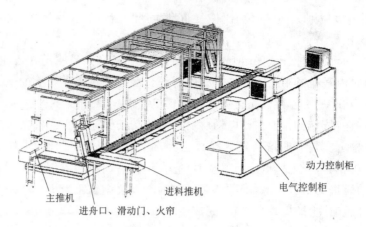

图 3-2　BTU 炉示意图

当一个新舟装好后,进料推机将它从返回传送台上推进烧结炉入口通廊。推过火焰帘
(无害地燃烧氢气,另外可防止氢气从工艺室逃逸)。推料杆回拉后,PLC 落下烧结炉的进
料门并切断火焰帘。主推机向烧结炉出端方向推动该新载舟板,新载舟板推动它前面已装
入的载舟板。几小时后,一个载舟板就被加热到计算机设定的温度。每个载舟板到达出口
时,炉门的出口火焰被点燃,电动机打开出口门,一个已完成烧结过程的舟通过火焰帘被推
到交叉传送台上。卸料后转入下一循环。

(2) BTU 推舟炉的机械部件

该炉的机械部件包括传送系统、驱动系统、进出舟通廊和门、工艺室、冷却区。

传送系统是在载舟板通过烧结炉无尽循环运动时的导向装置。它由 4 个导向装置构
成,它们被定位在一个矩形结构中。图 3-3 所示为传送系统示意图。驱动系统由 4 根传动
杆构成,每根都由直流电机驱动,电机由可编程序逻辑控制(PLC)自动控制。进舟通廊是产
品进入烧结炉的最前密闭部分,与主工艺室成 90°角,有利于进舟时减少热量损失,保证了
工艺室预热区的温度,并使冷却的外部气氛与工艺室内的热氢气分开,载舟板通过返回传送
台到进料传送台时,它触发一只微开关,告诉 PLC 一个载舟板准备卸炉,PLC 激活烧结炉
进口的火焰帘并打开进舟门让载舟板进入。进舟通廊和炉门火焰系统如图 3-4 所示。

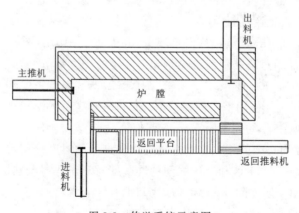

图 3-3　传送系统示意图

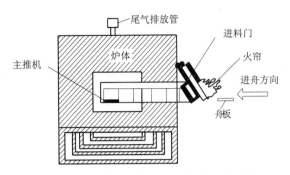

图 3-4　进舟通廊和炉门及火焰系统示意图

（3）电气控制

该炉的控制系统包括烧结炉控制、主控制盘（出舟通廊附件）、手动控制台（在返回传送台的任一端）、气体控制盘（在冷却区背面）和便携式编程机。

烧结炉控制器包括一台装在烧结炉本身上 FCU 控制装置和一台装在远离烧结炉的自立式可编过程控制器。FCU 物理地关闭和打开烧结炉电源，编程控制器用预编程的"配料"运行软件和电子传输执行指令给 FCU，两者相互运行期望的工艺并监视结果。

主控制盘安装在控制的面门上，用来启动推舟炉和停止推机动作。气体控制盘安装在面对烧结炉进舟口的冷却区背面，通过手动阀和流量计控制烧结炉的气氛。

手动控制台包括进舟端的进舟控制盘和出舟端的出舟控制盘，可以在装料、处理故障和维修时灵活操作系统。便携式编程机与可编过程控制器（PLC）配合使用，查找烧结炉的设定值和监视、诊断故障和维修。

第三节　烧结炉的操作

学习目标：能够掌握烧结炉的基本操作。

一、烧结炉的启动

烧结炉在不生产时处于常温，生产时要经过启动、加热升温等一系列步骤达到生产要求。

1. 气密性检验

目的：为了保证炉子的密闭性能达到要求，防止因气体泄漏发生安全和质量事故。

步骤：向炉子中充入氮气或空气，充至炉内的压力达到一定值时，停止通气，过一间隔时间，测量炉内的余压。如果炉内的余压大于等于标准值，则炉子气密性检验合格。

2. 洗炉

启动炉子前需要做好各项准备工作，压缩空气、天然气、氢气、氮气、冷却水、电源等都必须处于正常供给状态，并无故障，加湿器需将水加到规定值，运行时要保持水位。出料门、进料门、检修门应保证密封。

1）把炉子上所有的排气阀、放水阀、取样阀关闭。

2）打开通向气体控制柜的各气路管线总阀门（氢气、氮气、压缩空气、天然气），调整气体控制柜上各气路进气压力值至规定值。

3）将控制柜电源打开,将气体回路开关打开。

4）打开气体控制柜通往炉体的各气路阀门,开始洗炉。洗炉时要按照操作规程逐步有间隔的打开和关闭各个阀门。至洗炉完毕时,各放气阀门都应关闭。然后继续通氮数小时,调节尾气排放阀,使炉压保持在一定范围内。

3. 点火

通氮洗炉完成后,通氢气之前,需将尾气点火器,进/出炉门点火器点燃。并确保氢氮转换开关处于正常位置。点火有专门的点火程序启动按钮,按下时,各部位点火装置都应能点燃火焰,否则要检查各点火装置,调整完毕后,重新启动(检修门处也有点火器截止阀,一般只在生产检修时由人工点燃)。

4. 气幕

点火器全部点燃后,需将进/出料门、检修门的气幕设定,要保证开门时,气幕火帘能充分覆盖炉门。

5. 通氢

洗炉完成后,从放气阀取样检验合格后,才可通氢。检验方法:将一点燃火焰置于从放气阀放出气体区域内,火焰立即熄灭,不再燃烧即为合格。开始通氢时,按下氢氮转换开关,就开始通氢,在通氢过程中,要始终注意各点火器、尾气排放口是否有火焰,如熄灭应重新点燃。在通氢的过程中应保证氮气的供应。烧结炉有氢氮自动转换装置,一旦氢气不能正常供给,就会自动转到氮气供应,以保证炉内正压与外界空气的隔绝。通常供气系统还备有瓶氮供应装置,当管路氮气不能正常供应时,可通过操作者手工切换到瓶氮供给方式。

二、装料和进舟

压制岗位生产的生坯都放在料舟内。装料前,先按工艺要求找到对应的料舟,先检查此料舟内跟踪卡,跟踪卡检查内容包括:富集度、产品的工程代号、粉末混合批号、生坯舟号和生坯密度等。

检查无误后将料舟连同跟踪卡移至烧结炉的进舟装料平台上。转移料舟时要轻推轻放,防止料舟之间猛烈撞击和料舟掉到地面上。将跟踪卡放置指定地点。装料前,要检查钼底板是否平整、光滑。然后安放定位销钉,并检查定位销钉是否插入底板孔内,钼舟框是否变形,无误后将钼舟框正确放置在底板上,此时要注意钼舟框底部要和底板接触良好,不能够有任何一角翘起。将生坯和隔板逐层转移至钼舟内,将对应顺序钼牌号放在舟内顶部隔板上,此时再检查一遍钼舟的状况,无误后将料舟推到送料台上。

进料台上前后两钼舟底板间隔不能太近。推料机将料舟推入炉内时是横向推入的。进料时,炉门会自动打开,并有声光提示,此时要守在进料门旁,观察料舟进炉情况,及时处理可能的各种故障。进完料要记录进舟的钼牌号和进舟时间,并将跟踪卡移至规定位置按序排好。

三、设定工艺定时器和维护烧结炉的正常运行

进完舟后,要按工艺通知单要求,更改预烧区、高温区的温度和进舟间隔时间,检查供气

系统、冷却水循环系统、过程控制系统、机械系统、电路系统、点火器、尾气排放等是否正常。每隔一定时间,记录烧结炉的相关工艺运行参数和时间。

烧结炉相关工艺运行参数包括:预烧区炉温、高温区炉温、氢气压力、氮气压力、天然气压力、循环冷却水温度和压力和炉压等。

四、空钼舟的修理

钼舟框和底板在使用一段时间后可能出现一些问题,应及时进行修理,修理项目包括:打毛刺,剔除低熔物,矫正平直度,清除料渣。

第四节　烧结炉的维护和保养

学习目标:能够对烧结炉进行维护和保养。

烧结炉是芯体制造过程中的关键设备,做好维护和保养,对于稳定生产和完成各项生产任务是非常重要的。熟悉和掌握这类炉子的结构和特性是防止和正确处理炉子各种故障,保证炉子正常运行的前提。

一、停产期间的维护保养

处于停产期间的烧结炉,应由岗位人员配合检修人员对炉子进行全面维修、维护和保养。其检修的重点是炉膛,机械传动装置,电气仪表和管道阀门。机械部分应进行适当校正并加注或更换润滑油。所有的仪表应由计量人员进行校验,电气控制系统应全面检测。检修后的设备应做出标识并详细记录。检修过程中,操作人员应积极配合检修,防止检修漏项。

二、开车前的检查

烧结炉启动前应认真进行检查。其检查内容包括:

——烧结炉的机械传动装置是否完好,转动是否良好,定位是否正确;

——电器组件是否完整,紧固;电气线路是否接触良好;接法是否正确;

——检修的仪表是否装上;标志是否正确,是否在使用期内;

——气路、冷却水系统是否接通,阀门是否在正确位置,有无泄漏现象,各种压力是否正常;

开车前的检查应以操作人员为主,维修人员配合,所有检查项目应有记录,经过认真检查后,必须在检修人员的监护下,操作人员进行试车。其试车内容包括:

——气密性检漏实验。确保炉子的泄漏水平在规定的范围内。

——冷态试车。冷态进行配重空舟试推,检验主推料机和进出推料机的动作是否运行正常和平稳,程序步骤是否在规定的指令下运行。

——循环冷却水试车。检查循环水压力,流量,水泵的运行状态是否正常,阀门是否有泄漏现象。

——引氢升温。在用氮气冲洗炉子到足够时间后,方可引氢入炉,此时要求房内应有良好的排风系统,严禁外来火种,作好安全监护工作,在爆鸣实验检查合格后方可点火通氢。

三、烧结炉运行期间的维护

烧结炉在运行期间维护最重要的一条就是严格遵守操作规程,严禁违章指挥和违章操作。要求操作人员应有责任心和良好的技术素质,这样才能确保烧结炉的长期稳定运行。烧结炉在生产运行期间操作人员应做好以下事项:

1) 操作人员必须经过上岗培训和考试,并具备相应的操作资格和一般事故处理能力,熟悉操作文件。

2) 操作者应严格遵守劳动纪律,按时交接班,做好当班的各项记录和准备工作,不得脱岗和串岗。

3) 操作者应经常巡视控制仪表(包括水、电、风、气);经常观察炉膛内的钼舟运行状况,及时发现异常情况;经常检查应急措施的准备手段。

4) 认真做好运行记录。运行记录必须真实、准确、并要求书写工整,实事求是地反映烧结炉运行情况。

5) 对每个要进入炉内的料舟框、隔板和底板进行严格检查,发现有变形严重的要停止使用,做好跟踪工作。

6) 严格检查料舟是否有异常。包括钼销钉是否脱落和缺损,底板是否平直,舟内是否有异物。

7) 根据烧结炉的声光报警信号,及时发现和判断炉子的故障部位,并采取相应的措施。对烧结炉的异常情况和故障,当班者应及时报告当班调度或检修人员,不得延误和隐瞒事实。

8) 烧结炉在运行期间,不要轻易使用"解除连锁"操作方式,即使在故障情况下,不得不采用这种操作方式处理炉子故障时,也必须在监护下进行,以防止事故进一步扩大。

9) 文明生产,讲究工业卫生,经常保持炉子表面、轨道装料台、管线仪表和钼舟的干净、整洁;确保烧结炉的尾气畅通;对机械传动各机构应定期维护和保养。

第五节　烧结芯体的外观检查

学习目标:了解烧结废品的种类及烧结芯体的外观检查方法。

一、烧结废品产生的原因

烧结中所遇到的废品根据产生的原因可分为三类:

1) 破坏了规定的加热规程(烧结温度过高或过低,烧结时间过长或过短);

2) 破坏了烧结气氛(烧结气氛中存在氧或水蒸气,存在能与烧结体相互作用的气体);

3) 与压制成型过程有关(采用了不合格的粉末,混料不均匀,压坯中存在较高的应力,压模结构不正确等等)而造成的烧结废品。

由于不遵守规定的加热规程,烧结体可能会出现裂纹或者因烧结膨胀而松散。这一类废品也可能是压坯中加有成型剂,在快速加热时成型剂急剧分解而析出的气体造成的。当烧结温度低于规定的温度时,就会出现烧结不充分的情况,降低了烧结体的强度和其他性能。在烧结多元系材料时,还会使均匀化不充分。当烧结温度过高时,可能出现过度的收缩和歪扭,晶粒长得很大,在组织结构中出现不希望存在的相(例如,烧结铁-石墨基材料时,出现游离碳)。

因破坏烧结气氛而产生的废品,最常见的是制品氧化。如果组元能形成难还原的氧化物时,这类废品就会成为最终废品,此时烧结体的化学成分往往会由于烧结气氛的影响而变化。例如,铁-石墨制品在含有水蒸气的烧结气氛中烧结时,就会发生强烈脱碳;铁粉制品在含有过量甲烷气氛中烧结就会脱碳。采用离解不完全的氨气作烧结气氛时,可能会在烧结的金属中出现氮化物。

造成烧结废品的原因与压制成型的过程也有关。例如,在使用氧化的铜粉进行烧结时,特别是压坯具有较小的孔隙度时,由于氧化物的还原所形成的气体的作用,压坯可能发生膨胀。由于压制过程中压力过高,在烧结时也可能出现分层现象。

二、烧结废品的种类及其原因

1. 变形

粉末压坯在烧结时,一般总是产生变形。烧结件的变形表现为烧结件的几何尺寸、形状与工艺要求相差太远,难以在烧结后的工序中加以弥补。

变形产生的原因:

1) 压坯块的密度不均匀,密度差别大,使压坯在烧结过程中收缩不均匀,产生变形。

2) 烧结温度偏高,或升温过快,烧结炉膛内温度不均匀,都会引起压坯块内部收缩不均匀,使烧结件产生变形。

3) 压坯块在烧结舟内由于舟框、隔板变形受力不均匀,造成压坯块在烧结过程中收缩不均匀,造成变形。

4) 压坯块高低不均匀,高坯块受压,致使高坯块在烧结过程中变形。

5) 起泡。

起泡是烧结件表面有大小不一、较圆滑的凸起。严重时会引起烧结件表皮爆裂或掉皮。

起泡产生的原因:

由于升温速率过快,或压坯块突然局部接触高温,造成添加剂、润滑剂剧烈分解、挥发,以致引起烧结件起泡。

2. 裂纹

裂纹是指压坯块在烧结后,烧结件的分层和开裂现象.

裂纹产生的原因:

1) 压坯块成型压力过高,使压坯块内产生许多"隐分层",经过烧结后,扩大而变得明显,成为裂纹。

2) 压坯块密度不均匀,内部应力集中,在烧结时,由于热应力或收缩不均匀,产生裂纹。此种裂纹有明显的,也有微裂纹。

3. 麻点

麻点是在烧结件表面出现许多不均匀小孔。

麻点产生原因:压坯块中的添加剂在成型过程中出现偏析,烧结后成为小孔。或原料中添加剂聚集,使烧结后形成孔洞。

4. 尺寸超差

尺寸超差是指由于烧结件尺寸不合格而造成废品。尺寸超差有胀大和收缩过度两种。

5. 密度超差

密度超差是指压坯块经烧结后成为烧结件,其密度不符合技术要求。密度超差有密度值低于下限和超过上限的。

密度超差产生的原因有超下限和超上限的原因。

(1) 烧结件密度超下限的原因

1) 烧结温度过低,保温时间短。使压坯块烧结不充分,收缩不够;

2) 升温速度太快,致使添加剂挥发过快,使压坯块体积胀大;

3) 表面孔隙封闭过早,致使挥发性气体不易排出,降低芯体密度。

(2) 烧结件密度超上限的原因

1) 烧结温度偏高,保温时间过长。使压坯块收缩过度;

2) 压坯块粉末颗粒过细,或细粉比列大,而促使压坯块收缩过多。

6. 氧铀比超差

氧铀比超差是指 UO_2 压坯块经烧结后,成为 UO_2 芯体,其氧铀比(O/U)不符合技术要求。UO_2 压坯块中超化学计量的氧,在氢气中烧结时,在低于 750 ℃ 时,大部分已被还原;在 750～1 300 ℃ 时全部被还原。生成水蒸气被带走。

氧铀比超差产生的原因:

1) 由于烧结氧铀比超差偏低的较少,多数是由于前面工序的原因造成氧铀比超差。

2) 氧铀比偏高的原因:

① 出炉后,UO_2 芯体本身温度高,在空气中被氧化。

② 因烧结氢气中水分含量偏高,使 p_{H_2O}/p_{H_2} 值增加,使二氧化铀中超化学计量的氧扩散速率减慢,残余过剩氧多,引起 O/U 增加。

③ 烧结炉冷却水区水温过低,使冷却区内有冷凝水,和较高温度的 UO_2 芯体作用,使 UO_2 芯体又被氧化。同时,由于冷凝水的存在,又引起氢气中 p_{H_2O}/p_{H_2} 提高,阻碍 UO_2 压坯块中超化学计量的氧扩散排出速率,使 O/U 增加。

三、烧结芯体的外观检查方法

1. 检查前准备

(1) 材料准备

准备好专用 V 形盘、10×放大镜、不锈钢镊子、细纱手套和绸布等材料。

(2) 检查跟踪卡

包括富集度、批号、舟号等。

2. 检查方法、步骤

检测方法采用肉眼直观检查烧结芯体外观质量。

检查步骤：

1）按照相关技术文件取样。

2）将样品置于专用 V 形盘上，采用目视观察的方法进行芯体外观缺陷和清洁度的检查。

3）检查完毕后，按要求填写外观检查报告单。

第四章　加工核燃料芯体

学习目标: 通过学习掌握加工芯体的基础知识、磨床的结构和性能以及芯体磨削的基本操作。了解磨削废品的种类及成品芯体的外观检查方法。

第一节　加工芯体的基础知识

学习目标: 能够掌握加工芯体的基础知识。

一、概述

磨削加工是指用磨具以较高的线速度对工件表面进行加工的方法。经过磨削的零件有较高的精度和很小的表面粗糙度值,获得较高的表面质量。在现代工业中,磨削技术日益占有重要的地位。一个国家的磨削技术水平,往往在一定程度上反映了该国的机械制造工艺水平。

二氧化铀芯体的磨削是二氧化铀芯体制造的最后加工工序,对产品的尺寸精度、表面质量等最终质量有着极重要的意义。磨削的主要目的:

1) 使芯体产品尺寸达到设计要求,满足装管和使用要求。
2) 消除由于种种原因造成的粉冶生产制造的芯体产品收缩不一致所造成的尺寸偏差。
3) 使芯体产品表面粗糙度达到设计要求。
4) 清除芯体表面由于烧结而造成的致密层。

二、外圆磨削的形式

外圆磨削有多种形式,主要有普通外圆磨削、端面外圆磨削和无心外圆磨削三种。

1. 普通外圆磨削

普通外圆磨削为中心外圆磨削,工件在磨削时按一个固定的旋转中心进行旋转[见图 4-1(a)]。当工件以中心孔为基准在两顶尖间装夹时,两顶尖的尖端构成工件的旋转中心,这种形式可以达到较高的圆度和同轴度要求。普通外圆磨床和万能外圆磨床(如M1332A、M1432A、M131W 等磨床)均属此种磨削形式。

2. 端面外圆磨削

端面外圆磨削是一种变形的外圆磨削形式[见图 4-1(b)]。砂轮主轴的轴线对头架主轴轴线倾斜 β 角,砂轮斜向切入时可同时磨削工件的外圆柱面和台阶面,具有较高的加工精度和劳动生产率。

3. 无心外圆磨削

无心外圆磨削是在无心外圆磨床上进行的一种外圆磨削[见图 4-1(c)]。工件安装在机床两个砂轮之间,其中一个砂轮起磨削作用,称为磨削轮;另一个起传动作用,称为导轮。工件下部由托板支承。导轮由橡胶结合剂制成,其轴线在垂直方向上与磨削轮成一个 θ 角,带动工件旋转和纵向进给运动。无心磨削时,磨削轮以大于导轮 75 倍左右的圆周速度旋转,对工件进行磨削;导轮靠较大的摩擦力带动工件成相反方向旋转。如果我们从工件进入磨削区的一端看去,导轮与磨轮实际上都按顺时针方向旋转,而工件的旋转方向刚好与它们相反。工件与磨轮相接触的磨削点,其线速度与磨轮的线速度完全一致;又因导轮与磨轮有一定夹角,从而在前进方向产生一个分力,带动工件通过磨削区,完成一次磨削过程。导轮、磨轮、支片和工件组成磨削区。导轮和磨轮的几何形状与工件所在的空间位置,决定了磨削区大小和形状。而磨削区的这些特征决定着工件的磨削精度和生产能力。普通无心外圆磨床的加工精度可达公差级 IT7～IT6 级,表面粗糙度达 Ra 0.8～0.2 μm。高精度无心外圆磨床磨削的圆度误差仅为 0.001 mm,表面粗糙度达到 Ra 0.08 μm。

二氧化铀芯体通常采用无心外圆磨床作外圆磨削加工。

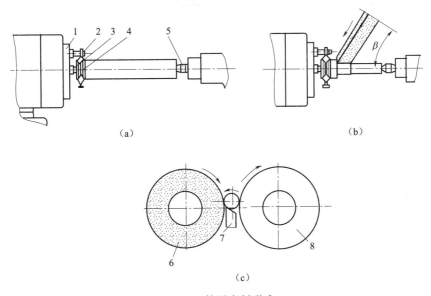

图 4-1　外圆磨削形式

(a) 普通外圆磨削;(b) 端面外圆磨削;(c) 无心外圆磨削

1—拨盘;2—拨杆;3、5—顶尖;4—夹头;6—磨削轮;7—托板;8—导轮

三、砂轮和磨削液

1. 砂轮的结构

砂轮是用各种类型的结合剂把磨料粘合起来,经压坯、干燥、焙烧及车整而成的,具有很多气孔,用磨粒进行切削的磨削工具。砂轮的结构如图 4-2 所示,它由磨粒、结合剂和孔隙三个要素组成。磨粒相当于刀具的切削刃,起切削作用;结合剂使各磨粒位置固定,起支持磨粒的作用;而孔隙则有排屑和散热的作用。

2. 磨削液

磨削时,在磨削区由于磨粒的高速切削和滑擦,使之产生极高的温度,该温度往往造成

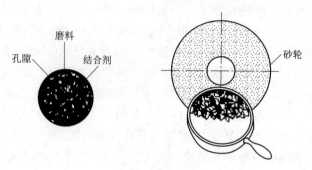

图 4-2　砂轮的结构

工件表面的烧伤,并导致砂轮的严重磨损,使被加工零件的精度和表面完整性恶化。因此,磨削时必须把磨削液注入磨削区以降低磨削温度。由于磨削液所具有的润滑、冷却和洗涤作用,故对改善砂轮的磨损、堵塞及磨削质量十分有益。

磨削液的作用包括以下几个方面。

(1)冷却作用

首先,磨削液能迅速地吸收磨削加工时产生的热,使工件的温度下降,维持工件的尺寸精度,防止加工表面完整性被破坏。其次是使磨削点处的高温磨粒产生急冷,给予热冲击的效果,以促进磨粒的自锐作用。

(2)润滑作用

磨削液渗入磨粒与工件及磨粒与切屑之间形成润滑膜。由于这层润滑膜的存在,使得这些界面的摩擦减轻,防止磨粒切削刃摩擦磨耗和切削黏附,使砂轮的耐用度得以提高。其结果使砂轮维持正常的磨削,减小磨削力、磨削热和砂轮损耗量,防止工件的表面状态特别是已加工表面粗糙度恶化。

(3)清洗作用

切削液可将黏附在机床、工件、砂轮上的磨屑和磨粒冲洗掉,防止滑伤已加工表面,减少砂轮的磨损。

(4)防锈作用

切削液能保护机床、工件、砂轮不因周围介质的影响而腐蚀。无心磨削时,在磨削液中加入亚硝酸钠,以起到防锈的作用。

四、砂轮的磨削过程

砂轮磨削工件的过程,通常分为三个阶段:

第一阶段,磨粒从工件表面挤压而过,工件产生弹性变形,此时并未发生切削,称作滑擦阶段;

第二阶段,磨粒切入工件表面,工件表层因磨粒的摩擦挤压作用向上隆起,少量金属层被切削,称刻划阶段;

第三阶段,磨粒对工件的挤压作用大于工件的材料强度,工件表层沿剪切面滑移而成磨屑,称为切削阶段。

通过上述三个阶段,完成了磨削过程中砂轮对工件的加工作用。将磨削过程分成三个阶段是人为的,是理论研究的一种描述;实际上,磨削过程是连续的,不可能将三个阶段截然分开。

<h1 style="text-align:center">第二节　磨削工艺规程</h1>

学习目标:能掌握磨削工艺规程。

磨削加工工艺规程如图 4-3 所示。

图 4-3　磨削加工工艺规程

一、试磨

试磨的步骤如下:

1) 磨削区调整好以后,放松托板,在导轮和磨轮之间放一块待磨芯体,将导轮、支片、托板及整个磨削区引向磨削轮。在离磨削轮 1~2 mm 时,停止引进。启动导轮和磨削轮,在其运转平稳后,用粗进给将芯体引向磨削轮,直到芯体与磨削轮接触。

2) 作横向进刀 0.01~0.02 mm,从磨床进口推进一块芯体,仔细观察磨削区火花分布情况。正常情况下,当工件从进入磨削区开始,直到离开磨削区,火花都应该是均匀的。如果芯体在磨削轮前后火花不均匀,说明导轮轴心线与磨削轮轴心线不平行,可以在水平面内微调导轮回转座;如果中部的火花与前后不均匀,说明导轮修整器水平偏角调整有问题,此时,应重新调整,并重新修整导轮。

注意:用于机床调试和试磨用的芯体一律作废品处理。

二、磨削生产

试磨以后,如果磨削区正确,火花情况正常,磨出的芯体表面无损伤,便可以测量磨削芯体尺寸,看看磨削余量情况。此时,稍开一些冷却水,作横向进刀,在被磨芯体还剩下 0.05 mm 左右余量时,锁紧粗进给,使用细进给,并最终达到芯体尺寸要求。然后,关好防护罩,开足冷却水,进行磨削芯体的正常生产。

三、清洗

芯体在磨削过程中,其表面不可避免地会黏附一些磨屑等杂物,因此,磨削以后应用干净水进行清洗。可采用淋洗,也可采用水槽冲洗的方法,将芯体表面的污物除去。

四、烘干

清洗后的芯体应烘干,烘干温度通常低于 150 ℃,时间不宜过长,以免氧化。

五、装盘

采用自动装盘机构将芯体顺序排列在 V 形容器中。

六、外检

人工肉眼对加工芯体进行 100％外观检查。

第三节　磨床结构和性能

学习目标：能掌握磨床的结构和性能。

二氧化铀芯体采用无心外圆磨床作外圆磨削加工。无心外圆磨床由床身、导轮架、磨削轮架、工件支架、导轮修整器、磨削轮修整器、导轮进给手柄和导轮快速手柄等组成。图 4-4 所示为芯体制造磨削线采用的一种无心磨床，该机床采用砂轮架固定，导轮架为上滑板（导轮滑动用）和下滑板（托架滑动用）的两层滑板方式。

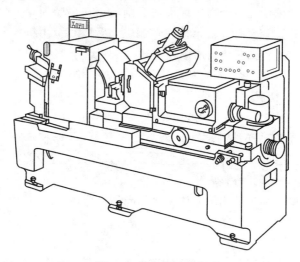

图 4-4　无心外圆磨床

该机床主要用来磨削直径 2～40 mm，长度 140 mm 以内的圆柱形零件，如增订特殊附件后还能磨削直径 7～40 mm，长度 120 mm 以内的回转体成型零件，以及锥度≤1∶20 的锥形零件和磨削直径 7～40 mm，最大长度 300 mm 的圆柱形零件，适用于批量较大的工厂，该机床主要特性如下：

1）砂轮主轴承载能力大，刚性好，旋转平稳。

2）导轮的工作转速采用无级变速，便于对不同直径的零件选择合适的转速。

3）导轮在水平面内可作小角度回转，在磨削锥形零件时，磨削轮可不必修整成锥形。

4）砂轮修整器和导轮修整器纵向移动均用液压传动，速度均匀，精度高，并能减轻操作者的劳动强度。

5）两修整器的仿形导轨采用双 V 形钢球结构导轨，仿形灵敏，精度高，寿命长等特点。

6）进给运动采用滚针导轨，具有移动灵敏，运动精度高，寿命长，进给运动采用差动丝杆，结构简单操作方便。

该机床的主要规格与参数如下：

纵进给磨削(标准托架),磨削直径:2~40 mm。

纵进给磨削(特殊部件需另行订货),磨削直径:2~40 mm。

横进给磨削(特殊部件需另行订货),磨削直径:7~40 mm。

砂轮转速:1 040 r/min。

导轮转速:工作转速为 0~200 r/min,修整转速为 0~280 r/min。

导轮回转角度:垂直面内为 $-2°$~$+5°$,水平面内为 $-3°$~$3°$。

粗进给手轮每转进给量为 6 mm。

微量进给刻度盘每转进给量为 0.25 mm,微量进给刻度盘每格进给量为 0.002 mm。

修整器刻度盘每格进给量为 0.01 mm。

砂轮和导轮中心连线至托架底面高度为 197 mm。

第四节　生产准备

学习目标:能进行磨削操作前的准备工作。

一、磨削轮的选择

磨削轮一般为中等组织的平形砂轮,而砂轮尺寸则按机床规格选用。外圆砂轮主要特性的选择包括磨料、硬度和粒度的选择。

1. 磨料的选择

磨料的选择主要与被加工工件的材料和热处理方法相对应。各种人造磨料中以棕刚玉和白刚玉为最常用。

2. 硬度的选择

如果工件材料较硬,应选用较软的砂轮,以使磨钝的磨粒及时脱落;如果工件材料较软,应选用较硬的砂轮,磨粒脱落得慢些,发挥其磨削作用。

3. 粒度的选择

砂轮磨粒的粗细程度直接影响工件表面的粗糙度和砂轮的磨削效率。精磨时应选择较细的粒度,以减小已加工表面粗糙度;粗磨时则相反,应选用较粗的粒度,以提高生产率。

二、导轮的选择

导轮的直径由机床决定。用贯穿法磨削时,导轮宽度与磨削宽度相同。

三、托板的选择

托板可用优质工具钢或高速钢制成,也可在托板的斜面上镶嵌硬质合金,以磨硬度很高的工件。磨软金属时,托板可用铸铁制成。

四、导板的选择

导板的作用是把工件正确引进和退出磨削区域。导板不宜过长,其长度可按工件长度选择:工件长度 $L_1 > 100$ mm,则导板长度 $= (0.75~1.5)L_1$;工件长度 $L_1 < 100$ mm,则导

板长度$=(1.5\sim2.5)L_1$。若工件长度的直径小,则导板的长度可选得大一些。当工件直径小于 12 mm 时,采用凸形导板;工件直径大于 12 mm 时,则采用平形导板。导板的高度和厚度分别由托架的结构和工件直径来决定。

第五节　芯体磨削操作

学习目标:能掌握芯体磨削的基本操作。

芯体磨削操作

1. 芯体磨削操作步骤

——振动给料;

——无心外圆磨削,

——淋洗,

——烘干;

——装 V 形盘。

2. 振动给料

1)振动给料前须检查质量跟踪卡片,尤其注意:

——烧结块密度;

——富集度和批号。

2)测量烧结块尺寸(直径和高度)。

3)目测烧结块外观情况,特别是端部碟形是否完整,有无沾污。

4)振动给料过程应当平稳,并且捡出破损和沾污的烧结块。

3. 无心外圆磨削

1)磨床预热时间不少于 15 min。

2)磨床调整按设备操作规程进行。

3)试磨,待检测尺寸合格,才可进行磨削作业。

4)当烧结块较短时,应当使用压板,防止烧结块跳出。当出现跳块时,应做好记录并对涉及的磨削块进行严格检查。

5)磨削液必须干净。

6)按规定修理砂轮和导轮。

7)保证烧结块连续均匀地通过磨削区。

4. 淋洗

淋洗喷头应使淋洗水冲洗磨削块整个外表面。

5. 烘干

1)烘干温度和时间按照工艺卡的规定执行。

2)烘干时应防止弹簧(或传动带)松弛掉料。

6. 装 V 形盘

1)烘干后的磨削块装 V 形盘以便外观检查。

2)对每舟磨削块实行跟踪,装 V 形盘时应同时转移跟踪卡。

7. 注意事项

1）用干净的不锈钢镊子夹芯体。

2）穿戴规定的防护用品。

3）严格执行临界安全规程。

4）做好生产场地和设备的清洁工作,严格保持岗位的清洁度。

5）成品芯体装盘前,对空 V 形盘和箱子,必须进行清洁处理,同时特别要检查 V 形盘背面和箱中是否夹藏物料,如有夹藏物料及时清除,并按富集度不明的废芯体处理,切忌放入合格品中。

6）按相应文件要求检查磨削块直径

——根据芯体技术条件的要求进行 100% 的外观检查。

第六节　设备维护和保养

学习目标:能够对无心外圆磨床进行维护和保养。

正确使用无心外圆磨床,确保设备使用维护安全。

一、日常维护保养操作

日常维护保养操作包括:

1）工作完成后清洁设备的外表面,做到无水渍、无物料。

2）清洁设备表面严禁用三氯甲烷及丙酮等对设备油漆造成损害的溶剂。

3）检查加油点的油是否充足,经常补充,具体要求见相关的"加油表"。

4）视产品质量情况,更换或修整磨床的砂轮和导轮。

5）砂轮更换后,为防止砂轮破损飞出,请在安全的作业位置让砂轮空运转 3 min 以上。

二、停产期间维护保养操作

停产期间维护保养操作包括:

1）检查砂轮、导轮等装置的皮带罩壳是否松动,并紧固。

2）检查导轨的压紧螺栓是否松动。

3）检查导轨面的润滑是否良好。

4）检查液压系统的配管、接头是否漏油。

5）检查撞块、手轮是否倾斜、松动并紧固。

6）检查并紧固控制柜内接线端子,清洁控制柜内灰尘和杂物。

7）检查一次设备绝缘,包括电机和设备接地。

8）检查皮带松紧程度,并调整。

9）检查手轮的间隙是否过大,若过大应调整。

10）设备长期不用时,每 1 个月对设备进行一次预热去潮,时间不应少于 2 h。

三、砂、导轮的使用保管

砂、导轮安装或拆修应在无油污染的情况下进行。日常生产中也应禁止油污染砂轮或导轮。换富集度生产时应对砂轮进行更换修整并检查导轮的磨损情况以决定是否更换或修整。

第七节　磨削废品的种类

学习目标：能够了解磨削废品的种类。

二氧化铀芯体是一种脆性陶瓷材料。在磨削过程中，稍有不慎，便会打边掉角，或造成尺寸超差。因此，有必要对这些情况作简要介绍。

一、打边掉角

解决这类问题的办法，则从导致的原因入手，仔细分析，逐项排除。

二、尺寸超差

造成磨削后芯体尺寸超差的原因有：

——原始烧结块尺寸波动太大，主要由生坯密度过低或散差过大引起；

——操作失误，对刀错误或测量错误，或者是测量计量器具失效；

——导轮和砂轮的工作状态不稳定；

——砂轮太软。

解决的办法是，严格遵守计量管理规定，保证计量器具的准确性；经常检查磨削芯体尺寸波动情况，最好采用控制图的办法，将磨削芯体尺寸控制在严格的公差带内；同时，找出尺寸超差原因，调整设备的工作状况。

三、表面粗糙度超差

技术条件往往对芯体的表面粗糙度会提出一些要求。造成芯体表面粗糙度超差的原因，大致有：

——砂轮未经过很好修磨，太钝；

——磨削速度太快；

——砂轮宽度太窄或直径太小；

——冷却水黏度太大，里面的砂粒太多。

解决的办法是针对造成的原因，采取对应的措施。

第八节　成品芯体的外观检查

学习目标：能够掌握成品芯体的外观检查方法。

一、检验标准

二氧化铀芯体外观缺陷的可接收程度常常由供、需双方商定。因此,各个国家的燃料制造厂执行的标准存在一定差别。下面介绍 GB/T 10266 的规定。

我国的国家标准 GB/T 10266 为了与世界接轨,采用 ASTMC776 的有关规定。即对芯体的完整性进行检查。芯体的完整性包括:外观缺陷、承载能力和清洁度。

GB/T 10266 将芯体的外观缺陷分成两类:表面裂纹和掉块。

1. 芯体表面裂纹的限值

GB/T 10266 对表面裂纹的限值是:

1)轴向裂纹长(包括延伸至芯体端部的裂纹):小于 1/2 高度;

2)周向裂纹长:小于三分之一周长。

2. 芯体掉块的限值

GB/T 10266 对芯体掉块的限值是:

1)圆柱面掉块:① 圆柱面掉块:小于芯体圆柱面表面积的 5%;② 最大线性尺寸:最大线性尺寸应能确保在使用过程中使燃料性能保持稳定,其限值由供需双方商定。

2)芯体端部掉块:小于芯体端部面积的 1/3(可按芯体端部缺损 1/3 圆周检测)。

二、成品芯体的外观检查方法

1. 检查前准备

(1) 材料准备

准备好外检专用 V 形盘、10× 放大镜、不锈钢镊子、细纱手套和绸布等材料。

(2) 检查识别卡

包括富集度、批号、舟号等。

2. 检查方法、步骤

检测方法采用肉眼直观检查成品芯体外观质量。目视检查时光源照度应不小于 1 000 Lux。

检查步骤:

1)将样品置于专用 V 形盘上,采用目视观察的方法进行芯体外观缺陷和清洁度的检查。

2)逐盘地对成品芯体 100% 进行外观缺陷和清洁度的检查。

3)按照标图或标样对芯体的完整性、表面可见裂纹、掉块、外观缺陷及表面粗糙度进行对照检查。

4)检查批检查完毕,如符合技术条件,则这批芯体放行。如不符合技术条件,则返回生产线 100% 进行返检。返检后,再由检验人员进行复查,如合格方可放行。

3. 结果处理

此检查批成品芯体经外观检查合格后,按要求填写外观检查报告单,并及时报出。

第二部分　核燃料元件生产工中级技能

第五章　中级核燃料元件生产工理论知识

学习目标：通过学习粉末冶金知识、添加物的作用及配比知识和物料的收率及计算方法等内容，掌握中级核燃料元件生产工的相关理论知识。

第一节　粉末冶金知识

学习目标：能够掌握粉末冶金基础知识。

粉末冶金是用金属粉末（或金属粉末与非金属粉末的混合物）作为原料，经过成型和烧结制造金属材料、复合材料以及各种类型制品的工艺过程。粉末冶金法与生产陶瓷有相似的地方，因此也叫金属陶瓷法。

粉末冶金工艺的第一步是制取金属粉末、合金粉末、金属化合物粉末以及包覆粉末，第二步是将原料粉末通过成型、烧结以及烧结后的处理制得成品。粉末冶金的工艺发展已远远超过此范畴而日趋多样化。粉末冶金材料和制品的工艺流程如图 5-1 所示。

粉末的制取方法是多种多样的，这些方法不外乎使金属、合金或者金属化合物从固态、液态或气态转变为粉末状态。

成型前要进行物料准备。物料准备包括粉末的预先处理（如粉末加工、粉末退火）、粉末的分级、粉末的混合和粉末的干燥等。

成型的目的是制得一定形状和尺寸的压坯，并使其具有一定的密度和强度。成型方法基本上分加压成型和无压成型两类。加压成型中用得最普遍的是模压成型，简称压制。其他加压成型方法有等静压成型、粉末轧制、粉末挤压等。粉浆浇注是一种无压成型。

烧结是粉末冶金的关键工序。成型后的压坯块通过烧结可得到所要求的物理机械性能。烧结分单元系烧结和多元系烧结。不论单元系或多元系的固相烧结，其烧结温度都比所含金属与合金的熔点低；而多元系的液相烧结，其烧结温度比其中难熔成分的熔点低，但高于易熔成分的熔点。一般来说，烧结是在保护气氛下进行的。除了普通烧结方法外，还有松装烧结、将金属渗入烧结骨架中的熔浸法、压制和烧结结合一起进行的热压等。

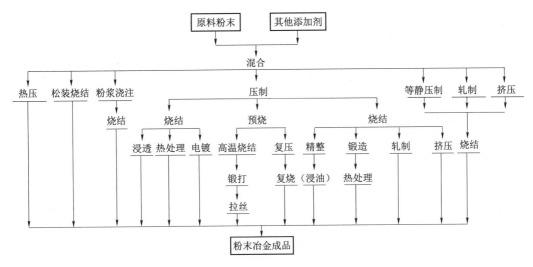

图 5-1　粉末冶金材料和制品的工艺流程

根据产品的不同要求,烧结后的处理,有多种方式,如精整、浸油、机加工、热处理(淬火、回火和化学热处理)和电镀等。此外,一些新的工艺,如轧制、锻造可应用于粉末冶金材料烧结后的处理。总之,粉末冶金工艺是多种多样的。

第二节　添加物的作用与配比知识

学习目标:能够了解添加物的作用及配比知识。

一、添加物的作用

在芯体制备中常用的添加物有 U_3O_8 粉末、硬脂酸锌和草酸铵等。

1. 添加 U_3O_8 粉末的作用

芯体制备中添加 U_3O_8 粉末有以下几个方面的作用:

1) 可以直接干法回收利用芯体制造过程中产生的废块(渣),有重要的经济效益;

2) 可以改善二氧化铀粉末的压制性,有利于芯体制造。同时也有利于提高坯块强度,改善芯体质量;

3) 可以造成一定的孔隙,降低芯体密度,起到芯体密度调节剂的作用。

2. 添加草酸铵的作用

芯体制备中添加草酸铵,可以降低芯体密度,并且在芯体内部造成一些大孔隙,用于改善芯体的微观结构。然而,草酸铵的添加却使混合粉末的压制性变差,而且随着添加量的增加,这种作用更显著。

3. 添加硬脂酸锌的作用

添加硬脂酸锌主要起润滑作用,增加生坯块的强度,改善预压和成型芯体的质量,减少废品和对设备的损耗。

二、添加物的配比

1. 添加物配比的考虑因素

在芯体制备中添加添加物除要考虑添加物对芯体最终密度的影响外，还要考虑添加物对配料粉末的混匀性、粉末的压制性、生坯块强度、芯体的微观结构、芯体外观、杂质含量和芯体晶粒度等的影响。

2. 添加物的配比计算

在混合之前必须对加入到二氧化铀粉末中的添加物进行精确计算。因此，首先要弄清二氧化铀粉末的基体密度值，同时也要弄清添加物粉末对二氧化铀烧结密度降低的影响，然后再根据实际值进行计算。

第三节　物料的收率及计算方法

学习目标：能够了解物料的收率及计算方法。

物料收率包括直收率和总收率两种，直收率主要考虑成品芯体的多少，而总收率主要考虑物料的损耗，其计算公式如下：

$$物料直收率 = \frac{成品芯体总重}{调入物料总重} \times 100\%$$

$$物料总收率 = \frac{调出物料总重}{调入物料总重} \times 100\%$$

第六章　制备核燃料生坯芯体

学习目标：通过学习掌握影响压制过程的因素、成型压机的工作原理和生坯成型模具设计及加工的基本知识。

第一节　工艺参数与产品质量的关系

学习目标：能掌握影响粉末混匀度的因素；能掌握影响干法制粒成粒的因素；能掌握影响压制过程的因素。

一、混合工艺参数

在粉末和混合器确定的情况下，影响混匀度的工艺参数主要有以下几个方面。

1. 粉末装填量

大量的实验表明，当粉末的装填量（体积）占混合器容积的 1/3 时，往往有最好的混合效果（见图 6-1）。

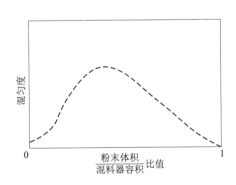

图 6-1　粉末体积占混合器体积之比对混匀度的影响

2. 混合器的转速

混合器的转速能影响混合粉末的颗粒尺寸分布。当转速过高时，粉末颗粒之间的相互研磨作用加强，导致颗粒细化；当转速过低时，有利于粉末颗粒之间的黏结，导致颗粒聚团产生。

3. 混合时间

粉末充分混合需要的时间可以是几分钟，也可以是数百个小时。主要针对某种具体的粉末而言。这里有三种情况：

1) 很短的时间里达到混合均匀，继续延长混合时间是不经济的，如图 6-2 所示。

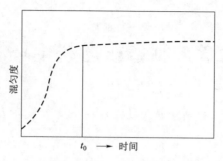

图 6-2　很快达到混匀，延长混合时间虽然无害但不经济

2）必须很长时间的混合才能达到最佳状态。如图 6-3 所示。

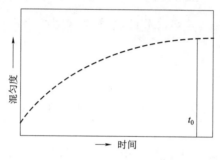

图 6-3　需要很长时间才能混匀

3）混匀存在一个最佳时间，超过这个时间之后的继续混合，反而使混匀度变坏。图 6-4 展示了这种情况。

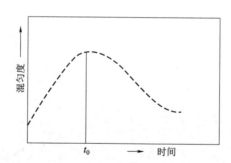

图 6-4　在 t_0 之后延长混合时间使混匀度变差

二、影响干法制粒成粒的主要因素

图 6-5 描述的是某批 UO_2 粉末制粒前后的粒度分布曲线。由图上可以看出，制粒前粉末 90％以上是小于 $10~\mu m$ 的颗粒，经过干法制粒，则这些粉末聚集为 $100 \sim 1~000~\mu m$ 的颗粒团。可见，干法制粒过程对于陶瓷级 UO_2 粉末有着强烈的成粒作用。

通常把制粒后得到的 $0.1 \sim 1.0~mm$ 大小的颗粒量作为评价制粒效果的指标。也就是说，对制粒后的粉末以 14 目和 75 目的筛网过筛，将－14＋75 目以上的颗粒量占全部制粒粉末量的比定义为成粒率，用 η 表示。

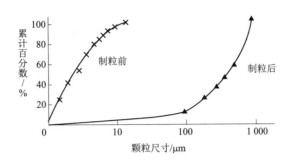

图 6-5 干法制粒前后 UO_2 粉末的粒度分布曲线

$$\eta = \frac{m_{-14+75\text{目}}}{m_{-14}} \times 100\%$$

现在我们根据制粒工艺流程来分析影响成粒率的因素。

从预压来看,影响成粒率的因素有预压块密度和厚度。一般来说,成粒率随着预压块密度增加而增加。但是,预压块密度增加到一定程度以后,如果压块密度继续增加,就会造成成粒率降低。成粒率也跟预压块的厚度有关,成粒率随着预压块厚度的增加而降低。

就造粒过程而言,影响成粒的主要因素是筛网尺寸。筛网孔径越大,对颗粒的破坏越小,得到的颗粒越多,成粒率就越高。

在制粒过程中,往往会添加一些硬脂酸锌。硬脂酸锌的添加也会使成粒率增加。

三、影响压制过程的因素

影响压制过程的因素很多,如粉末性能、润滑剂、黏结剂和压制方式等。

1. 粉末性能对压制过程的影响

（1）粉末物理性能的影响

1）金属粉末本身的硬度和可塑性:金属粉末的硬度和可塑性对压制过程的影响很大,软金属粉末比硬金属粉末易于压制。塑性差的硬金属粉末在压制时则必需添加黏结剂,否则很容易产生裂纹等压制缺陷。

2）金属粉末的摩擦性能:金属粉末的摩擦性能对压模的磨损影响很大,一般来说,压制硬金属粉末时压模的寿命短。为了保证得到合格压坯和降低压模损耗,在压制时通常要添加润滑剂和黏结剂。

（2）粉末纯度（化学成分）的影响

粉末的纯度（化学成分）对压制过程有一定的影响,粉末纯度越高越容易压制。制造高密度零件时,粉末的化学成分对其成型性能影响非常大,因为杂质多以氧化物形态存在,而金属氧化物粉末多是硬而脆的,且存在于金属粉末表面,压制时使得粉末的压制阻力增加,压制性能变坏,并且使压坯的弹性后效增加,如果不使用润滑剂和黏结剂来改善其压制性,结果必然降低压坯密度和强度。

（3）粉末粒度及粒度组成的影响

粉末的粒度及粒度组成不同时,在压制过程中的行为是不一致的。一般来说,粉末越细颗粒形状越复杂流动性越差,在充填狭窄而深长的模腔时越困难,越容易形成搭桥。由于粉末细,其松装密度就低,在压模中的充填容积大,此时必须有较大的模腔尺寸。这样在压制过程中模冲的运动距离和粉末之间的内摩擦力都会增加,压力损失随之加大,影响压坯密度的均匀分布。

与形状相同的粗粉末相比较,细粉末的压缩性较差,而成型性较好,这是由于细粉末颗粒间的接触点较多,接触面积增加之故。

对于球形粉末,在中等或大压力范围内,粉末颗粒大小对密度几乎没有什么影响。

生产实践表明,非单一粒度组成的粉末压制性较好,因为这时小颗粒容易填充到大颗粒之间的孔隙中去,因此,在压制非单一粒度组成的粉末时,压坯密度和强度增加,弹性后效减少,易于得到高密度的合格压坯。

(4)粉末形状的影响

粉末形状对压制过程及压坯质量都有一定的影响,具体反映在装填性能、压制性能等方面。

粉末形状对装填模腔的影响最大,表面平滑规则的接近球形的粉末流动性好,易于充填模腔,使压坯的密度分布均匀;而形状复杂的粉末充填困难,容易产生搭桥现象,使得压坯由于装粉不均匀而出现密度不均匀。这对于自动压制尤其重要,生产中所使用的粉末多是不规则形状的,为了改善粉末混合料的流动性,往往需要进行制粒处理。

粉末的形状对压制性能也有影响,不规则形状的粉末在压制过程中其接触面积比规则形状粉末大,压坯强度高,所以成型性好。

粉末形状对模具的磨损没有特别的影响关系。

(5)粉末松装密度的影响

粉末的松装密度是设计模具尺寸时所必须考虑的重要因素。

松装密度小时,模具的高度及模冲的长度必须大,在压制高密度压坯时,如果压坯尺寸长、密度分布容易不均匀。但是,当松装密度小时,压制过程中粉末接触面积增大,压坯的强度高却是其优点。

松装密度大时,模具的高度及模冲的长度可以缩短,在压模的制作上较方便,也可节省原材料,并且,对于制造高密度压坯或长而大的制品有利。在实践中究竟使用多大的松装密度为宜,需视具体情况来定。

2. 润滑剂和黏结剂对压制过程的影响

金属粉末在压制时由于模壁和粉末之间,粉末和粉末之间产生摩擦出现压力损失,造成压力和密度分布不均匀,为了得到所需要的压坯密度,必然要使用更大的压力。因此,无论是从压坯的质量或是从设备的经济性来看,都希望尽量减少这种摩擦。

压制过程中减少摩擦的方法大致有两种:一种是采用高光洁度的模具或用硬质合金模代替钢模;另一种就是使用黏结剂或润滑剂。黏结剂是为了改善粉末成型性能而添加的物质,可以增加压坯的强度。润滑剂是降低粉末颗粒与模壁和模冲间摩擦、改善密度分布、减少压模磨损和有利于脱模的一种添加物。

3. 压制方式对压制过程的影响

随着粉末产品应用的不断扩大,材质和形状不断增加,因而成型技术也不断发展。在压制过程中加压方式的不同,对压坯质量的影响是不同的。

（1）加压方式的影响

如前所述，在压制过程中由于有压力损失，压坯密度出现不均匀现象，为了减少这种现象，可以采用双向压制及多向压制（等静压制）或者改变压模结构等，特别是当压坯的高径比比较大的情况下，采用单向压制是不能保证产品的密度要求的。此时，上下密度差往往达到 $0.1\sim0.5\ g/cm^3$ 甚至更大，使产品出现严重的锥度。高而薄的圆柱形压坯在成型时尤其要注意压坯的密度均匀问题。

生产实践中广泛采用的浮动阴模压制实际上就是利用双向压制来改善密度分布均匀的方式之一。

某些难熔金属化合物（如 B_4C）的压制操作，有时为了保证密度要求，还采用换向压制的办法。

（2）加压保持时间的影响

粉末在压制过程中，如果在某一特定的压力下保持一定时间，往往可得到非常好的效果，这对于形状较复杂或体积较大的制品来说尤其重要。例如，用 600 MPa 压力压制铁粉时，不保压所得之压坯密度为 $5.65\ g/cm^3$，经 0.5 min 保压后为 $5.75\ g/cm^3$，而经 3 min 保压后却达到 $6.14\ g/cm^3$，压坯密度提高了 8.7％。

需要保压的理由是：① 使压力传递得充分，有利于压坯中各部分的密度分布。② 使粉末体孔隙中的空气有足够的时间通过模壁和模冲或者模冲和芯棒之间的缝隙逸出。③ 给粉末之间的机械啮合和变形以时间，有利于应变弛豫的进行。

是否要保压，要保压多久，应根据具体情况确定。

（3）加压速度的影响

压制过程中的加压速度不仅影响到粉末颗粒间的摩擦状态和加工硬化程度，而且影响到空气从粉末颗粒孔隙中的逸出情况。如果加压速度过快，空气逸出就困难。因此，通常的压制过程均是以静压（缓慢加压）状态进行的。

第二节　旋转压机的工作原理

学习目标：能掌握成型压机的工作原理。

目前，世界上许多国家的核燃料工厂都采用比利时 COURTOY 公司生产的旋转压机。我们以 COURTOY 公司生产的 R53 为例，根据图 6-6 所示的设备压制周期，叙述 R53 压机的工作原理。

一、过盈填料

压机在过盈填料位置开始启动。周期的这一段在图上的标识为 A—A'。上冲头夹具保持在 A—A' 点的最高位置，上冲头与阴模料位间的空间，从 A—B' 点，供料靴将粉末送入阴模。A 点时，下冲头位于零位（即下冲头处于与耐磨板的同一位置）。下冲头与过盈填料凸轮一起拉回到最大填料高度（A 点）。填料凸轮的不同高度对本压机压制的产品来说，可获得最均匀的料位装填。过盈填料凸轮的正确选择必须通过所需的填料高度来确定。建议过盈填料选在 10％～50％之间。如果产品要求 45 mm 的填料高度，则可选择最大范围为

55 mm 的过盈填料凸轮。但是这很难作出某种规定,因为这完全取决于粉末的流量,只有对所压粉末具有一定经验以后才能作出选择。

如果过盈填料太低,则芯体重量偏差就会大;如果太高,则粉末将在转台上长期循环,从而增加模具磨损。

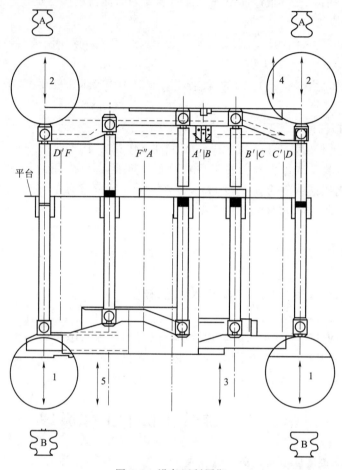

图 6-6   设备压制周期

1—下压辊;2—上压辊;3—填料凸轮;4—预压凸轮;5—脱模凸轮

二、装填

从 B-B' 点起,下冲头夹具随可填料凸轮(3 号)一起运行,填料的调节范围为 20 mm,最大填料等于过盈填料值。如果过盈填料为 55 mm,则填料高度可在 35~55 mm 的范围内调节。如果过盈填料为 40 mm,则填料高度可在 20~40 mm 的范围内变化。

填料凸轮将确定芯体的重量。如上所述,建议过盈填料至少为 10%,当下冲头向上移动时,过量的粉末就会推出阴模。例如,如果过盈填料为 55 mm,则所需的填料高度为 48 mm,推出 7 mm 的粉末。这样,所压出的生坯表面就会光滑。

被推出的粉末被反弹回转台的中心,先是在粉末系统的出口,然后由刮板刮走,并随转台一起转动,再次进入给料靴。

三、不足填料

该操作从 C-C' 点起,通过不足填料凸轮使下冲头夹具下降 4 mm,填料结束时处于零位的粉末也向下移至阴模内。不足填料的目的是减少粉末在上冲头进入阴模过程中的损失。不足填料凸轮固定在可调填料凸轮并自动调节在正确位置上。

四、预压

预压也包括从 C-C' 点开始,预压凸轮(4 号)将上冲头夹具向下推。调节该凸轮可使上冲头平稳进入阴模,从而达到使粉末在最后压制前的除气。该凸轮可用手动调节,模片式弹簧垫圈通过一颗预载调节螺钉使预压制力限制为某个值,任何过盈都可以通过一个近似限位开关探测出并停止压机。

五、压制

此操作从 D-D' 点起,实现上下压辊(1 号和 2 号)之间的压制。两个压辊的高度均可调节,以确定坯块的高度。调节上压点上冲头进入阴模内的深度以达到每次压辊的压程相同。如果填料高度为 40 mm,坯块的高度则为 15 mm,那么,总压程即为 $40-15=25$ mm。在这种情况下,上冲头进入阴模内的深度应调节到 25/2＝12.5 mm。实际上,入模深度在 10～15 mm 之间的调节都是可行的。

COURTOY R53C 压机的压制压力可通过改变气缸压力来调节。上下压辊作用在坯块上的最大压力可以通过上下气压补偿器进行最精确地控制。这些气压补偿器为两个气压缓冲器,在压制结束时而且也在许可的限值范围内改变坯块高度时对坯块施加等压压力。气压补偿器的压力可以通过中央空压机送出的气压进行调节。这些补偿器可以使压制的坯块密度保持不变。

六、脱模

脱模从 F-F' 点起,下冲头经脱模凸轮(7 号)向上移动使坯块脱离阴模。脱模凸轮的高度可以调节,以使下冲头与阴模处于同一位置。一旦脱模完成,压制的坯块便被脱模杆反弹出阴模,将生坯送至脱模出口槽,或在出块条件下,拔料轮将生坯取走。

至脱模结束,就完成了一个压制周期。此时,又再次回到过盈填料工步,开始新的一轮压制周期。

第三节　生坯成型模具设计及加工

学习目标:能掌握生坯成型模具设计及加工的基本知识。

模具是二氧化铀芯体生产中的重要工具,是影响芯体生产成本和质量的重要因素之一。为了压制高质量的生坯块和充分发挥粉末冶金制品不磨削或少磨削的特点,简单经济地产出符合反应堆燃料组件要求的芯体,有必要对模具的设计作一了解。

在模具内压制二氧化铀芯体,应保证产出坯块的 5 项基本要求:几何形状、尺寸精度、表面质量、密度和密度分布的均匀性。

二氧化铀生坯块的几何形状、尺寸精度,是由模腔及冲头的形状和尺寸决定的,看起来可以较容易地得到控制,但要求压制成型的生坯块经烧结后就达到设计规范的形状和尺寸还是很困难的。生坯块的表面质量(如表面光洁度、有无裂纹、缺边掉角等)既与模具的选材加工有关,也与模具的结构、压制方式等有关。坯块密度及其均匀性是坯块质量的重要指标,它们除了直接影响坯块强度,还严重地影响芯体的密度、几何形状和尺寸精度。为使坯块密度达到工艺要求,必须合理地选择模具结构和压制方式。

为了使坯块从模腔中排出,不产生"分层"横向裂纹,在模腔的坯块排出端要做成一定的锥度,称为脱模锥度。二氧化铀粉末的压制实验表明,用没有脱模锥度的模具压制时,压力超过 0.78 t/cm^2,坯块易产生横向分层裂纹废品,压力越大,分层现象越严重;若脱模锥度过大,脱模时坯块径向膨胀松弛还嫌太快,也产生"分层";若在模腔的坯块排出口处脱模锥度制作得比较适当,让坯块从膨胀松弛开始到完成,恰好在整个锥度的锥面上完成,就不会产生分层的横向裂纹。用 ADU 流程制备的二氧化铀粉末进行的压制实验表明压制压力每提高 70 kg/cm^2,坯块的径向膨胀增加约 0.02%。不同性质的物料压制的坯块,其脱模膨胀量相差很大,在设计模具的脱模锥度时应特别注意,一般应在 $0.5°\sim1°$ 范围内。如有文献报道,尺寸为 $\Phi11.12 \text{ mm}\times101.6 \text{ mm}$ 的模具,脱模锥度部分的尺寸为锥面高度 25.4 mm,上锥底直径 11.23 mm,下锥底直径 11.12 mm。用该模具压制高/径为 1 的坯块,压力一直到 14 t/cm^2 都未发现分层废品。

模具光洁度对坯块密度、密度分布及表面质量均有影响。通常,模腔工作表面的光洁度为 $\bigtriangledown_9-\bigtriangledown_{10}$。

模具材料应具有耐磨性和长的使用寿命。设计的模具结构要便于操作,安全可靠,并尽可能实现半自动和自动压制,而且要便于加工制造,综合考虑模具的费用,力求降低二氧化铀芯体的生产成本。

一、阴模的结构

阴模是模具中的最主要零件。阴模的结构形式可分为 4 种:整体阴模、组合圆筒阴模、可拆阴模和拼合阴模。这 4 种阴模各有特点。整体阴模和组合圆筒阴模都是从一整块材料经机械加工而成,而可拆阴模和拼合阴模是由分别加工的若干拼块构成的。组合圆筒阴模的外面紧固坚韧的模套而不同于整体阴模。可拆阴模也不同于拼合阴模,它是将阴模拼块用螺钉、压板、斜块固定在模套中,脱模时,这种阴模是可拆开的,而拼合阴模是用模套或护环将阴模拼块紧固在一起,在压制过程中,它是不能拆散的。在核燃料二氧化铀芯体的生产中,整体阴模和组合圆筒阴模得到广泛的应用,另外两种应用较少。相对来说整体阴模比较简单,下面着重介绍组合圆筒阴模和拼合阴模。

1. 组合圆筒阴模

组合圆筒阴模是将阴模做成内阴模和外模套两部分。采用过盈配合的方式将内阴模装在外模套内。内阴模可以是整体的,也可以是拼合的。这种结构有如下优点:

1) 由于外模套和内阴模采用过盈配合,前者对后者存在一个向内收缩的预应力,使阴模内表面受到正应力,这一压应力可抵消一部分在压制时对内阴模产生的张应力,从而降低内阴模表面的疲劳应变,成倍地提高压模的使用寿命。如采用硬质合金过盈配合的内阴模时,寿命可提高 2～4 倍。

2) 加工成的阴模要求高的硬度（HRC_{60-62} 以上），使之具有高的耐磨性。硬度高的材料脆性较大，若在阴模外面紧固韧性较好的外模套，就可以弥补它脆性大的弱点。在韧性外模套的保护下，可以避免阴模崩裂造成的危害。

3) 外模套可采用普通钢材制造，内阴模则应选用优质合金工具钢或硬质合金制造，以提高耐磨性，这样可降低模具的加工成本。

有关组合圆筒模具中内阴模和外模套的厚度选择列于表 6-1。

表 6-1 组合圆筒模具中内阴模和外模套的厚度选择

阴模外径与内半径之比	1.25	1.5	1.6	1.7	1.8	2.0	2.5	3.0	4.0
模套外半径与内半径之比	3.20	2.67	2.50	2.35	2.22	2.00	1.60	1.33	1.00
模套内表面处最大应力	1.57	1.46	1.44	1.43	1.43	1.46	1.69	3.32	∞

由表 6-1 可见，在制造组合圆筒模具时，内阴模内径由粉末制品的尺寸决定。若内阴模外半径与内半径之比为 1.7～1.8 时，外模套的内表面有最小的应力，也就是说内阴模的外径与内径之比以 1.7～1.8 为最佳。目前国内一些粉末冶金工厂选择内阴模模壁厚度为 9～15 mm，即内阴模的外径 D_o 与内径 D_i 有如下关系：

$$D_o = D_i + 2 \times (9 \sim 15) \tag{6-1}$$

外模套的厚度应保证它在强大的侧压力下不变形。外模套加工后必须热处理，使它在韧性降低不多的情况下，具有尽可能高的强度。

2. 拼合阴模

拼合阴模是将阴模拼块紧装入模套内，或者用可拆模套固定，形成一个坚固而完整的阴模。拼合阴模的设计中要严防热处理和压制时某些部位产生应力集中引起阴模损坏。关键是要合理地分块，拼块的转角部分不发生应力集中，拼块的厚度变化不要相差太大，形状力求简单，避免热处理时产生变形。阴模壁的受压面上必须避免有拼块的水平接头，防止细粉末挤入。

二、冲头结构

上、下冲头是模具的主要零件。接近冲头端面处的外径做成退让尺寸。在冲头与阴模间隙很小时，常在上冲头上面钻一个"通气孔"，使粉末内的空气能顺利排除。上、下冲头的两端面要保持平行。

第四节 压制过程中力的分析

学习目标：能掌握压制过程中粉末的受力情况。

粉末体在压模内是如何受到外力作用而成型的呢？我们前面所说的压制压力都是指的平均压力，实际上作用在压块断面上的力并非都是相等的，同一断面内中间部位和靠近模壁的部位，压坯的上、中、下部位所受的力都不是一致的，除了轴向应力之外，还有侧压力、摩擦力、弹性内应力、脱模压力等，这些力对压坯都将起到不同的作用。

一、应力和应力分布

压制压力作用在粉末体上之后分为两部分，一部分是用来使粉末产生位移、变形和克服粉末的内摩擦，这部分力称为净压力，通常以 p_1 表示；另一部分，是用来克服粉末颗粒与模壁之间外摩擦的力，这部分称为压力损失，通常以 p_2 表示。因此，压制时所用的总压力为净压力与压力损失之和，即

$$p = p_1 + p_2 \qquad\qquad (6\text{-}2)$$

由于存在着压力损失，上部应力比底部应力大；在接近模冲的上部同一断面，边缘的应力比中心部位大；而在远离模冲的底部，中心部位的应力比边缘应力大。（单向压制）

二、侧压力和模壁摩擦力

粉末体在压模内受压时，压坯会向周围膨胀，模壁就会给压坯一个大小相等方向相反的反作用力，压制过程中由垂直压力所引起的模壁施加于压坯的侧面压力称为侧压力。由于粉末颗粒之间的内摩擦和粉末颗粒与模壁之间的外摩擦等因素的影响，压力不能均匀地全部传递，传到模壁的压力将始终小于压制压力，也就是说，侧压力始终小于压制压力。外摩擦力造成了压力损失，使得压坯的密度分布不均匀，甚至还会产生因粉末不能顺利充填某些棱角部位而出现废品。为了减少因摩擦出现的压力损失，可以采取如下措施：（1）添加润滑剂；（2）提高模具光洁度和硬度；（3）改进成型方式如采用双面压制等。摩擦力对于成型虽然有不利的方面，但也可加以利用来改进压坯密度的均匀性，如带摩擦芯杆或浮动压模的压制。

三、脱模压力

使压坯由模中脱出所需的压力称为脱模压力。它与压制压力、粉末性能、压模和润滑剂等有关。

脱模压力与压制压力的比例，取决于摩擦系数和泊松比。除去压制压力之后，如果压坯不发生任何变化，则脱模压力都应当等于粉末与模壁的摩擦力损失。然而，压坯在压制压力消除之后要发生弹性膨胀，压坯沿高度伸长，侧压力减小。有资料报导，铁粉压坯卸除压力之后，侧压力降低 35%。塑性金属粉末，因其弹性膨胀不大，所以脱模压力与摩擦力损失相近。铁粉的脱模压力与压制压力 p 的关系如下：

$$p_{脱} \approx 0.13p \qquad (6\text{-}3)$$

硬质合金物料在大多数情况下：

$$p_{脱} \approx 0.3p \qquad (6\text{-}4)$$

如用图形来表示，则如图 6-7 所示。

由图 6-7 可知，脱模压力与压制压力呈线性关系。近来，也有人对 Fe、Co、Ni 等压坯的研究，发现脱模压力与压制压力的关系是非线性的。

脱模压力随着压坯高度而增加，在中小压制压力（小于 $300 \sim 400$ MPa）的情况下，脱模压力一般不超过

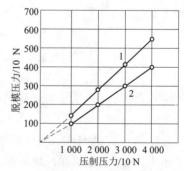

图 6-7　脱模压力与压制压力的关系

$0.3p$。当使用润滑剂且模具质量良好时,脱模压力便会降低。

四、弹性后效

在压制过程中,当除去压制压力并把压坯压出压模之后,由于内应力的作用,压坯发生弹性膨胀,这种现象称为弹性后效。

弹性后效通常以压块胀大的百分数表示:

$$\delta=\frac{\Delta l}{l_0}\times100\%=\frac{l-l_0}{l_0} \tag{6-5}$$

式中:δ——沿压坯高度或直径的弹性后效;

$\quad\quad l_0$——压坯卸压前的高度或直径;

$\quad\quad l$——压坯卸压后的高度或直径。

弹性膨胀现象的原因是:粉末体在压制过程中受到压力作用后,粉末颗粒发生弹塑性变形,从而在压坯内部聚集很大的内应力-弹性内应力,其方向与颗粒所受的外力方向相反,力图阻止颗粒变形。当压制压力消除后,弹性内应力便要松弛,改变颗粒的外形和颗粒间的接触状态,这就使粉末压坯发生了膨胀。如前所述,压坯的各个方向受力大小不一样,因此,弹性内应力也不相同,所以,压坯的弹性后效就有各向异性的特点。由于轴向压力比侧压力大,因此,沿压坯高度的弹性后效比横向的要大一些。压坯在压制方向的尺寸变化可达$5\%\sim6\%$,而垂直于压制方向上的变化为$1\%\sim3\%$,不同方向上的弹性后效与压制压力的关系如图 6-8 和图 6-9 所示。影响弹性后效大小的因素很多,如粉末种类及其粉末特性-粉末粒度及粒度组成,粉末颗粒形状、硬度等;压制压力大小及加压速度;压坯孔隙度;压模材质或结构;成型剂等等。压坯及压模的弹性应变是产生压坯裂纹的主要原因之一,由于压坯内部弹性后效不均匀,所以脱模时在薄弱部分或应力集中部分就出现了裂纹。

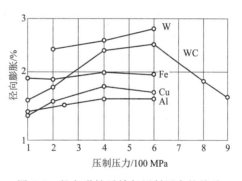

图 6-8　径向弹性后效与压制压力的关系

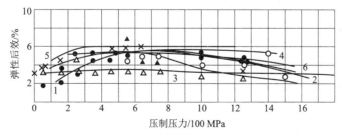

图 6-9　各种粉末的轴向弹性后效与压制压力的关系

1—雾化铅粉;2—机械研磨法铬粉;3—旋涡铁粉;4—电解铁粉(1.4%FeO);

5—电解铜粉;6—电解铁粉(25.8%FeO)

五、压坯中密度分布的不均匀性

压坯的密度分布,在高度方向和横断面上,是不均匀的。有人研究过铁粉等压坯中密度和硬度的分布,实验表明,在与模冲相接触的压坯上层,密度和硬度都是从中心向边缘逐步增大的,顶部的边缘部分密度和硬度最大;在压坯的纵向层中,密度和硬度沿着压坯高度从上而下降低。但是,在靠近模壁的层中,由于外摩擦的作用,轴向压力的降低比压坯中心大得多,以致在压坯底部的边缘密度比中心的密度低。因此,压坯下层的密度和硬度之分布状况和上层相反。

六、影响压坯密度分布的因素

前面已经谈到,压制时所用的总压力为净压力与压力损失之和,而这种压力损失就是在普通钢模压制过程中造成压坯密度分布不均匀的主要原因。

实践证明,增加压坯的高度会使压坯各部分的密度差增加;而加大直径则会使密度的分布更加均匀。即高径比越大,密度差别越大。为了减少密度差别,降低压坯的高径比是适宜的。因为高度减少之后压力沿高度的差异相对减少了,使密度分布得更加均匀。

实验表明,采用模壁光洁度很高的压模并尽量采用内润滑方式,能够减少外摩擦系数,改善压坯的密度分布。

压坯中密度分布的不均匀性,在很大程度上可以用双向压制法来改善。单向压制时,压坯各截面平均密度沿高度直线下降;在双向压制时,尽管压坯的中间部分有一密度较低的区域,但密度的分布状况已有了明显的改善。

第五节　生产现场安全检查

学习目标:能进行场地、设备、工装卡具安全检查。

生产前,对压制岗位场地、设备、工装卡具进行安全检查。

一、场地检查

检查压制岗位地面、工作台、设备卫生情况,检查生产现场照明系统、通风系统能否满足设备运行要求,岗位上是否备有灭火器材等相关辅助设施。

二、设备检查

检查设备操作按钮、电器仪表、管道、阀门是否正常和灵敏可靠,油路是否通畅,润滑是否良好;设备启动后,随时观察机械转动部分、各仪表指示是否正常,能根据仪表显示和声响判断设备运行状态。

三、工装卡具检查

检查压制岗位所使用的工装卡具(包括电子秤、电子天平、千分尺等)是否满足要求。

第六节　模具的拆装

学习目标:能对成型压机模具进行拆装。

一、上下冲杆的装拆

首先打开压机玻璃门,松开上导轨盘上的可调手柄,将清洁的上冲杆冲身适当涂润滑油后,从上导轨盘上安装块处装入,拆卸反之。当安装异形模具时,应先松开上导轨盘上的块,以便安装上冲杆,而后以其为导向安装中模。

打开前门板,松开下拉凸轮上的螺钉,将可拆块水平移出,便可看见机座上的下冲杆拆装孔,下冲杆可通过该孔从机座下部装入,拆卸反之。

二、中模的装拆

安装中模时,中模紧固钉处于旋松状态,但冲模紧固螺钉头部不应露出冲盘外圆面。顺时针旋转中模清理刀,清除中模安装孔中的异物;然后在中模外径表面涂少许润滑油,将中模垂直对准中模孔放置,将安装杆装入上冲杆安装孔。先轻打逐步导入,中模进入中模孔2/3深度,再将中模安装垫放在中模上端面稍加力敲击到位。当安装异形模具时,应先松开上导轨盘上的块,以便安装上冲,而后以其为导向安装中模;当异形中模导入后再用安装杆安装到位。

中模安装后,用刀口尺检查,应使中模上端面低于冲盘工作台面0～0.03 mm。

中模拆卸时,旋松冲模紧固螺钉,但冲模紧固螺钉头部不应露出冲盘外圆面。待下冲头拆除后,先将加长杆由机座上的孔插入下冲盘孔,而后将起模杆与加长杆相连,用力向上轻击将中模顶出中模孔。每次安装中模之前,仔细检查表面是否有毛刺及划痕。

第七章　烧结核燃料芯体

学习目标:通过学习掌握影响烧结的因素、料舟设计的基础知识、烧结芯体的密度测定方法和烧结工艺参数的设定。

第一节　工艺参数与产品质量的关系

学习目标:能掌握影响烧结的因素。

一、几种常用的烧结制度

根据被烧结物料的性质、生坯块制备过程及对烧结块的质量要求,常采用下列几种烧结制度,如图 7-1 所示。

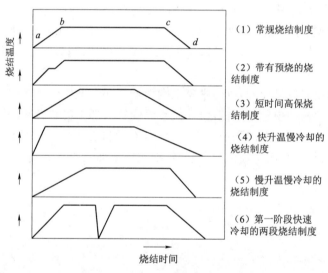

图 7-1　几种不同的烧结制度

1)常规烧结制度。适合于无特殊要求的坯块的烧结。

2)带有预烧阶段的烧结制度。此种烧结制度有利于 O/U 较高的坯块中的过剩氧的消除,有利于坯块中黏结剂、润滑剂及水分的分解和挥发。

3)短时间高保温烧结制度。适合于高活性二氧化铀粉末的烧结。

4)快升温慢冷却的烧结制度。对于活性适中的粉末,快速升温无影响者可采用。

5)慢升温快冷却的烧结制度。对于二氧化铀中不加黏结剂和润滑剂,坯块压制期间积聚的内应力较高,坯块强度较低时采用此烧结制度。

6)第一阶段快速冷却的两段烧结制度。此种加热制度不适于二氧化铀的烧结。

二、烧结气氛

在现行水冷堆用的二氧化铀燃料的生产中,均采用高温氢气气氛烧结。因为要求二氧化铀芯体的 O/U 尽可能地接近 2.00,在还原性的氢气中高温烧结能有效地去除物料中超化学计量的过剩氧。氢在二氧化铀晶格中有较大的扩散速率,消除过剩氧的能力很强,超化学计量二氧化铀在发生明显的烧结之前就被还原成为化学计量的二氧化铀,因此降低了它的烧结速率,跟在中性气氛和微氧化性气氛中烧结相比,需要提高烧结温度和延长保温时间才能达到较高的烧结密度。

氢气是一种易燃易爆的气体,使用氢气时的安全注意事项包括:① 为防止使用场所内氢气的集聚,应采取良好的通风措施、即时的氢气泄漏报警系统;② 氢气供应系统的设备、管路及其附件、阀门的选型、选材和施工验收、维护管理都应做到准确、严格,使氢气供应系统始终处于完好状态,不得有泄漏现象发生;③ 应按规定检查使用氢气场所的电气装置(包括防静电接地)的防爆措施、装置接线(缆)的完好性,即时发现缺陷、即时正确处理;④ 应按规定检测氢气纯度,使用场所内的氢气浓度,即时发现超标或不合格,即时查明原因,即时处理、直至停止供氢进行检查;⑤ 应按规定检查氢气供应系统的阻火器是否完好、阻火性能等,使之确保氢气使用过程的安全性。

三、升温速度和预烧制度的确定

升温阶段是指图 7-1 中的 *a-b* 段。必须根据物料的性质、O/U 的高低、活性的大小、水分含量、是否加入黏结剂和润滑剂等来选择适当的升温制度和预烧制度。

烧结二氧化铀坯块时,升温速度一般控制在 $100\sim400\ ℃/h$ 的范围内。

在物料中加进润滑剂或黏结剂的情况下,往往采用预烧制度。在早期的二氧化铀燃料坯块的加工中常加有机黏结剂以及氢化植物油等润滑剂。因此在烧结过程中需设置一个预烧阶段使生坯块中的有机黏结剂和润滑剂能充分的分解和挥发。当前的燃料生产中,如AUC 流程产出的 UO_2 粉末不加有机黏结剂制粒而直接压制,在 ADU 流程的芯体生产中,有的工厂不加有机黏结剂而加水轧片制粒,因此在二氧化铀坯块的烧结制度中,不一定要设置预烧阶段。如果物料的 O/U 比较高,可以采用较慢的升温速度,在 $700\ ℃$ 之前,H_2 可以将物料中的超化学计量氧脱除。

四、烧结温度及烧结时间的选择

通常对于活性适当的二氧化铀粉末,以烧结密度对烧结时间作图,得到一条光滑的烧结特性曲线。随着烧结时间延长,曲线的斜率下降,当烧结密度达到一定值以后,再延长烧结时间,烧结密度增加很慢。对于不同的烧结温度,随着温度的提高,曲线的斜率增加,并在较短时间内,达到该温度下的最高烧结密度,如图 7-2 所示,这种烧结密度与烧结温度和烧结时间的关系曲线为烧结特性曲线。因此,对于一定活性的二氧化铀粉末,若要烧结成具有一定密度的芯体,就要根据该粉末的烧结特性曲线合理地选择烧结温度和烧结时间。

在二氧化铀芯体的生产中,由于制备二氧化铀粉末工艺参数的波动及制备生坯块工艺参数的变化,因此对于每一批特定条件的坯块都要进行烧结实验,找出烧结密度与烧结温度、烧结时间的关系。如早期加拿大 N. P. D. 反应堆使用的由 ADU 流程生产的二氧化铀芯体,其烧结块的密度与烧结温度、烧结时间有图 7-3 所示的关系。

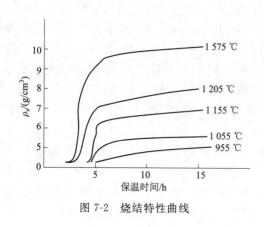

图 7-2 烧结特性曲线

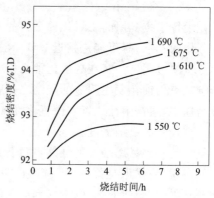

图 7-3 烧结密度与烧结温度、烧结时间的关系

五、降温速度的确定

高温烧结后的二氧化铀烧结块是脆性陶瓷材料,耐热冲击能力低,热传导性能差,降温速度太快易引起烧结块裂开。所以要根据烧结块尺寸的大小,选择适当的降温速度。

六、影响二氧化铀烧结的因素

二氧化铀芯体的内在特性,包括化学成分、密度、微观结构和热稳定性等最终取决于烧结过程。在分析影响二氧化铀烧结的各种因素时,主要探讨影响烧结过程的各种因素对这些内在性能的影响。

一般来说,影响二氧化铀烧结的因素不外乎内因和外因两方面。内因包括原料粉末的烧结性和压坯状态;外因则指烧结条件。下面,我们将主要根据我们自己的实践,分析一下影响二氧化铀烧结的各种因素。

1. 原料 UO_2 粉末性能的影响

原料 UO_2 粉末影响烧结的性能,主要有粉末的烧结性、O/U、比表面积、粒度和某些杂质元素的含量过高。

(1)粉末的可烧结性

粉末的可烧结性是指在一定条件下,UO_2 粉末制成的坯块经过烧结后达到某个密度值的能力。它是粉末的一种工艺性能,也是粉末的一种综合性能。由于它表征的粉末自身具有的烧结能力,故通常用规定条件下的粉末基体密度来表达。不同的粉末,其基体密度值有大小。也就是说,它们的可烧结性有差别。

(2)氧铀原子比(O/U)

二氧化铀粉末在空气中有自发吸氧的倾向,形成超化学计量的氧化物。过剩氧原子在二氧化铀中的扩散,往往是二氧化铀烧结的起始驱动力。因此,O/U 偏高的粉末,常常有更好的烧结性。

(3)比表面积

比表面积反映了粉末的粒度大小,同时也反映了粉末的颗粒形状和表面状态。从粒度的观点而言,越小的颗粒具有越大的表面能;从界面化学的观点而言,越是形状复杂的表面,具有越高的表面能。因此,比表面积越高的二氧化铀粉末,因其具有良好的烧结起始表面能,其烧结性越好。

（4）粒度

如上所述,粉末粒度的大小是粉末比表面积的一种量度。越细的二氧化铀粉末有更好的烧结性,这是不难理解的。然而,从芯体制造的角度看,人们更着重于粉末的表面状态。因为,用那些表面很不发达的硬颗粒 UO_2 粉末制造的芯体,其内部可能存在着不良的孔洞;这种芯体经磨削以后,表面可能出现带核的针孔。这两种情况都是制造者们所不希望看到的。

有的研究者曾经用粉末的平均粒度 d_{50} 来评价二氧化铀粉末的烧结性。我们也作过这方面的实验,但得到的结论是,这两者的相关关系并不明显。我们认为,粉末体是一定粒度范围内颗粒的连续分布,仅仅用其中一个值来代表这种连续分布的集合,显然有它的局限性。

（5）杂质元素

一般来说, UO_2 粉末中的金属杂质元素可以影响芯体的核反应性和同位素富集度,对芯体制造并没多大影响;但许多非金属杂质元素,如氟、氧和碳,则对芯体制造有很大影响。

2. 压坯的影响

压坯影响二氧化铀烧结过程主要表现在两个方面:压坯密度和压坯中的添加物。

（1）压坯密度

两批 UO_2 粉末的压坯密度与烧结密度的关系如图 7-4 所示。从图上可以看出,烧结密度起初是随着压坯密度的增加呈线性增加,但当压坯密度增加到一定程度后,烧结密度不再随压坯密度的增加而增加。

（2）压坯中的添加物

在芯体制造过程中,为了某种目的,往往在成型之前在粉末中加一些添加物,因此,生坯中就有了这些添加物的成分。显然,这些添加物会对烧结过程产生影响。由于采用添加物的方法是改善芯体性能的重要途径,故我们有必要介绍一些国外在这方面曾经作过的研究工作。

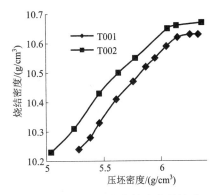

图 7-4 压坯密度与烧结密度的关系

1）抗腐蚀和抗热裂性能的添加物:曾经研究过少量氧化铍（BeO）、铍和二氧化锆（ZrO_2）等金属或陶瓷作为抗腐蚀和抗热裂剂添加于 UO_2 粉末中制造芯体。

实验得到的结论是:

① 添加少量 BeO、CeO_2、SiO_2 和 ZrO_2 等添加物,均能得到符合要求的完好样品,除 SiO_2 外,其他添加物制备的芯体均具有抗 650 ℃水腐蚀和抗 399 ℃蒸汽腐蚀的能力;

② 少量难熔金属陶瓷 BeO 添加于 UO_2 粉末中,制得的芯体抗热裂性可提高 0.7 倍;

③ 少量添加 TiO_2 或 CeO_2 到 UO_2-BeO 粉末中,则可以在较低的温度下提高芯体的烧结密度,但它们对抗热裂性作用不大;

④ CeO_2 是上述添加物中对芯体烧结密度最有效的促进者,而且使芯体的抗热裂性

提高;

⑤ ZrO_2 和 UO_2 结合,可使芯体具有足够的密度和强度,但对抗热裂性不利;

⑥ 金属 Be 和 Si 的添加都不能得到满意的烧结芯体。

2) 烧结促进剂:曾经研究过添加 Nb_2O_5、V_2O_5 和 TiO_2 对二氧化铀芯体烧结的促进作用。结果表明,Nb_2O_5 在低温时能和 UO_2 形成间隙式固熔体并产生表面缺陷,有利于 UO_2 芯体的烧结;在高温下,由于 Nb_2O_5 挥发,作用消失。

有的研究表明,Nb_2O_5 加入可以促进烧结 UO_2 芯体的晶粒长大,得到大于 $25~\mu m$ 的晶粒。这种大晶粒的芯体更抗堆内密实化。

有人做了添加和不添加 TiO_2 实验对比。坯块在 $1~450\sim1~630~℃$ 的氢气气氛下烧结,添加有 TiO_2 的坯块具有较高的烧结密实化速率,且烧结芯体具有较高的硬度值。这种少量添加 TiO_2 即能促进烧结的作用被认为是:TiO_2 在高温下能使 UO_2 变成超化学计量状态。从而有利于坯块的烧结密实化进程。

实验证实 V_2O_5 的添加会强烈降低 UO_2 的晶粒长大速度,且随着 V_2O_5 添加量的增加,这种降低越强烈。研究者认为,V_2O_5 在氢气气氛中会被还原为 V_2O_3,V_2O_3 是一种六方形晶体结构,而 UO_2 是一种面心立方形晶体结构,两者相差很大,故 V_2O_5 决不会溶于 UO_2 中。于是,V_2O_3 作为一种夹杂被固定在晶粒边界上,从而阻止了烧结块晶粒的进一步长大。

3) 造孔剂:具有优良气孔分布的二氧化铀芯体,有着在堆内更能抗密实化、抗辐照肿胀和最低的裂变气体释放能力,从而可以达到更高的卸料燃耗。因此,在芯体制造时,有意地添加一些造孔剂。这是控制芯体微观结构的重要措施。

4) 可燃毒物:为了展平中子注量率分布,抑制反应堆的初始反应性,一个重要措施就是使用含可燃毒物的燃料芯体。常见的可燃毒物有稀土金属氧化物,如三氧化二钆(Gd_2O_3),因为它们的热中子吸收截面高。含钆芯体的要求在微观结构,技术条件规定了 Gd_2O_3 在 UO_2 中的固溶度和游离 Gd 的含量。

5) 黏结剂和润滑剂

黏结剂和润滑剂是制粒和成型中常用的添加物,以图改善预压和成型效果。通常,它们的添加量很少,往往能在预烧结时完全去除,对烧结块并不构成太大的威胁。

6) 其他添加物

据资料介绍,在二氧化铀粉末中加入硅酸盐或钛酸盐制造芯体,可以起到软化芯体的作用。"软芯体"能降低辐照条件下芯体的蠕变强度,使芯体的裂缝、棱角在与包壳摩擦时因塑性变形而钝化,从而降低了包壳的应力,有效地防止 PCI 效应。鉴于钛的热中子吸收截面较高,目前的研究偏重于硅酸盐方面。

3. 烧结条件的影响

影响二氧化铀烧结的条件主要指烧结温度、烧结时间和烧结气氛。

(1) 烧结温度

提高烧结温度,采用高温烧结,是提高芯体烧结密度和改善芯体微观结构最重要的措施之一。

(2) 烧结时间

长烧结时间也是提高芯体烧结密度、改善芯体微观结构的一种重要措施。

（3）烧结气氛

烧结气氛亦会影响到烧结性。有资料表明,在含有水蒸气的氢气(湿氢)中或真空中烧结芯体比在纯氢气(干氢)中烧结的效果好。

第二节 二氧化铀芯体烧结的几个阶段

学习目标:能掌握芯体烧结的几个阶段。

二氧化铀芯体是由粉末压制成生坯块后经烧结而成的,所以要研究的是二氧化铀生坯块而不是颗粒状粉末的烧结过程。

一、可挥发组分和残余应力的消除阶段

此阶段发生的温度范围约 $100\sim750\ ℃$。

活性二氧化铀粉末在空气中吸湿及吸气能力较强,它的表面吸附一定数量的气体;由中间化合物(如 ADU、AUC 等)制备二氧化铀时,会残存若干分解还原不完全的组分和杂质;在制粒、压制成生坯块的过程中,要加入一定数量的润滑剂、造孔剂等;它的晶格中还溶解有超化学计量的氧,这些水分、气体、杂物、添加物和黏结剂都在烧结初期成为可挥发组分部分逸出。

如以坯块在氢气中烧结为例,在炉中受热以后,首先是水和被吸附气体的解吸、挥发,约 $300\ ℃$ 时,润滑剂硬脂酸锌分解生成碳氢化合物和氧化锌,在约 $500\ ℃$ 时,晶格间隙中的过剩氧被还原,生成水蒸气逸出,温度接近 $700\ ℃$ 时,残存碳(润滑剂、有机造孔剂的残留物)与氢气反应,生成甲烷逸出,在此前后,坯块中的杂质氟、氯等也相继生成 HF、HCl 随流动的烧结气体排出炉外。由于挥发组分的消除,改善了二氧化铀颗粒之间的接触。

聚集在粉末颗粒接触处的残余应力,是在坯块加工时产生的,在加热的作用下,它们逐渐松弛消除,它们的消除过程是导致粉末颗粒间接触面减小和坯块尺寸胀大的重要原因,在残余应力几乎完全消除后,坯块的线性膨胀可达 $5\%\sim10\%$。

这一阶段的特征是:

1）温度在 $750\ ℃$ 以下时,坯块的烧结现象不明显,大量的体积收缩还未开始。相反,由于热膨胀和内应力消除引起的体积胀大,超过了可挥发组分逸出引起的微小收缩,使得此阶段坯块体积增大。

2）坯块强度基本上未增加或略有下降。

3）可挥发组分逸出后,有利于粉末颗粒之间接触增加。

4）若采用还原性气氛,坯块中超化学计量的氧大部分被还原。

二、中温烧结阶段

此阶段发生的温度范围约为 $750\sim1\ 300\ ℃$。

在此阶段,坯块中超化学计量氧全部被还原,造孔剂、润滑剂中的残余碳进一步生成甲烷排出,尺寸开始了明显的收缩,收缩量与所对应的烧结温度、粉末性质、坯块密度等有关。

伴随二氧化铀坯块体积收缩,有相当数量的孔隙被消除,首先是颗粒表面上凹凸处的小

孔隙被消除，随后是颗粒之间的小孔隙，再后是它们之间的较大孔隙。在此阶段不仅孔隙的大小和数量发生变化，而且其形状也要发生变化。

中温烧结阶段的特征为：二氧化铀坯块开始了明显的收缩，孔隙开始迅速地消除，但主要是小孔隙，坯块密度和强度随之增大，在此阶段后期，密度的增加速率几乎与温度的增加成正比。

三、高温烧结阶段

此阶段的温度范围约为 $1\,300\sim1\,650\,℃$。

在此阶段中烧结加剧进行，坯块体积迅速收缩，直至后期，收缩才慢慢减缓下来。当烧结温度提高到二氧化铀多少有点塑性时，闭口孔中气体的内压与表面张力平衡，球形孔隙可以生成。样品的金相观察表明，随着此阶段内烧结温度提高，颗粒之间接触逐渐增大成界面，多角形的孔隙慢慢球化，小孔合并成大孔，这些合并了的孔隙或者移到晶粒边界，或者消失。

这阶段后期，体积收缩和孔隙消除逐渐减慢，晶粒稍有长大，烧结块密度增至最大。

四、烧结完成和"曝晒"阶段

此阶段发生的温度在 $1\,650\,℃$ 以上。

在此阶段，坯块的收缩接近于零，烧结作用也随之完成。所发生的现象有：烧结块表面上的气孔几乎完全封闭，开口孔隙率趋向最小；烧结块内闭口孔隙球化，并在晶界上聚集；晶粒长大较显著，随着晶粒长大，晶界减少。烧结块有更高一点的强度。

如果烧结温度过高，在高温下烧结的时间又过长，一方面使陷集于闭口孔中的气体压力进一步增加，以致它在具有塑性的基体中胀大形成空腔，另一方面晶粒长得过大，这些均使达到最高烧结密度以后的烧结块反而降低其密度，这种现象称为"曝晒"（solarization）。在烧结完成后，不适当地提高烧结温度并延长烧结时间，会出现"曝晒"阶段。

应该指出：烧结过程中四个阶段的划分并不是很严格的，尤其是温度范围的划分。各个阶段中发生的现象随物料特性、坯块制备、烧结制度等不同而有所改变，但二氧化铀大体上遵循这种表现进行整个的烧结过程。同样，坯块密度和烧结制度也影响坯块的烧结过程。

第三节　料舟设计基础知识

学习目标：能掌握料舟设计的基础知识。

料舟作为烧结炉专用工装，在烧结炉日常生产中是必不可少的主要用品。且作为 UO_2 芯体烧结为高温烧结。料舟消耗较大。料舟设计应选择正确的材料、合理的外形及几何尺寸，这样首先可以保证产品质量，其次可以降低消耗节约生产成本，还可以确保烧结炉的安全稳定运行。

一、材料选择

料舟材料的选择应考虑：

1）熔点高,同时具有较高的再结晶温度。

2）在高温下具有化学稳定性,避免污染所生产的产品。

3）足够的高温机械强度。

4）加工性好,便于制造。

5）材料质量均匀。

6）热膨胀系数小。

7）价格低廉,货源充足。

二、外形设计

料舟外形设计应考虑:

1）根据炉膛截面尺寸,保证料舟顺利通过的同时要确保烧结炉内气体的流动顺畅。

2）推杆式烧结炉要有足够厚度的推板,承载炉内所有料舟的重量及摩擦力。各锐边应有足够的倒角,以确保推舟通畅。

3）料舟在保证其强度的基础上,必须有足够的透气孔。以保证物料在舟皿内的烧结效果。

4）在保证料舟结构及强度的基础上,避免选择过厚的板材。

5）避免物料散落。

6）应充分考虑材料的加工性能,必要时可采用铆接、焊接。

7）操作简便。

三、加工要求

料舟加工要求应考虑:

1）加工推板、料舟的材料表面应光滑,厚度均匀。不得有金属或非金属黏附物、裂纹、起皮、分层、折叠、金属或非金属夹杂与嵌入、麻点、划伤、拉痕、压痕等缺陷。

2）推板的板面要平整:将底板放在一级平板上,用手压任何部位,不得有翘动现象。推板的各锐边应倒圆,不允许有毛刺。

3）料舟的四个舟边与舟底应垂直。

4）料舟的四个舟边之间应垂直。

5）料舟各部件如需铆接,铆接成型后应保证各部件配合紧密、牢固,不得有间隙和松动,铆钉头必须铆满,并不得有裂纹、毛刺。

6）料舟加工完成后,应保证烧结舟和推板的互配、互换性。

第四节　烧结芯体的密度测定方法

学习目标:能掌握烧结芯体的密度测定方法。

二氧化铀芯体是目前世界上重要的核燃料之一,应用于各种堆型。根据反应堆设计的功率、运行条件和燃耗大小,对二氧化铀芯体的密度提出了相应要求。二氧化铀芯体的理论密度为 $10.96\ g/cm^3$,而粉末冶金法获得的芯体密度为 $88\%\sim98\%$ 理论密度,也就是说芯体中含有一定数量的孔洞,这些孔洞对反应堆运行时包容裂变气体和减少辐照肿胀有好处,但孔洞不能太多,也就是说芯体密度不能太低,否则将影响芯体的导热系数和物理、机械性能。另外,密度太低,孔洞多,将会增加芯体含水量和残余气体含量,增加了氢的来源,这样对反应堆运行时容易造成燃料组件密实化破坏和氢脆。所以,在生产中,对二氧化铀芯体密度和孔隙率必须严格检查和控制。

测量物质的密度有多种方法。按所测量和测量的关系,测量方式大体可分为两个方面,一是来源于密度基本原理公式的直接测量法;二是利用密度量与某些物理量关系的间接测量法。

二氧化铀芯体的密度测量都采用直接测量法,主要有绝对测量法(几何法)和相对测量法(水浸法)。相对测量法中有流体静力称量法、密度瓶法、悬浮法等等。这里我们主要叙述流体静力称量法。

一、基本原理

通常从宏观上可将物质分为固体和流体。流体是液体和气体的总称。众所周知,浸泡在流体里的物体都要受到一个向上的托力,在流体静力学中称其为浮力。

若将一物体全部浸泡在液体中,则该物体会受到液体来自各个方向的静压力,对此产生的诸压力将逐一分解成水平方向和竖直方向的分力。由于液体内部压强的大小是随着液体深度增加的,其结果是全部水平方向的合力等于零,而全部竖直方向的合力向上,显然这个合力就是物体所受到的浮力而且方向总是垂直向上的。其浮力等于:

$$F = V\rho g \tag{7-1}$$

式中:V——浸没在液体中的物体体积;

ρ——液体的密度;

g——当地重力加速度。

从式(7-1)可知,F为物体所排开的液体体积V的重力。因此可得到如下结论:"浸在液体里的物体所受浮力的大小等于该物体排出的液体体积所受的重力"。这就是"阿基米得定律",亦叫做"浮力定律"。流体静力称量法就是依据上述的浮力定律,通过流体静力天平或类似的称量仪器,测量浸在流体中的物体所受的浮力大小来测量密度的。

二、测量方法

从密度基本公式可知,为了得到物质的密度,需要求出它们的质量和体积,质量用天平等仪器在空气中称量是容易直接得到的,而且可以达到很高的准确度。然而,由于物体的形状和大小等关系,确定体积就不那么简单。

实践证明,利用液体静力天平测定浸在液体中物体所受到的浮力得到体积是简单有效的。显然,若将具有一定体积的物体(浮子)吊挂于液体中或将待测固体样品吊挂于已知密度的参考物质(液体)中,由所测得的浮力就可以求出液体或固体密度。

三、固体物质密度的测量和计算

当固体物质为多孔物质时,它在空气中测量时的平衡方程式为:

$$m = M + \lambda V \tag{7-2}$$

式中:m——固体物质的质量;

　　M——固体物质在空气中的质量;

　　V——固体物质的体积(包括全部空隙的体积);

　　λ——空气的密度。

根据密度的定义公式 $D=m/v$ 可得到

$$D=(M+\lambda V)/V=M/V+\lambda \tag{7-3}$$

开口孔隙中充满液体介质时,它在液体介质中测量时的平衡方程式为:

$$m_1=M_2+\rho V \tag{7-4}$$

式中:m_1——固体物质开口孔隙中充满液体介质时的饱和质量,g;

　　M_2——固体物质浸渍在液体中的悬浮质量,g;

　　V——固体物质的体积(包括全部空隙的体积),cm^3;

　　ρ——液体介质的密度,g/cm^3。

开口孔隙中充满液体介质时,它在空气中测量时的平衡方程式为:

$$m_1=M_1+\lambda V \tag{7-5}$$

式中:M_1——固体物质开口孔隙中充满液体介质时在空气中的饱和质量,g;

　　λ——空气的密度,g/cm^3。

可以得到:

$$V=(M_1-M_2)/(\rho-\lambda) \tag{7-6}$$

代入前面公式即可得到固体物质的密度计算公式:

$$D=[M\times(\rho-\lambda)]/(M_1-M_2)+\lambda \tag{7-7}$$

式中:D——固体物质的密度,g/cm^3;

　　M——固体物质在空气中的质量,g;

　　M_1——固体物质开口孔隙中充满液体介质时在空气中的饱和质量,g;

　　M_2——固体物质浸渍在液体中的悬浮质量,g;

　　ρ——液体介质的密度,g/cm^3;

　　λ——空气的密度,g/cm^3。

当固体物质为无开口孔物质时,则 $M=M_1$

可得固体物质的密度为:

$$D=[M\times(\rho-\lambda)]/(M-M_2)+\lambda \tag{7-8}$$

四、孔隙率的测量

通常把开口孔体积对表现体积之比的百分数叫做开口孔孔隙率,简称开口孔隙率;把闭口孔体积对表现体积之比的百分数叫做闭口孔孔隙率,简称闭口孔隙率;两者之和是总孔隙率。

利用密度测量中的数据可以方便的求出芯体的总孔隙率和开口孔隙率,它们有如下关系:

$$总孔隙率=(D_{理}-D_{水})/D_{理}\times100\%$$

$$开口孔隙率=(M_1-M)/(M_1-M_2)\times100\%$$

$$闭口孔隙率=总孔隙率-开口孔隙率$$

式中：$D_理$——二氧化铀的理论密度,g/cm^3；

　　$D_水$——二氧化铀芯体的水测密度,g/cm^3；

M、M_1、M_2意义同前。

第五节　生产现场安全检查

学习目标：能进行场地、设备、工装卡具安全检查。

生产前,对烧结岗位场地、设备、工装卡具进行安全检查。

一、场地检查

检查烧结岗位地面、工作台、设备卫生情况,检查生产现场照明系统、通风系统能否满足设备运行要求,岗位上是否备有灭火器材等相关辅助设施。

二、设备检查

检查设备操作按钮、电器仪表、管道、阀门是否正常和灵敏可靠；设备启动后,随时观察机械转动部分、各仪表指示是否正常,能根据仪表显示和声响判断设备运行状态。

三、工装卡具检查

检查烧结岗位所使用的工装卡具(包括料舟、运物料的小车等)是否满足要求。

第六节　生产准备

学习目标：能对烧结炉启动前进行检查。

处于停产期的烧结炉,需进行全面维护和检修。检修的重点是炉膛、机械传动装置、电器仪表和管道阀门。机械部分应进行适当校正并更换润滑油；所有的仪表应由计量人员进行检验；电器控制应全面测试。检修后的设备应作出标识并详细记录。为防止停产期间环境中的潮湿空气可能对电器仪表的腐蚀,应定期对进行控制柜送电加热操作。

一、设备检查内容

设备启动前应认真进行检查。检查内容包括：

1) 炉子的机械传动装置是否完好,转动是否灵活,定位是否正确；

2) 各接触开关是否有锈迹,能否正常工作；

3) 电器组件是否完整、紧固,电器线路是否接上,接地是否正确；

4) 检修过的仪表是否装上,标志是否正确,是否在使用期内；

5) 各报警装置是否灵敏；

6) 气路、冷却水系统是否接通,阀门是否在正确位置,有无漏气现象,各种用气压力是否足够；

7) 应急设施和其他安全装置是否准备。

二、试车

经过认真检查以后,在专业人员监护下,设备应进行试车。内容如下:

1) 外网供给确保正常,无异常情况。

2) 气密性检验。确保炉子的泄漏水平在规定的范围内。

3) 冷态联动试车。测试冷态推舟、温度控制系统、气控系统、电控系统、冷却水系统是否运行正常,有无异常情况。

设备启动前,现场所使用的钼底板、钼舟框、钼隔板、钼配重锭等进行认真检查。内容包括钼底板、钼舟框、钼隔板是否存在变形、裂纹、掉边脚、黏附物等现象,底板是否平整、各边缘是否光滑和满足规定要求,底板和舟框、销钉配合是否符合要求等,同时检查各钼材料是否清理。

第七节　烧结核燃料芯体

学习目标:能对烧结工艺参数进行设定。

一、烧结工艺参数的设定

例1 以 FHD 炉欧陆 818P4 温度控制仪表为例,首先应熟练掌握 $P_{nr}1$=大程序段,在每一大程序段中分为 8 个小段,每小段中均包含 $P_r(n)$=升温速率($℃/h$)、$Pl(n)$=终点温度($℃$)、$Pd(n)$=保持时间(h)其中 n 为小段序号。

查看欧陆 818P4 温控仪表设置中 cnt 项设定值,是否为 n,如不是应设定为 n。启动欧陆 818P4 温控仪表中 RUN/HOLD 键。

例2 BTU 炉目前正在生产中,运行期间欧陆 2416 温控仪表设置为 $PnG..n$ 1 大段,升、降温的速度=50、终点温度=1 750 $℃$、保温时间=999.9 $℃$,现要求将终点温度调整为1 745 $℃$,其他工艺不变。

查看欧陆 2416 温控仪表设置中 SP 项设定值,是否为 1 750 $℃$。如不是 1 750 $℃$应设定为 1 750 $℃$。

按住欧陆 2416 温控仪表上功能键,调出 run 项,用滚动键调出 St At 项,用加、减键将其调整为 OFF。

同时按住欧陆 2416 温控仪表上功能键和滚动键返回至首页,再按住欧陆 2416 温控仪表上功能键,调出 tGt 项,用加、减键将其调整为 1 745。

同时按住欧陆 2416 温控仪表上功能键和滚动键返回至首页,再按住欧陆 2416 温控仪表上功能键,调出 run 项,用滚动键调出 St At 项,用加、减键将其调整为 run。

二、设备一般故障处理

例3 FHD 炉运行期间,当炉门打开后,进料机在前进推舟中出现链条卷起。

按下炉头手动控制箱上紧急刹车按钮;

人为将进料机离合器钮松,将链条卷起部位进行恢复;

采用手动方式将进料链条和舟前进到位后,链条返回到位;

恢复炉头手动控制箱上紧急刹车按钮;

人为将进料机离合器恢复;

观察主推机离合器是否运行;

做好记录和时间补回工作。

例4 FHD炉运行期间,突然停电,炉内舟里全部为物料。

停电后立即将冷却水系统改为自来水冷却,同时关闭回水、打开放水阀门;

停电后在确保安全的前提下,关闭柜内氮气阀和打开炉用氢管线上旁路阀,使其炉内停电后始终为氢气喷吹,保证炉内物料、发热体及炉砖;

停电后将控制柜上自动关闭;

停电后将1~6区加热电源旋钮开关关闭,同时按动欧陆818P4温控仪表的加减键,取消818仪表的程序运行,并将其装为OP运行状态,OP值设定为0。

来电后,启动控制柜上点火程序按钮,点燃4个点火器。

启动控制柜上风扇按钮。

启动控制柜上预烧区及烧结区接触器,逐一打开1~6区加热电源旋钮开关,启动818P4温控仪表。确保其运行正常。

同时关闭FHD炉气控柜内炉用氢管线上旁路阀和打开柜内氮气阀。

按下控制柜上氢气启动开关。

打开控制柜上自动开关,观察主推机运行情况。

关闭自来水冷却,启动水泵及水泵风扇转为无离子冷却,无离子水正常运行2~3 min后,打开回水阀门,关闭放水阀门。

做好记录和按相关文件进行取样及判废工作。

例5 FHD炉运行期间,推舟过程中出现离合器滑脱故障。

原因分析:

卡舟;

主推机推料速度控制器调整不到位,导致推料速度过慢;

光电控制系统故障;

主推机齿轮、齿条油污;

推料系统故障;

时间继电器调整错误;

处理方法:① 发出离合器滑脱信号后,观察离合器是否已脱开。如已脱开,将自动旋钮关闭后在打开,观察主推机阻力是否过大。如阻力过大可判断为卡舟。视情况进行人工推料或停炉处理。② 发出离合器滑脱信号后,观察离合器是否已脱开。如未脱开可判断为上述2、3、4、5、6项。处理办法为第2项:按规定调整推料速度。第3项:检查光栅头是否有油污,检查光栅的放大器、接收器是否完好。第4项:清除齿轮、齿条上的油污。第5项:检查电机是否运行正常;检查齿轮箱是否工作正常;检查离合器间隙是否过大。第6项:检查时间继电器,将其调整为3 min。上述故障处理后,报警将自动消除。

第八章　加工核燃料芯体

学习目标:通过学习掌握磨削用量的基本知识、工件成圆的基本原理、无心外圆磨削方法、芯体的几何密度测定方法和加工工艺参数的设定。

第一节　磨削用量

学习目标:能掌握磨削用量的基本知识。

磨削用量用来表示磨削加工中主运动及进给运动参数的速度或数量。磨削主运动的磨削用量为砂轮圆周速度,磨削的进给量则随着磨削方式的不同而有所差异。这里我们主要以外圆磨削为例来讲述磨削用量的基本概念。

一、砂轮圆周速度

砂轮外圆表面上任一磨粒相对于待加工表面在主运动方向上的瞬时速度称为砂轮圆周速度,用 ν_s 表示,单位为 m/s。

$$\nu_s = \frac{\pi D_s n}{1\,000 \times 60} \tag{8-1}$$

式中:ν_s——砂轮圆周速度,m/s;

$\quad D_s$——砂轮直径,mm;

$\quad n$——砂轮转速,r/min。

砂轮圆周速度表示砂轮磨粒的磨削速度,又称磨削速度。

例 1　已知砂轮直径 $D_s = 400$ mm,砂轮的转速 $n = 1\,670$ r/min,求砂轮的圆周速度 ν_s?

解　据式(8-1)可知

$$\nu_s = \frac{\pi D_s n}{1\,000 \times 60}$$

$$= \frac{3.141\,6 \times 400 \times 1\,670}{1\,000 \times 60}$$

$$= 34.976 \text{ m/s} = 35 \text{ m/s}$$

外圆磨削的砂轮圆周速度一般在 $30 \sim 35$ m/s 左右。

砂轮圆周速度对磨削工件的表面粗糙度和劳动生产率有着直接的影响。当砂轮直径变小时,磨削质量会下降,就是由于砂轮圆周速度下降的缘故。故砂轮直径及砂轮转速与圆周速度相对应。

二、工件圆周速度

工件圆周速度是工件被磨削圆周表面上任一点单位时间内在进给运动方向上的位移,

计算公式如下：

$$\nu_w = \frac{\pi d_w n_w}{1\ 000} \tag{8-2}$$

式中：ν_w——工件的圆周速度，m/min；

　　d_w——工件外圆直径，mm；

　　n_w——工件转速，r/min。

工件圆周速度比砂轮圆周速度低得多，一般为 13~20 m/min。在实际生产中，工件直径是已知的，工件圆周速度是选定的，故根据 d_w 和 ν_w 的数值，按式(8-3)计算确定工件转速：

$$n_w = \frac{1\ 000\nu_w}{\pi d_w} \approx \frac{318\nu_w}{d_w} \tag{8-3}$$

例 2　磨削直径为 60 mm 的工件，若选取工件的圆周速度为 20 m/min，试确定工件的转速？

解　据式(8-3)可知：

$$n_w = \frac{318\nu_w}{d_w}$$
$$= \frac{318 \times 20}{60}\ \text{r/min}$$
$$= 106\ \text{r/min}$$

三、纵向进给量

工件每转一周，砂轮相对于工件在纵向进给运动方向上的移动量，叫做纵向进给量，用 f 表示。设砂轮的宽度为 B，常常根据式(8-4)计算工件的纵向进给量 f：

$$f = (0.2 \sim 0.8)B \tag{8-4}$$

四、横向进给量

外圆磨削时，在每次行程结束后，砂轮在横向进给运动方向上的移动量，叫做横向进给量。它是衡量磨削深度大小的参数，又称为背吃刀量。其计算公式为：$ap = (D-d)/2$(D 表示工件磨削前的直径，d 表示工件磨削后的直径)。背吃刀量很小，一般为 0.005~0.04 mm。

磨削用量的选择原则是：粗磨时以提高生产率为主，选用较大的背吃刀量和纵向进给量；精磨时以保证尺寸精度和表面质量要求为主，选择较小的背吃刀量和纵向进给量。同时还要考虑磨床、工件等具体情况，再综合分析确定。

第二节　磨床的工作原理

学习目标：能掌握工件成圆的基本原理及无心外圆磨削的方法。

一、工件成圆原理

无心磨削工件的成圆是一个复杂的过程，工件的圆度误差首先受其本身原始形状影响，原始形状误差越大,则成圆时圆度误差也大。在无心外圆磨床上磨削时,工件的中心与磨削轮和导轮中心连线的等高度,对工件成圆起着至关重要的影响。

首先,无心外圆磨削不像一般外圆磨削时工件两端的轴心就是它的支点,这个支点在整个磨削过程中不会发生变化;无心外圆磨削仅仅依靠工件的磨削面作为它的定位基准。所以,当工件的原始状态就不圆时,磨削以后也很难达到很高的圆度。

在此需关注的是磨削过程中磨削区的调整。如果支片顶面是一个平面,而且将工件中心调整到与砂轮和导轮两轮中心处于同一高度,如图 8-1 所示。则当工件上有呈凸起点与导轮接触时,凸起点的对面就会被磨成一个凹坑,其深度刚好与凸起点的高度相等;当工件回转 180°时,凸起点被转到与磨轮相接触,对面的凹坑刚好与导轮相接触,工件被推向导轮,凸起点又无法被磨到。就这样,虽然磨出的工件在直径方向上各个方向都相等,但工件却不是一个圆形,它只是一个等径的多角棱圆,例如经常遇到的三角棱圆。

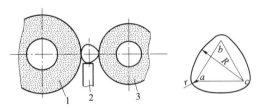

图 8-1　工件中心与两轮等高
1—磨削轮;2—支片;3—导轮

由此可知,工件不能成圆的原因是由于工件的中心线与磨削轮和导轮中心的连心线等高所致,此时,工件的凹凸点在同一直径上,无法被磨圆。

如果我们调整支片高度,使工件中心高于两轮中心连线,如图 8-2 所示。当工件上的凸起点 a 与导轮接触时,能使工件上的 b 点多磨去一些而相应凹下去;由于 b、a 两点均高于两轮中心连线,所以,当工件上的 b 点转到与导轮接触时,a 点并不与磨轮相接触;只有当工件在转过一个角度,工件上的凸起点 a 与磨轮接触时,工件与导轮接触点不再是 b 点那个凹坑,凸起点 a 就会被磨去一些。随着磨削过程的继续进行,凸起点被不断磨去,凹坑渐渐变浅,整个工件就变得越来越圆。

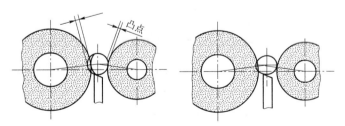

图 8-2　无心磨削工件变圆原理
1—凸点;2—凹点

如果采用斜面支片,其顶面向导轮一方倾斜 20°～30°,使工件更好地贴紧导轮,那么,当工件表面上存在凹凸点时,工件就会有一定上下跳动,使磨削成圆过程完成得更快。

由以上叙述,我们对无心外圆磨削工件成圆原理有以下认识:

1) 工件表面的原始状态对工件磨削后最终圆度有重要影响。

2) 磨削加工中,调整支片高度使工件中心高于两轮中心连线,这是不致产生多棱圆的关键。

3) 支片顶面一定斜度,可以使工件紧贴导轮,从而加快工件在磨削时的成圆。

二、无心外圆磨削的方法

常见的无心磨削方法有贯穿磨削法、切入磨削法和强迫贯穿磨削法。二氧化铀芯体只采用贯穿磨削工艺,所以,本节我们介绍一些贯穿磨削的基本知识。

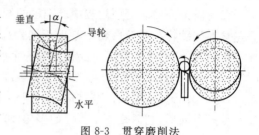

图 8-3　贯穿磨削法

贯穿磨削法又称通磨法,磨削时工件一面旋转一面做纵向运动,穿越磨削区(见图 8-3)。

当导轮轴线在垂直方向内与工件倾斜一个 α 角,工件作纵向进给,贯穿磨削区;导轮在垂直方向转过 α 角后,导轮的圆周速度分解为切线方向分速度 $\nu_{切向}$ 和纵向分速度 $\nu_{纵向}$,计算式为:

$$\nu_{切向} = \nu_{导轮} \cos\alpha \tag{8-5}$$

$$\nu_{纵向} = \nu_{导轮} \sin\alpha \tag{8-6}$$

式中:$\nu_{导轮}$——导轮的圆周速度,m/min;

α——导轮在垂直方向的倾斜角。

由于工件被导轮带动,因此工件的纵向进给速度等于导轮的纵向分速度;工件的圆周速度等于导轮切线方向的分速度。而导轮的圆周速度可按下列式计算:

$$\nu_{导轮} = \frac{\pi D_{导轮} n_{导轮}}{1\,000} \tag{8-7}$$

式中:$D_{导轮}$——导轮的直径,mm;

$n_{导轮}$——导轮的转速,r/min。

则工件的纵向进给速度为:

$$\nu_w = \nu_{纵向} = \frac{\pi D_{导轮} n_{导轮} \sin\alpha}{1\,000} \tag{8-8}$$

导轮的切线方向分速度为

$$\nu_{切向} = \frac{\pi D_{导轮} n_{导轮} \cos\alpha}{1\,000} \tag{8-9}$$

从式(8-9)可以看出,在导轮直径一定时,导轮的转速越大,工件的进给越多,磨削速度加快;当 α 角加大,工件的纵向进给速度越大,生产率提高,但表面粗糙度值也增高;反之,工件的进给速度就小。通常精磨时取 $\alpha = 1°30' \sim 2°30'$;粗磨时取 $\alpha = 2°30' \sim 4°$。

由此,我们得到贯穿磨削的特点:

1) 采用贯穿磨削,工件可以连续地通过磨削区,易于实现自动化。

2) 在磨削过程中,除砂轮磨损需进刀补偿外,磨轮与导轮支片之间的相对位置不变。

3) 如果导轮与工件表面之间无滑动,且导轮直径一定时,工件的纵向速度就取决于导轮的转速和倾角的大小。

例1　已知无心外圆磨床导轮直径 $D_{导轮} = 250$ mm,导轮转速 $n_{导轮} = 45$ r/min,粗磨取

$\alpha=4°$，试计算纵向分速度 $\nu_{纵向}$ 和切向分速度 $\nu_{切向}$？

解 据式(8-8)

$$\nu_{纵向}=\frac{\pi D_{导轮} n_{导轮} \sin\alpha}{1\ 000}$$

$$=\frac{3.141\ 6\times250\times45\times\sin4°}{1\ 000}$$

$$\approx2.5\ \text{m/min}$$

据式(8-9)

$$\nu_{切向}=\frac{\pi D_{导轮} n_{导轮} \cos\alpha}{1\ 000}$$

$$=\frac{3.141\ 6\times250\times45\times\cos4°}{1\ 000}$$

$$\approx35\ \text{m/min}$$

例2 加工芯体直径的技术要求是(8.192±0.012) mm，抽取50块加工芯体测量直径，得平均值为8.189 mm，标准差为0.002 8 mm，请计算芯体加工时的该工序能力指数，并评定该工序能力。

解： ① 当给定双向公差，品质数据分布中心（X）与公差中心（M）不一致时，即存在中心偏移量（ε）时，$C_{pk}=(T-2\varepsilon)/6\sigma$。

式中：C_{pk} 为工序能力指数，T 为质量特性规格界限，σ 为标准偏差，ε 为中心偏移量。② 芯体加工的工序能力指数为：$C_{pk}=(0.024-0.003)/(6\times0.023\ 5)=1.25$。③ 芯体加工的工序能力指数<1.33，过程能力不足，应采取措施提高。

答： 芯体加工的工序能力指数为1.25，过程能力不足，应采取措施提高。

第三节 无心外圆磨床的调整

学习目标： 能掌握磨削轮、导轮、托板和导板的选择与调整。

一、砂轮的特性及选择原则

1. 砂轮的特性

砂轮的工作特性由以下几个要素衡量：磨料、粒度、结合剂、硬度、组织、强度、形状和尺寸等。各种特性都有其适用的范围。

（1）磨料

磨料是构成砂轮的主体材料，磨料经压碎后即成为各种粗细不等、形状各异的磨粒，在磨削时需经强烈的摩擦、挤压和高温的作用，因此对磨料的性能和成分都有一定的要求。

1) 对磨料的要求

磨料应具有如下性能：

① 较高的硬度：磨料的硬度要高于工件的硬度，这样才能切掉工件上的金属。

② 较高的强度：磨料的强度是指磨料在磨削力、热应力的作用下，保持其力学性能的程度。显然，磨料的强度要高于工件材料的强度。

③ 较好的韧性:磨料的韧性是指磨料在外力作用下,抵抗破裂的能力。韧性小(脆性大)的磨料,在未充分发挥切削作用之前,很容易被折断,砂轮极易迅速损耗。

④ 较好的热稳定性:磨料的热稳定性是指磨料在磨削的高温之下,保持其物理性能的能力。热稳定性好,有利于减少切削变形。

⑤ 较好的化学稳定性:磨料的化学稳定性是指磨料不与工件黏附、扩散,不发生化学反应、变化的性能。化学稳定性好的磨料,可延缓砂轮钝化,减轻砂轮堵塞,对提高砂轮的切削能力,延长砂轮使用寿命非常有利。

2) 磨料的种类

磨料分普通磨料和超硬磨料两大类。前者主要有刚玉类和碳化物类,后者主要有金刚石类和立方氮化硼类。

① 刚玉类:刚玉类主要成分是氧化铝。它由铝矾土等为原料在高温电炉中熔炼而成。适于磨削抗拉强度较高的材料,如各种钢材。

② 碳化物类:主要成分为碳化物,是由硅石或硼砂和焦炭为原料在高温电炉中熔炼而成。其硬度和脆性高于氧化铝,磨粒更锋利。

③ 超硬类磨料:超硬类磨料是近年来发展的新型磨料,我国制造的有人造金刚石和立方碳化硼两种,它们的砂轮结构与一般砂轮有所区别。

3) 磨料硬度和韧性的比较

磨料的硬度和韧性是选用砂轮的重要依据,必须有所了解。

① 硬度比较:磨料从硬到软的次序为金刚石、人造金刚石、立方碳化硼、碳化硼、绿碳化硅、立方碳化硅、黑碳化硅、单晶刚玉、白刚玉、铬刚玉、棕刚玉。

② 韧性比较:磨料从韧到脆的次序为铬刚玉、单晶刚玉、棕刚玉、白刚玉、微晶刚玉、黑碳化硅、绿碳化硅、立方氮化硼、金刚石。

(2) 粒度

粒度是指磨料颗粒的大小。粒度号越大,表示磨料颗粒越小。

根据磨料标准规定,粒度用 41 个粒度代号表示。

粒度从粗到细的号数为 $4^\#$、$5^\#$、…、$240^\#$。以上粒度号的颗粒尺寸均在 $5\,600\sim50\ \mu m$ 之内。其粒度号代表的是磨粒所通过的筛网在每英寸长度上所含的孔目数。例如 $46^\#$ 粒度是指磨粒可以通过每英寸长度上有 46 个孔目的筛网,但不能通过每英寸长度上有 54 个孔目的筛网。其颗粒尺寸为 $425\sim355\ \mu m$。

砂轮的粒度对工件表面的粗糙度和磨削效率有较大的影响。

(3) 结合剂

结合剂是将磨料黏接成各种砂轮的材料。结合剂的种类及其性质,影响砂轮的硬度、强度。

由于砂轮在高速旋转中进行磨削加工,而且又是在高温、高压、强冲击载荷以及切削液的条件下工作,所以磨料粘接的牢固程度,结合剂本身的耐热、耐蚀性能,就成为对结合剂的重要要求。

1) 陶瓷结合剂磨具(代号 V):磨具性脆、稳定,具有耐热、耐水和良好的化学稳定性,广泛用于各种材料和不同类型的磨削加工。

2) 树脂结合剂磨具(代号 B):磨具有较高的强度和一定的弹性,多用于一般工件的粗磨、荒磨、切断、开槽和自由磨削以及超精研磨。

3）橡胶结合剂磨具（代号 R）：磨具强度高，弹性好，磨具结合紧密，气孔率小。主要用于无心磨导轮、精磨和柔软抛光砂轮。

4）菱苦土结合剂磨具（代号 Mg）：磨具自锐性能好，不易烧伤工件，常用磨削刀具、粮食加工和石材加工等。

5）增强树脂结合剂（BF）和增强橡胶结合剂（RF）：在树脂结合剂或橡胶结合剂中加入高强度的聚酯塑料等物质，增强了结合强度。

（4）硬度

砂轮的硬度是指结合剂黏接磨粒的牢固程度。磨粒黏接越牢，表明砂轮越硬，也就是磨粒越不易脱落。砂轮的硬度与磨料的硬度绝不可混为一谈。软的砂轮，其磨料可以很硬，只是磨粒黏接不牢，容易脱落；相反，较软的磨料也可以黏接成硬度很高的砂轮。

（5）组织

砂轮的组织是表示其内部结构松紧程度的参数。用磨料、结合剂、空隙（气孔）三者在砂轮内部的体积比例来衡量。砂轮所含磨料比例越大，组织越紧密；反之，空隙越大，砂轮组织越疏松。

（6）形状和尺寸

砂轮有不同的形状和尺寸，适用于不同的磨削加工。

（7）强度

砂轮强度通常用安全工作速度表示。

砂轮高速旋转时受到很大的离心力的作用，如果没有足够的强度，砂轮就会爆裂而引起严重事故。离心力的大小与砂轮圆周速度的平方成正比例，所以当砂轮的圆周速度增大到一定数值时，离心力就会超过砂轮强度所允许的范围，使砂轮爆裂。故各种砂轮都规定了安全工作速度，其速度要远低于砂轮爆裂的速度。

砂轮的安全工作速度在砂轮上以最高工作速度标识，其安全系数为 1.5。

2. 砂轮的选择

每种砂轮各有其特性，都有一定的适用范围，一般应根据工件的材料、形状、热处理方法、加工精度、表面粗糙度、磨削用量及磨削形式等选用。

（1）磨料的选择

选择磨料应注意：

1）须考虑被加工材料的性质。

2）须注意选用不易与工件材料产生化学反应的磨料，以减少砂轮的磨损。

3）须注意磨料在一定介质中、一定温度下受到侵蚀的趋势，以保证砂轮的寿命。

归纳起来讲，工件材料硬，磨料更要硬；表面如要光，磨料则要韧。

（2）粒度的选择

粒度的选择应考虑加工工件尺寸、几何精度、表面粗糙度、磨削效率以及如何避免某些缺陷产生等因素。

一般来说，要求工效高、表面粗糙度值较大、砂轮与工件接触面大、工件材料韧性大和伸长率较大，以及加工薄壁工件时，应选择大一些的粒度；反之，加工高硬度、脆性大、组织紧密的材料，精磨、成型磨或高速磨削时，则应选择较小的粒度。

（3）砂轮硬度的选择

硬度选择的一般原则是：磨削硬材料，应选用软砂轮，以使其保持较好的"自锐性"，提高砂轮的使用寿命，减少磨削力和磨削热；磨削软材料时，应选用硬砂轮，可在较长时间 保持磨粒微刃的锋利，利于切削。

（4）结合剂的选择

结合剂直接影响到砂轮的强度和硬度。

（5）形状和尺寸的选择

砂轮的形状和尺寸应根据所用磨床、加工要求和磨削方式合理选用。

二、导轮的选择与调整

导轮的直径由机床决定。用贯穿法磨削时，导轮宽度与磨削宽度相同。导轮特性的选择，除采用橡胶（R）或树脂（B）结合剂外，其他和磨削轮基本相同。

用贯穿法磨削时，导轮轴线在垂直平面内必须倾斜 θ 角，这样，如果导轮是圆柱形的，那么工件与导轮只能接触于一点，不能进行正常的磨削。为了使磨削过程的平衡和正常，必须使工件与导轮沿素线的全长接触，因此导轮不能修整成圆柱形。只有当导轮表面呈双曲面时才能与工件表面线接触。为了使导轮表面呈双曲面形，可用导轮修整器对其进行修整。

因此，当导轮轴线在垂直面内倾斜一个角度 θ 时，导轮修整器的金刚石滑座也应在水平面内回转一个角度 α。又由于工件中心比磨削轮和导轮中心连线高出一段 h，金刚石接触导轮表面的位置也必须相应偏移一段 h_1 的距离。

当工件中心高于导轮中心 h，则金刚石的偏移距离 h_1 可由下式求出：

$$h_1 = \frac{D}{D+d}h \qquad (8\text{-}10)$$

金刚石滑座的回转角则按下式计算：

$$\alpha \approx \frac{\theta}{\sqrt{\dfrac{d}{D}+1}} \qquad (8\text{-}11)$$

式中：h_1——金刚石偏移量，mm；

d——工件直径，mm；

h——工件安装高度，mm；

D——导轮直径，mm；

θ——导轮斜角，°；

α——金刚石滑座回转角，°。

例 1 已知无心外圆磨削中，导轮直径为 $D=250$ mm，粗磨时工件直径 $d=20$ mm，导轮在垂直平面倾角 $\theta=4°$，工件安装高度为 $h=8$ mm，求金刚石滑座回转角 α 和金刚石偏移量 h_1？

解 据式（8-10）

$$h_1 = \frac{D}{D+d}h = \frac{250}{250+20} \times 8 = 7.4 \text{ mm}$$

据式（8-11）

$$\alpha \approx \frac{\theta}{\sqrt{\dfrac{d}{D}+1}} = \frac{4}{\sqrt{\dfrac{20}{250}+1}} \approx 3.84°$$

三、托板的选择和调整

托板的材料可用优质工具钢或高速钢制成,也可在托板的斜面上镶嵌硬质合金,以磨硬度很高的工件。磨软金属时,托板可用铸铁制成。

托板的支承面倾斜角 $\varphi = 20° \sim 30°$。工件直径大于 40 mm 时,φ 角取小值;工件直径小于 40 mm 时,φ 角取大值。其作用是加速工件成圆和减小工件对托板的压力。

一般情况下,都是工件中心高于砂轮中心一个 h 值,但 h 不能太大,否则,工件会产生周期性跳动。当加工细长工件时,为了防止磨削过程中工件上下跳动,可使工件中心低于砂轮中心。

安装托板时,应调整托板的两端在同一个水平面上,否则,磨出的工件将是一圆锥形。托板左侧面与磨削轮圆周切线距离 C 影响到冷却和排屑,也必须调整适当。

四、导板的选择和调整

导板的作用是把工件正确引进和退出磨削区域。导板不宜过长,其长度可按工件长度选择:工件长度 $L_1 > 100$ mm,则导板长度 $L = (0.75 \sim 1.5)L_1$;工件长度 $L_1 < 100$ mm,则导板长度 $L = (1.5 \sim 2.5)L_1$。若工件长度比直径小,则导板的长度可选得大些。

工件直径小于 12 mm 时,采用凸形导板;工件直径大于 12 mm 时,则采用平行导板。导板的高度和厚度分别由托架的结构和工件直径来决定。

导板应正确安装在机床上,4 块导板调整位置不同,故应分别进行调整。靠导轮一侧的前导板应相对于导轮工作面后退一个距离,其值为工件一次磨削余量的 1/2 左右,一般为 $0.01 \sim 0.025$ mm;靠导轮一侧的后导板,则与导轮的工作面平齐。靠磨削一侧的前、后导板,因不受到工件的压力,故均可比磨削轮的工作面后退 $0.4 \sim 0.8$ mm。要特别注意的是,导板绝对不允许凸出于导轮的工作面外侧,以免产生干涉现象。如果工件入口与出口导板都偏向于磨削轮,那么工件就会被磨成细腰形;如果工件入口与出口导板都偏向于导轮,则工件将被磨成腰鼓形。

例 2 请简述无心磨削时,加工芯体出现细腰形的原因及解决方法。

答:① 前导板均偏向于磨削轮一侧,工件进入或推出磨削区域时呈倾斜状态,磨削轮端角将工件中部磨去较多。调整前后导板至正确位置。② 导轮修整呈中间凹下状,切入法磨削时磨削轮修整中间凸出,均导致工件呈细腰形。正确修调导轮和磨削轮,消除凹凸现象。

例 3 请简述无心磨削时,加工芯体出现腰鼓形的原因及解决方法。

答:① 前后导板均偏向于导轮,工件倾斜进入磨削区,使前端磨去较多;工件将要推出磨削区时,使后端磨去较多。需正确调整前后导板。② 前、后导板均低于导轮外圆表面,工件进入磨削区时。会被导轮将其前端抬起,使工件向磨削轮倾斜;当工件退出磨削区域时,也会使工件倾斜,尾部向磨削轮翘起,使工件两端磨去较多,呈腰鼓形。应正确调修前、后导板,使其不低于导轮外圆表面。

第四节 芯体的几何密度测定方法

学习目标:能掌握芯体的几何密度测定方法。

一、设备或材料准备

设备或材料包括：电子数显千分尺、电子数显专用深度千分表、光栅式数显显微镜、电子分析天平等。

二、测量步骤

1. 取样

按照质保文件规定随机取样，并确保取样过程中不沾污芯体。

2. 芯体肩宽、碟形尺寸测量

按照相关文件使用专用仪器测量芯体的肩宽和碟形尺寸。

3. 芯体倒角测量

按照相关文件使用专用仪器测量芯体的倒角。

4. 芯体直径、高度和质量的测量

按照相关文件使用专用仪器测量芯体的直径、高度和质量。

5. 芯体几何密度的计算

芯体几何密度按照下式计算：

$$\rho = \frac{m}{\pi \times \left(\dfrac{D}{2}\right)^2 H - V_v} \tag{8-12}$$

式中：ρ——芯体几何密度，g/cm^3；

　　m——芯体质量，g；

　　D——芯体直径，cm；

　　V_v——碟形与倒角总体积，cm^3；

　　H——芯体高度，cm；

　　π——圆周率。

三、结果处理

将测量结果准确填写检验报告单并报出。

第五节　生产现场安全检查

学习目标：能进行场地、设备、工装卡具安全检查。

生产前，对磨削岗位场地、设备、工装卡具进行安全检查。

一、场地检查

检查磨削岗位地面、工作台、设备卫生情况，检查生产现场照明系统、通风系统能否满足设备运行要求，岗位上是否备有灭火器材等相关辅助设施。

二、设备检查

检查设备操作按钮、电器仪表、管道、阀门是否正常和灵敏可靠,油路是否通畅,润滑是否良好;设备启动后,随时观察机械转动部分、各仪表指示是否正常,能根据仪表显示和声响判断设备运行状态。

三、工装卡具检查

检查磨削岗位所使用的工装卡具(包括电子秤、电子天平、千分尺等)是否满足要求。

第六节　加工核燃料芯体

学习目标:能设定工艺参数,能处理磨削过程中的一般故障。

一、工艺参数的设定

1. 磨削余量

磨削余量是指工件在粗加工或半精加工之后,需要在磨削过程中切除的厚度。在实际加工中,磨削余量要预留得合适。过大的余量,不但加工费时,还可能带来其他副作用;过小的余量,不足以切除前一道工序所留下来的表面缺陷,达不到磨削加工本身所具有的目的。

2. 工件中心高

中心高 C.H 是对工件磨削精度特别是圆度有重要影响的因素之一。

(1)中心高值

中心高值按下式计算(见图8-4):

$$C.H = \frac{\sin\theta}{2\left(\dfrac{1}{D_G + D_W} + \dfrac{1}{D_R + D_W}\right)} \tag{8-13}$$

(2)中心高通过改变支持工件的托板高度来调整

本机床的砂轮轴中心和托架高度的关系如图8-5所示。参照图8-1中从基准面到工件中心的距离,调整中心高。

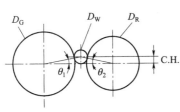

图8-4　中心高值的计算

$\theta = \theta_1 + \theta_2$;$D_G$:磨削砂轮直径/mm;$D_R$:
导轮直径(mm);D_W:工件直径(mm)

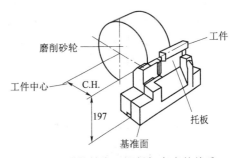

图8-5　砂轮轴中心和托架高度的关系

(3) 中心高的调整(托板垫块型)

在托架(W)上,将托板垫块(L)和托板(B)堆积,决定中心高。

改变托板垫块(L)的厚度,调整中心高。

(4) 中心高的调整顺序

清理各个安装面后,将托板垫块(L)和托板(B)依次堆积在托架(W)上,将工件设置在托板的磨削位置上。测定从托架(W)基准面至工件中心的高度,确认此测定值与前页所述的计算值是否一致。

中心高决定后,拧紧锁紧螺钉(R)。如锁紧过度,会使托板(B)弯曲,从托板垫块游离。要十分注意地按发下方法旋紧。

锁紧螺钉(R)碰到托板(B)后,再旋过90°。

托板用立式器具竖立保管。长期横向放置可能导致托板弯曲。

C 托板的工件轴向调整

通常,托板的工件轴向位置在机床出厂时已调整好。如果工件改变或者托板磨损,损伤,必须更换托板时,按照以下要领调整托板的工件轴向位置。

警告:开始此作业前,必须将电箱内的总电源开关断开。

托板的工件轴向调整顺序:

工件的轴向精度很高或者托板的固定如下图所示时,在托板的后方(机床的后方)设置挡板,将托板靠紧后,用锁紧螺钉锁紧,将托板固定在托架上。

工件的轴向精度不高或者托板的固定如下图所示时,使托板长孔的垂直方向中心线与锁紧螺钉基本一致,将托板固定在托架上。

3. 导轮倾斜角与转速的确定

(1) 导轮的倾斜角

导轮的倾斜角在通磨时是工件通过速度的一个决定要素,在切入磨削时是工件稳定磨削的一个决定要素,所以在磨削工件时使导轮倾斜。

(2) 导轮的转速

一般情况下,磨削砂轮和工件的圆周速度比为:

$$砂轮:工件=100:1$$

工件的通过速度和导轮的倾斜角,转速以及直径的关系可用下式表示:

$$V = n D_r N \sin B / 1\ 000 \tag{8-14}$$

式中:V——通过速度,m/min;

　D_r——导轮直径,mm;

　N——导轮转速,r/min;

　B——导轮倾斜角,°。

图8-6为式(8-14)的关系因素表:切入磨时 $B=15°\sim30°$。

二、砂轮的安装和更换

1. 砂轮安装到磨床砂轮轴上

1) 打开砂轮罩壳,将砂轮修正装置的金刚石笔后退并确认。

2）用下滑板进给手轮将托架移到可以更换砂轮的位置。

3）将砂轮轴的锥度处和砂轮夹盘的锥度处清理，确认无杂物、伤痕后，在锥度处涂上少量润滑脂或油。

4）用内六角扳手将砂轮夹盘顶出螺栓向左扳紧，用三个 M16X40 的螺栓将法兰压盖固定在砂轮夹盘上。

5）用三个 M10X50 的螺栓将砂轮夹盘固定在吊具上后，用葫芦吊或吊车慢慢地向上起吊，将砂轮移到砂轮轴的前面。

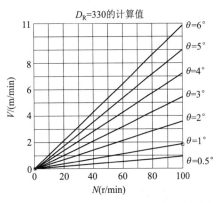

图 8-6　磨削砂轮和工件的圆周速度关系

6）将砂轮轴端面上的防转螺栓和法兰压盖上的孔对准，装入锥度处后，用三个 M16X40 的螺栓将砂轮夹盘暂时先固定在砂轮轴上。然后，将吊具稍微放下一点，再完全固定好。

7）卸下吊具的螺栓，拿走吊具。

8）用手转动砂轮，确认砂轮与罩壳等部件不碰。

9）启动电机，使砂轮空转约 10 min。这时，在机床前面以及砂轮的选择方向禁止站人。

2. 从砂轮轴上卸下砂轮

1）用吊葫芦或吊车将吊具吊起，并用 3 个 M10X50 的螺栓将砂轮夹盘固定。

2）卸下两个砂轮固定螺栓，剩下的一个螺栓放松几毫米。

3）用内六角扳手将砂轮夹盘顶出螺栓向右扳，将砂轮夹盘从砂轮轴上松开取出。

4）用手将砂轮压在砂轮轴上，同时将剩下的固定螺栓取下。

5）用葫芦吊或吊车慢慢地将吊具向上吊起，确认砂轮完全被吊具吊起后，用手将吊具往身前拉，将砂轮从砂轮罩壳中取出。

6）将砂轮轻轻放在枕木等上面，卸下吊具的螺栓，然后，取下吊具。

这样，砂轮拆卸完成。

三、磨削自动线的故障处理

1）前端装置出了故障，关停前端进行处理，后端继续运行。

2）中间装置出了故障，关停前端装置，切断供料，后端继续运行。

3）后端出了故障，关停除磨床以外的所有装置、切断供料。

4）应急情况：各装置上设有急停开关，除磨床外，按后全线停车。

5）故障排除后，应按启动步骤重新启动。

四、磨床一般故障的处理

磨床使用过程中，由于各种因素的影响，常会出现：皮带打滑、轴承过热、横向（或垂直）进给量不准确等机械故障。这些故障产生的原因及其解决方法如表 8-1～表 8-3 所示。

表 8-1　皮带打滑或传动时有噪音

序　号	故障及原因	解决方法
1	皮带的牵力不大或伸长	重新调整皮带张力
2	皮带传动中用压紧轮时,压紧轮的压紧力太小	重新调整压紧轮
3	皮带使用时间过久或沾有油污,与皮带轮之间摩擦力不够	在皮带与皮带轮之间涂以松香粉或调换新皮带

表 8-2　横向(或垂直)进给不准

序　号	故障及原因	解决方法
1	进给丝杠与螺母间隙过大	调整螺母间隙
2	螺母与砂轮架固定不牢靠	将螺母紧固在砂轮架上
3	进给丝杠弯曲或传动时有轴向窜动	检修丝杠或调整丝杠轴承的轴向间隙
4	导轨摩擦阻力大、砂轮架移动时有爬行现象	在导轨面上加入足够的润滑油或采用防爬导轨油,或刮研导轨
5	传动系统刚度差	缩短传动链长度,减少传动环节,提高传动零件的刚性

表 8-3　砂轮架振动及主轴过热

序　号	故障及原因	解决方法
1	砂轮平衡不好产生不平衡的离心力	仔细平衡砂轮
2	砂轮主轴与轴承间隙过大	调整轴承间隙
3	受外界振动影响	在磨床附近四周挖防振沟
4	砂轮电机振动	在电机下放防振垫(弹性材料)或对电机进行行动平衡
5	砂轮主轴与轴承间隙过小	重新调整配合间隙
6	润滑油不足或无润滑油	检查润滑油供油系统工作是否正常,按机床说明书要求加足润滑油
7	润滑油不清洁,混入污物	清洗润滑系统并加入清洁的润滑油
8	润滑油黏度过大或过小	按机床说明书要求调换黏度合适的润滑油

五、成品芯体的检验(尺寸检查)

为了对成品磨削块进行有效的控制,及时发现超差芯体,保证二氧化铀芯体的质量符合技术条件,岗位操作人员在调整好磨床后,由当班质量负责人进行复检,结果合格,磨削可以被认为是受控的,即可进行生产,并转入正常检查。

正常检查：按照技术条件对每批芯体取样进行直径检查，检测样品由连续磨出来的芯体构成，用数显千分尺测量芯体中部，所得直径值由操作人员记于芯体直径控制图上，并签名。同时按照直径大小顺序排列，确定数字中值，并标记。

如果中值在可接受范围内，继续磨削，并保持正常检查。

如果中值在监督区范围内，重新取样，如果重新取样的中值又在监督区内，调整磨床并对此盘芯体隔离、标识后加严检查。如果重新取样的中值在可接受区可继续磨削。

如果中值超出控制线（公差界）则停止磨削并调整磨床，同时对此盘加严检查。

第三部分 核燃料元件生产工高级技能

第九章 高级核燃料元件生产工理论知识

学习目标:通过学习物料平衡基础知识、质量保证大纲及相关程序文件、核燃料芯体生产工艺流程、质量控制图的基础知识、核物料的管理等内容,掌握高级核燃料元件生产工的相关理论知识。

第一节 物料平衡计算基础知识

学习目标:能掌握物料平衡基础知识。

生产前,物料管理人员应对生产线的全部物料进行清点,掌握核材料贮存情况,确保账物相符。生产结束后,物料管理人员对生产线的核材料进行清理,经称重后入库。

物料衡算基础数据

物料管理人员负责收集、整理衡算基础数据。具体如下:

1)调入核材料的金属量,如 UF_6 原料、UO_2 粉末、U_3O_8 粉末的金属量。

2)产出成品的金属量,如成品粉末、芯体、质保取样芯体的金属量。

3)产出各种废料的金属量,如废 UO_2 粉末、废 U_3O_8 粉末、磨削渣、废芯体、废水和可燃废物等的金属量。

4)根据生产线设备、管道的清洗状况,估计设备滞留的值。

按照《核材料衡算与控制管理规定》的要求,计算成品粉末、芯体的直收率和该生产线的物质不明量,并对其进行分析评价,同时编写核材料衡算报告。

第二节 质量保证大纲及相关程序文件

学习目标:能掌握质量保证大纲及相关程序文件。

一、质量保证法规和政策部门的管制

为了确保人民的健康和安全,保护环境免受核污染,各核电国家的政策都建立了国家安

全管理部门(在我国为国家安全局),通过多种途径对核电工业实施全面的安全和质量管制,对裂变物质非法使用实施监督。

政府通过立法程序颁布强制性的法规,对核电工业的安全和质量提出管制要求,与核电安全和质量有关的企业单位都必须严格遵守这些法规,违反法规要追究责任。我国政府颁布了一系列核安全法规,HAF0400(91)《核电厂质量保证安全规定》(以下简称《规定》)是核电厂安全法规的第四部分,它对陆上固定式热中子反应堆核电厂的质量保证提出了必须满足的基本要求,规定中提出的质量保证原则,除适用核电厂外,也适用于其他核设施。

与核电厂一样,政府对核燃料元件制造厂的建造和运行执行许可制度,即国家核安全局事前必须对其建造和运行的安全性进行审查,符合法规才发给建造和运行许可证,安全分析报告是评审的主要内容,质量保证大纲是安全分析报告的组成部分。许可证持有都必须遵守许可证所规定的条件,其中包括核燃料元件制造厂必须按法规的要求贯彻实施质量保证大纲、建立质量保证体系,并使其有效运行。

国家核安全局及其派出机构对所在地区的核设施制造、建造和运行现场派驻监督组执行安全监督任务,其中包括对质量保证大纲有效性的监督检查,对违犯法规或不遵守许可证条件都有权采取强制性措施,可命令其采取安全措施或停止危及安全的活动,对无故拒绝监督或拒绝执行强制性命令的将依其情节轻重,给予警告、限期改进、停工或者停业整顿、吊销核安全许可证的处罚;造成严重后果,构成犯罪的,由司法机关依法追究刑事责任。

二、质量保证大纲的制订和有效实施

为了保证核电厂的安全,对核电厂负有全面责任的营运单位必须制定和有效地实施核电厂质量保证总大纲和每一种工作(例如厂址选择、设计、制造、建造、调试、运行和退役)的质量保证分大纲。核燃料组件和相关组件(以下简称燃料元件)是核电厂反应堆最重要的堆芯部件,它的质量对核电站的安全与经济运行有着直接的影响,核燃料元件制造厂按照《规定》和营运单位的要求制定核燃料元件制造质量保证大纲。制造厂的质量保证大纲(概述)经逐级审查,由厂长(总经理)批准并发布后,方可执行其中涉及的活动。核燃料元件制造厂质保大纲(概述)须经核电站营运单位认可。

燃料元件制造质量保证大纲(概述)对控制燃料元件的采购、设计、制造、检验、实验、包装、运输、贮存、交付使用和售后技术服务进行了描述,它包括了质量目标的确定,管理性和技术性质量活动及其要求的规定,所要求的控制和验证活动及其程序,以及组织人事安排、职责分工等,并且一整套质量保证大纲程序予以支持,核燃料元件制造厂按质量保证大纲的要求建立和完善质量保证体系。质保大纲规定:凡影响核燃料元件制造质量的活动必须按批准的程序、细则、图样和技术条件来完成;对所用的程序、细则和文件必须建立清单,并定期发布,以确保各单位使用最新的版本;所有参与和燃料元件质量有关的人员必须按培训程序进行培训、考核,根据各自的职责,熟悉质量保证大纲中的有关规定并予以有效执行;为了按照工程进度实施质量保证大纲,需要制定大纲实施计划,在以工作任务分析的基础上明确各单位的责任,确定各项工作的实施顺序和相互关系,对重要项目还应排出实施的详细日程表;为了确保大纲的有效性和质量保证体系的正常运转,应进行质量验证、质保监察和管理部门审查等质保活动,如发现问题应采取相应的纠正措施,包括必要时对程序或/和大纲进行修订。

对主要的原材料和零部件供货单位应制定质量保证大纲交燃料元件制造厂评审认可,并接受其监察。

三、质量保证大纲文件的结构和内容

核燃料元件厂必须按《规定》的要求将质量保证大纲形成文件,质量保证大纲文件可以采取不同的形式,但必须包括两种基本类型。

1. 管理方针和程序

管理方针和程序包括:

1) 质量保证大纲概述(一般简称质量保证大纲)。

2) 一整套大纲程序。大纲程序是一种以有计划有组织的方式指导整个工作的管理工具。它们用于单位内部管理及单位间的工作协调,这些程序是管理性的,它们必须对质量保证大纲概述中所提出的指导方针和计划的工作进一步的阐述,并给出如何完成这些工作的细节。大纲程序必须对执行任务提供详细资料和指导,但一般不包括技术数据。大纲程序应按逻辑顺序和标准化格式制定。

2. 技术性文件

技术性文件用于安排、指导和管理该项工作及用于制定验证各单位所负责工作的措施,它包括:

1) 工作计划和进度。为迅速且有组织地进行各单位所有阶段的工作必须把工作计划和进度形成文件,如流程图、进度表或特定的其他形式,对于复杂的计划,可以采用多层次计划体系。

2) 工作细则、程序和图纸。为对管理程序、工作计划和进度的实施提供必要的资料和指导,需要编制工作细则、程序和图纸等工作文件。工作文件的类型和格式依据其用途而异,但必须适于有关人员使用,内容清楚、准确,工作文件的编制要遵循管理程序的要求,文件的类型和编制力求标准化。

质量保证大纲文件如有两种或两种以上语种版本时,应确定一种有效版本。

第三节　核燃料芯体生产工艺流程

学习目标:能掌握核燃料芯体生产工艺流程。

由二氧化铀粉末制造二氧化铀芯体,采用传统的粉末冶金工艺,其工艺流程如图 9-1 所示。

由图 9-1 所示的流程并不复杂,但是制造过程的每一个工序都对最终产品质量带来的影响。

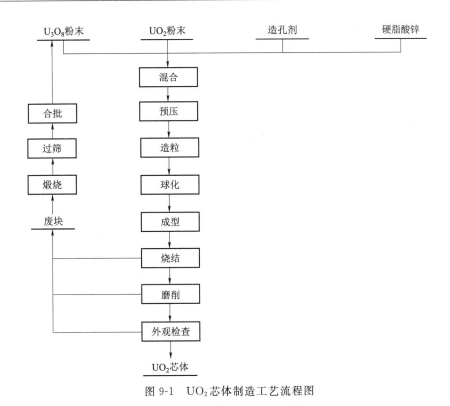

图 9-1　UO_2 芯体制造工艺流程图

第四节　质量控制图基础知识

学习目标:能掌握质量控制图的基础知识。

一、控制图的基本概念

控制图是用来分析和判断工序是否处于稳定状态并带有控制界限的一种有效的图形工具。它通过监视生产过程中的质量波动情况,判断并发现工艺过程中的异常因素,具有稳定生产、保证质量、积极预防的作用。控制图是在 20 世纪 20 年代,由美国质量专家休哈特首创的。经过半个多世纪的发展和完善,控制图已经成为大批量生产中工序控制的主要方法。

二、控制图的形成

控制图是在平面直角坐标系中作出三条平行于横轴的直线而形成的。其中,纵坐标表示需要控制的质量特性值及其统计量;横坐标表示按时间顺序取样的样本编号。在三条横线中心线称为中心线,记为 CL(central line),上面一条虚线称为上控制界限,记为 UCL(upper central line),下面一条虚线称为下控制界限,记为 LCL(lower central line)。

控制图控制界限是用来判断工序是否发生异常变化的尺度。在实际工作中,无论在什么情况下(生产条件相同或不同),按一定标准制造出来的大量的同类产品的质量总是存在波动的。在生产过程中,质量控制的任务就是要查明和消除这类异常的因素,使工序始终尽量处于控制状态之中。在控制时,通过抽样检验,测量质量特性数据,用点描在图上相应的位置,便得到一系列坐标点。将这些点连起来,就得到一条反映质量特性值波动状况的曲线。若点全部落在上、下控制界限之内,而且点的排列又没有什么异常情况,则可判断生产过程处于控制状态,否则就认为生产过程中存在着异常波动,处于失控状态,应立即查明原因并予以消除。

三、控制图在预防和控制中的作用

控制图的基本功能是用样本数据推断工序状态,以防止工序失控和产生不合格品。其主要作用包括以下两个方面。

(1) 工序分析

分析工序是否处于控制状态。应按照抽样检验理论收集数据,绘制控制图,观察、判断工序状态。这一过程应实现标准化和制度化。

(2) 控制工序质量状态

通过工序分析,发现异常现象,查找原因并采取相应的控制措施。通过消除工序失控现象,使工序始终处于受控状态,防止产生不良品。

此外,还可以利用控制图为质量评定、产品和工艺设计积累数据,提供依据。

四、控制界限的确定

控制图的上、下控制界限是判断工序是否失控的主要依据。因此,绘制控制图的主要内容之一就是确定经济、合理的控制界限。

根据 3σ 原理,通常控制图以样本的平均值 $\overline{x}$ 为中心线,上、下取 3 倍的标准偏差($\overline{x} \pm 3\sigma$)来确定控制图的控制界限。因此,把用这样的控制界限作出的控制图叫做 3σ 控制图。这就是休哈特最早提出的控制图形式。

如上所述,工序在受控状态下产生出来的产品,其总体的质量特性为正态分布。根据正态分布的性质,取 $\overline{x} \pm 3\sigma$ 作为上、下控制界限。这样,质量特性值出现在 3σ 界限之外的概率很小,仅为 0.27%,即 1 000 个零件中仅仅可能出现 3 个不合格品。因此,人们通常把这种确定控制界限的原则称为"千分之三法则"。采用 3σ 法则确定控制界限时,有

$$UCL = E(x) + 3D(x) = \mu + 3\sigma \tag{9-1}$$

$$LCL = E(x) - 3D(x) = \mu - 3\sigma \tag{9-2}$$

$$CL = E(x) = \mu \tag{9-3}$$

式中: x ——样本统计量;

$E(x)$ —— x 的平均值;

$D(x)$ —— x 的标准偏差。

五、控制图的观察与分析

对控制图进行观察,分析是为了判断工序是处于受控状态还是处于失控状态,以便决定是否有必要采取措施,消除异常因素,使生产恢复到受控状态。控制图的判断,一般是依据数理统计中"小概率事件"的原理进行的。

1. 受控状态的判断

工序是否处于受控状态,也就是工序是否处于统计控制状态或稳定状态,其判断条件有二。这也是判断工序是否处于受控状态的基本准则。

1) 点必须绝大多数落在控制界限内

对于 1),如果点的排列是随机地处于下列情况,则可认为工序处于受控状态:

① 连续 25 个点没有一点在控制界限外;

② 连续 35 个点中最多有一个点在控制界限外;

③ 连续 100 个点中最多有两个点在控制界限外。

因为用少量的数据作控制图容易产生错误的判断,所以至少取 25 个点才能进行判断。从概率理论可知,连续 35 个点中,最多有一点在控制界限外的概率为 0.995 9,至少有两点在界外的概率为 0.004 1,即不超过 1%,是个小概率事件;连续 100 个点中,最多有两个点在控制界限外的概率为 0.997 4,而至少有三个点在界限外的概率为 0.002 6,也不超过 1%,也是小概率事件。根据小概率事件不会发生的原则,故规定了上述几条规则。

2) 在控制界限内的点排列无缺陷,或者说点无异常排列。

2. 失控状态的判断

只要控制图上的点出现以下任一情况时,就可判断工序为失控状态,即有异常发生。

1) 点超出控制界限或恰好在控制界限上;

2) 控制界限内的点排列方式有缺陷,即为非随机性排列。

在 3σ 界限内的控制图上,正常条件下,点越出界限的概率仅有 0.27%。这是一个小概率事件。若不是发生异常状态,点一般不会越出界限。若仅仅在控制图上打几个点便发生界外点,则可认为生产过程中出现了异常的状态,即失控状态。

此外,即使所有点均落在 3σ 界限内,但如果有下列情况发生,即点在控制界限内的排列方式有缺陷,也可判断是出现了异常状态,即失控状态。这些情况的发生也都是小概率事件。

1) 相对于点的中心线一侧,连续出现 7 点"链"的情况时,就认为是有异常情况发生,即认为工序是处于失控状态。这时,就要采取措施,消除这些异常原因。在实际生产中,如果连续出现 5 个点落在中心线同一侧时,就应当注意工艺操作了;连续出现 6 个点时就要开始调查原因了。

2) 点在中心线一侧多次出现(例如,连续 11 个点中至少有 10 个点在中心线同一侧出现;连续 20 个点中,至少有 16 个点在中心线同一侧出现)时,就要采取措施,消除异常原因。

3) 点按次序连续上升或者连续下降的倾向。一般把连续有 7 个点或 7 个点以上的上升或下降的倾向作为判断是否异常的标准。

4) 点靠近控制线出现的情况,其判断标准是连续 3 点中有 2 点(或连续 7 点中,有 3 点以上,再或者是连续 10 点中有 4 点以上)超出了 2σ 控制界限,则认为有异常发生。

5) 点具有周期变动的情况。点虽然全部进入控制状态(控制界限内),但是如果出现周期性的变动,也就表明有异常情况发生。

第五节　核物料的管理、监督与控制

学习目标:能掌握核物料的管理、监督与控制基本知识。

一、核物料的管理

1) 核物料交接时,物料容器和物料卡片上必须注明富集度、批号、容器号、重量(毛重、皮重、净重)等内容。

2) 各种物料交接时必须有进料人员监督称量,否则需进行复称核对。

3) 物料容器装料量必须符合安防要求,运输过程必须安全、稳妥,严防事故发生。

4) 物料应按富集度区域和物料形态分类储存,存放间距应满足安防要求,并标识清楚。

5) 二氧化铀芯体容器应严格按安防临界要求存放,数量、规定阵列、层次等须严格控制,并标识清楚。

二、固体废物的管理办法

1. 放射性固体废弃物的定义及燃烧标准

工业固体废物:指粉末冶金生产中所有开放性岗位在生产、维护保养和检修过程中产生的固体废物。工业固体废物分为放射性工业固体废物和非放射性工业固体废物。

放射性废物又分为可燃放射性固体废物和不可燃放射性固体废物。

可燃放射性固体废物:各生产岗位产生的污染口罩(去铅条)、手套、工作服、拖布、塑料布、分析用过的滤纸、废旧纸张和用废的圆珠笔等。

不可燃放射性固体废物:废旧灯泡、保温材料、过滤器芯体、器皿、用废的筛网及污染过的废旧钢材、废钼材和设备等。

2. 放射性固体物的来源及管理措施

(1) 放射性固体废物的来源

1) 劳动保护所产生的放射性固体废物。诸如,口罩、手套、工作服、外来参观人员用过的头套、鞋套等。

2) 生产过程产生的放射性固体废物。诸如,滤纸、废纸张、标签、废旧圆珠笔、保温材料、过滤器芯体、器皿、筛网及废旧钢材、废旧钼材、设备等。

3) 设备维护保养、检修所产生的放射性固体废物。诸如,更换下来的螺帽、螺钉、垫圈、密封圈、电线、金属容器、工具、废弃的零部件等。

4) 清洁所产生的固体废物。诸如,拖布、塑料桶、塑料铲等。

5) 其他途径产生的固体废物。如:包装材料,边角料等。

(2) 放射性固体废物的管理措施

1) 坚持以防为主,应尽量防止放射性固体废物的产生。对于不必要产生的放射性固体废物,尽量做到不产生放射性固体废物。例如:对于有包装材料的又需要带到现场的物品,应尽量在场外拆除包装。清洁用品应尽量采用结实的用品。

2) 生产、维护保养、检修、清洁过程中,应尽量做到细心操作,减少放射性固体废物的产生。

3）可以回收使用的放射固体废物,应积极回收作用:

① 用过的口罩、滤纸等。可以稍作处理用于清洁的,应尽量用于清洁物品。

② 对于更换较大的部件,其中较小的而且完好的零件,可以拆除下来用作它用。

4）不可回收使用的放射性固体废物处理办法:

① 指定专门人员负责放射性固体废物管理。负责废物的分类、收集、贮存、填报废物统计报表等工作。

② 放射性固体废物应在指定的地方,严格按可燃、不可燃废物的分类办法进行收集(特殊口罩中取出铅条,铅条要专门收集)。

③ 贮存放射性固体废物的包装容器或收集袋装满后,应在包装容器或收集袋上贴上标识标签,注明内容物、富集度、编号、日期等。

④ 放射性固体废物中严禁混有易燃、易爆、剧毒性物质。禁止将非放射性废物中。

⑤ 收集、贮存放射性固体废物及收集袋、应有足够的强度和防腐蚀性。防止在收集、贮存、运输过程中应具有防火、防雨水漏等措施。污染过的废旧钢材、设备应经解体、去污、经检验合格后,指定暂存库。

⑥ 在每批富集度物料生产完成后,放射性固体废物应统一管理。

三、空气铀浓度的控制管理办法

1. 通风系统的监测和维护

1）车间通风系统包括送风与排风(负压)系统,空气经由送风系统送入现场,经负压集中通过过滤器处理后,进入高烟囱排入大气。车间开产前,必须先启动通风系统。系统启动前,必须检查各送风口朝向,避免送风吹向粉尘源。一般情况下,不得移动送风口。

2）风机操作人员应定时监测风机运行情况,岗位人员、监督人员和相关管理人员应密切注意现场通风状况,如有异常通知车间。维修人员应定期维护通风系统,包括风机、风道和过滤器,并根据情况清理或更换过滤器。

2. 粉尘源的控制

1）车间一般不允许对含铀粉末进行开放式操作。对于粉末加工设备,应尽量进行密闭和加装单独抽风,这些设备除取样、维修、清洁和其他必须进行的操作外,不得开门。

2）物料在装运时,应使用加盖容器,并使之密闭。

3）岗位人员应定期清洁设备和物料容器外壁黏附的粉尘,一般先用毛刷和小铲收集粉末,然后用湿抹布擦拭。

4）对于撒落的粉末物料,如抽风管可达到撒落位置,则先用抽风管抽吸物料,然后再用湿抹布或拖把清洁,否则先用毛刷和小铲收集物料,然后再用湿抹布或拖把清洁。

四、放射性污染废水的管理办法

1. 用水管理

1）车间污染区用水主要为清洗用水、磨削液和水侧浸没液。非污染区用水主要为洗澡水等一般生活用水。所有人员必须节约用水。

2）车间水管的跑冒滴漏现象，发现人员必须尽快通知相关管理人员，维修人员应尽快组织修理。

3）通常情况下生产现场用专用设备清洁地面，而不允许使用冲洗方式，局部污染无法清洁时可用擦洗方式去污。

4）磨削废水经澄清后尽可能重复使用。

5）零部件、仪器、工器具和劳保用品清洁时，尽量先用干或湿抹布擦除污物，然后再用水清洗。

2. 废水管理

1）放射性废水经专用管道收集后，进入车间废水池暂存并沉淀，当容量达到废水池容积 80% 后，取样测定铀含量，然后排入废水处理车间处理。

2）各岗位应定期检查并清理本岗位废水管道。

核燃料元件制造厂的主管部门履行"行业管理"职责，对所管工厂向国家核安全和环保局提交的报告进行预审。

国家环保总局（国家核安全局）依法对核燃料元件设施的建造、运行实施监督，为此，营运单位应遵照核安全报告制度等向上述部门提交核设施建造、运行情况报告与核安全事故事件报告，这些报告也同时报核设施主管部门。核安全局和主管部门对核设施营运单位实施定期和不定期的监督检查。营运单位对监督检查出的问题或隐患，应及时认真实施整改。

核燃料元件生产期间，每年向安全环保主管部门提交核安全总结报告、辐射防护和环境保护的年度监测评价报告。并对其间暴露的辐射和环保方面问题提出纠正措施和落实整改。

第十章 制备核燃料生坯芯体

学习目标:通过学习掌握压机清洗及试车方法、模具的设计及加工基础知识和压制岗位所用设备的故障处理方法。

第一节 设备清洗及试车方法

学习目标:能掌握设备清洗及试车方法。

一、设备清洗

在一种富集度物料生产结束后,应对压制岗位接触物料的部位、设备、管道、容器等进行全面清查、盘点和清洗。清洗的主要步骤如下:

1) 设备清洗应有计划地进行。

2) 设备清洗作业人员应穿戴好劳动保护用品。

3) 清洗前,操作人员应将清洗过程所需的工器具、备品配件等准备好并放于待清洗岗位,以减少清洗过程中人员在不同岗位间的活动带来的污染扩散。

4) 设备进行清洗现场的地面应铺垫足够大的铺垫物,拆卸下来的设备部件、检修工器具等应放置于铺垫物上,避免和减少放射性物质污染地面。

5) 清洗过程中,在拆卸设备、零部件时,应轻拿轻放,不得振荡抖打。

6) 在清洗过程中,操作人员应对设备或设备零部件附着的物料进行收集,避免物料泄漏到地面和空气中,尽可能降低作业现场的放射性气溶胶浓度。对清洗过程意外洒落到铺垫物或地面上的物料,应立即进行收集,避免形成扬尘。

7) 设备经清洗复位后,应再次对设备表面、地面、墙壁等进行清洁去污。

二、试车方法

在开始新的富集度物料生产前,一般投入少量物料进行试车。试车方法包括:

1) 将物料装入混料器进行混合。混合完毕后,对混合粉末进行检验。检验合格后进入下一道工序。

2) 将混合粉末进行预压、制粒,并对制粒粉末进行检验。检验合格后进入下一道工序。

3) 启动成型压机,对制粒粉末进行成型,并对生坯块进行检验,直至生坯块满足技术条件为止。

第二节 模具的设计及加工

学习目标:能了解模具的设计及加工基础知识。

一、模具设计步骤

根据模具设计的基本要求,提出如下设计步骤:① 掌握二氧化铀芯体生产的整个工艺流程和工艺参数,了解粉末的性质,如压制特性、烧结特性等。了解压机的结构和类型。摸清模具加工中使用的设备类型、加工能力及热处理情况,以提出合理的模具加工要求。② 提出合理的模具装配结构。由于二氧化铀芯体尽管有端面为碟形的或碟形加倒角的形状,但总的来说,形状比较简单,大多数核燃料工厂采用双向压模及浮动阴模压模压制坯块。③ 选择具有合适的机械性质的模具材料。二氧化铀粉末成型性较差,要求在较高的压力下压制,模腔受到粉末的严重摩擦,因此要求模具材料具备高的强度、较高的硬度和耐磨性,有良好的刚度和小的热膨胀系数,具有好的抗弯强度和一定的韧性,以及良好的机械加工性能。

在二氧化铀芯体生产中,阴模常选用硬质合金或烧结硬质合金,冲头用硬质合金镶片或热处理过的合金工具钢。

1. 模具尺寸计算

模具的基本结构和材料确定之后,需要根据烧结过程中坯块发生的尺寸变形,具体地确定零件尺寸。

（1）阴模尺寸的确定

1）阴模内径 D 的计算:确定阴模内径时要考虑二氧化铀坯块的烧结收缩率,坯块脱模后的弹性后效,芯体的尺寸公差及磨削余量等因素。阴模内径 D 可由下式计算:

$$D = D_芯 + \frac{1}{2}A - E_径 + n_烧 + K \tag{10-1}$$

式中:$D_芯$——芯体的名义外径,mm;

$\quad A$——芯体的尺寸公差,mm;

$\quad E_径$——坯块径向弹性后效膨胀量,mm;

$\quad n_烧$——坯块烧结径向收缩量,mm;

$\quad K$——磨削余量,mm。

$D_芯$ 及 A 是由元件设计单位提出的,其他几个数据,$E_径$、$n_烧$ 及 K 和具体的粉末性能及坯块加工条件有关。

2）阴模高度的计算:阴模高度 H 由下式计算。

$$H = H_1 + H_2 = \frac{d_压}{d_粉} \times h + \left(\frac{1}{5} - \frac{1}{3}\right)H_1 = \left(1\frac{1}{5} - 1\frac{1}{3}\right)\frac{d_压}{d_粉} \times h \tag{10-2}$$

式中:H_1——粉末在阴模内的填充高度,mm;

$\quad H_2$——下冲头插入阴模的深度,一般为 H_1 的 1/3 至 1/5;

$\quad h$——坯块高度,mm;

$\quad d_压$——坯块密度,g/cm³;

$\quad d_粉$——填入阴模中的粉末的松装密度,g/cm³。

3）阴模壁厚度的计算:阴模壁厚度 δ 由下式计算。

$$\delta = r_1\left(\sqrt{\frac{\sigma_t + 0.4p_r}{\sigma_t - 1.3p_r}} - 1\right) \tag{10-3}$$

式中：r_1——阴模内径，mm；

　　　σ_t——阴模材料的允许抗张应力，kg/mm^2；

　　　p_r——侧压力，一般 $p_r=(0.3\sim0.4)$ 压制压力，kg。

模壁厚度不仅要保证强度，还要满足其他方面的要求，一般推荐，模具外径约为内径的 $2\sim4$ 倍。

（2）上、下冲头尺寸的确定

上、下冲头长度要尽可能短并且操作方便。关于它们的直径大小，要根据阴模内径及冲头与阴模的配合间隙来决定。

阴模与上、下冲头之间动配合的间隙大小，直接影响到产品的精度、模具使用寿命和生产率。这种间隙的选择，除了按机械配合种类选择以外，还要考虑到粉末冶金模具的特点，即各种配合间隙均不得使粉末嵌入模具的间隙之内，以免造成模具剧烈磨损，所以配合间隙要由粉末粒度、坯块大小和精度要求来决定。当压制精度较高的坯块时，特别是要求较佳的同心度和垂直度时，间隙只取 0.005 1～0.007 6 mm，一般地只取 0.005～0.012 5 mm，对于较粗的粉末粒度，可以采用较大的间隙，有的定为 0.015～0.040 mm。

2. 模具工作表面的光洁度

模具工作表面的光洁度越高，对提高坯块表面光洁度、精度和延长模具寿命越有利。但表面光洁度要求越高，模具加工的工艺过程就越复杂，成本越高。在加工条件允许的情况下，尽量提高模具工作表面的光洁度，对提高坯块质量会是十分有利的。一般模具工作表面的光洁度为 $\triangledown_9\sim\triangledown_{10}$。

3. 模具工作表面的硬度

模具工作表面硬度越高，越耐磨，使用寿命越长，产品的精度和表面光洁度越能得到保证。模具所能达到的硬度与材料及热处理工艺有关。若选用优质合金工具钢制作模具，淬火硬度 HRc 可达 60～65，但与阴模相配合的冲头表面，硬度要适当低一些，取 HRc55～58。为了保证操作安全，模具淬火后必须作回火处理，以消除内应力，减少崩碎的可能性。

二、模具的加工

二氧化铀粉末冶金模具的主要零件有阴模、上冲头和下冲头。它们的加工处理方法直接影响到坯块质量，关系到模具寿命以及生产成本。了解模具零件的加工处理方法，是模具设计中很重要的一环。实际上，许多模具的设计问题也是模具的加工问题，了解它的加工处理方法对合理地设计模具是必不可少的。

1. 模具零件的一般加工处理方法

在模具制造过程中，阴模的加工是最需要引起注意的。为了使阴模具有很高的强度和刚性，应该选用良好的材料制作，并且必须经过热处理，使它有较高的硬度和耐磨性，一般硬度要达到 HRc60 以上，要经过精细的研磨加工，使之达到高的精度和达到 $\triangledown_8$ 以上的光洁度。

上、下冲头与阴模的要求不同，它的结构单薄，受力集中，对制造它的材料的首要条件是具有韧性，也要求有较高的强度和硬度。此外，冲头与阴模，冲头与芯杆之间要求有良好的配合，否则粉末嵌入间隙会引起模具严重磨损。

模具零件的一般加工方法大致如下：下料→锻压→机械加工（包括车、铣、刨、钻等）→淬火→回火→磨削加工→抛光。

2. 模具零件的几种新加工工艺简介

（1）拉削与推削

在拉床或压床上，应用专门的多刃拉刀或推刀对余量不大的各种成型孔和外表面进行加工叫做拉削或推削。这种方式可加工各种复杂断面和内表面或外表面，它是加工各种成型孔和外表面的先进方法之一。

（2）成型磨削

它的基本原理是把形状复杂的几何线型分成若干直线、圆弧等简单的几何线型，然后在专用夹具和机床上分段磨削，使其联结光滑、整齐、符合设计图纸要求。

（3）电火花加工

电火花加工过程是靠电热效应实现的。一般是把被加工的可导电的工件作阳极，把按加工要求做成一定形状的导电材料作阴极，放在煤油乳化液或其他液体中，利用电极对工件的脉冲放电，使工件表面产生电腐蚀，得到一个与电极形状一样的凹孔。用电火花加工模具零件有一系列优点：能加工各种淬火钢、硬质合金等难加工的材料，从而解决了模具淬火变形的问题；能加工各种形状复杂的阴模，可以不采用拼合结构，从而大大简化了模具结构，节约了设计和制造工时；用它加工的模具间隙均匀；在加工表面上可形成 $10 \sim 100 \ \mu m$ 的渗碳层，具有高的硬度（HRc65-72），提高了阴模的耐磨性。

（4）粉末冶金方法

在可能的条件下，尽可能采用硬质合金模具是十分重要的，特别是坯块产量大、精度要求高更是如此。硬质合金模具广泛使用粉末冶金方法制造。虽然它的原料加工成本较高，但是它的优良的耐磨性所做的贡献比其本身的费用重要得多。

（5）模具零件的表面处理

在模具材料选定以后，设法提高其工作表面的硬度延长使用寿命，是提高坯块表面质量的有效途径。除了用一般的热处理方法提高模具表面的硬度以外，目前还广泛使用渗氮、渗铬、镀铬等表面处理方法，还有火焰表面淬火和冷处理等新技术。

第三节　压制岗位所用设备的故障及处理

学习目标：能正确处理压制岗位所用设备的故障。

一、氧化炉的故障及处理

箱式电阻炉结构简单，故障较易判断，常见故障一般为炉子不能启动或正常升温，主要原因电器接头等接触不良或炉丝熔断等。

02WF2 氧化装置相对要复杂，自动化程度高，除了与电阻炉相类似的电气故障外，主要表现为机械故障，如气缸运行中受阻或发出噪声，可能原因是：气压太低；缸体偏斜；缸壁有粉尘等阻塞物；炉内导轨损坏等。

筛分机在工作中筛网颤动，可能原因是紧固螺栓脱落或松动；筛网松弛，可能原因是压网螺栓松动或脱落；工作效率低，可能原因是筛网阻塞或重锤相位角选取不当或激振块太轻。

二、混料器的故障及处理

混料器的故障包括：

1）罗茨风机不能正常启动,应检查罗茨风机的油面指标是否在合适位置。

2）混料器有物料泄漏,应检查吸料器与各连接软管是否完好。

三、制粒系统的故障及处理

制粒系统的结构简单,主要故障为筛网容易破损,应对筛网及时检查,发现破损应及时更换。

四、旋转压机的故障及处理

旋转压机的结构较复杂,是压制岗位主要的设备,用于混料粉末的预压和生坯块的成型。在生产过程中,旋转压机(尤其是生坯成型压机)容易出现故障。表10-1列出了某生坯成型压机的常见故障及排出方法。

表 10-1　生坯成型压机的常见故障及排除方法

常见故障	排除方法
上冲压力过载	1）调节上压轮减少上冲头入模深度; 2）适当加大上冲头压力,直至上冲头预警消失
下冲压力过载	1）调节下压轮减少下冲头入模深度; 2）适当加大下冲头压力,直至下冲头预警消失
预压力保护	1）检查冲头是否过紧; 2）检查下导轨凸轮是否松动; 3）检查填料深度是否过大
填充过大	1）检查物料颗粒是否均匀; 2）检查上加料器中是否有物料颗粒; 3）标准偏差设置过小; 4）脉冲宽度设置过大; 5）主机故障
填充过小	1）检查物料颗粒是否均匀; 2）检查上加料器中是否有物料颗粒; 3）标准偏差设置过小; 4）脉冲宽度设置过小; 5）主机故障
门窗未关	1）门窗是否关闭; 2）门窗检测开关松动; 3）门窗闭合未到位
主电机过载	1）检查变频器的故障指示(对照变频器说明书); 2）核实相应的设置参数
加料电机过载	1）检查变频器的故障指示(对照变频器说明书); 2）核实相应的设置参数

续表

常见故障	排除方法
单值上限超差	1) 检查电脑控制中的单值菜单,将压力最大或压力最小的冲头号记录下来,仔细检查记录冲头号上下冲头的松紧程度; 2) 如果冲头过紧,应将冲头拆下,清洗冲头和冲孔,并检查冲头及冲孔是否有毛刺,如有应修复、抛光或更换; 3) 检查单值上限值设置是否过小; 4) 检查单个冲头的超差次数设置是否过小
单值下限超差	1) 检查电脑控制中的单值菜单,将压力最大或压力最小的冲头号记录下来,仔细检查记录冲头号上下冲头的松紧程度; 2) 如果冲头过紧,应将冲头拆下,清洗冲头和冲孔,并检查冲头及冲孔是否有毛刺,如有应修复、抛光或更换; 3) 检查单值下限值设置是否过大; 4) 检查单个冲头的超差次数设置是否过小
出料导轨	1) 检查是否有芯体在拨料盘中堆积; 2) 检查加料器回收通道集料是否过多
液压泵电机过载	检查电控柜内 QM7 是否在接通状态,如果发现脱开,恢复接通即可排除
电控系统故障	检查系统急停按键是否被按下,如果发现急停,旋转恢复急停按键弹出即可排除
润滑油不足	1) 检查润滑泵油箱的油面是否低于最低油位线; 2) 往润滑泵油箱中加入润滑油,使其油位达到油箱最高油位线
上压轮电机过载	检查电控柜内 QM7 是否在接通状态,如果发现脱开,恢复接通即可排除
下压轮电机过载	检查电控柜内 QM7 是否在接通状态,如果发现脱开,恢复接通即可排除
填充电机过载	检查电控柜内 QM7 是否在接通状态,如果发现脱开,恢复接通即可排除

第十一章　烧结核燃料芯体

学习目标:通过学习掌握烧结炉清洗及试车方法、发热体和加热元件的基本知识和烧结岗位所用设备的故障处理方法。

第一节　设备清洗及冷态联动试车方法

学习目标:能掌握烧结设备清洗及试车方法。

一、设备清洗

在一种富集度物料生产结束后,应对烧结岗位接触物料的部位、设备、管道、容器等进行全面清查、盘点和清洗。清洗的主要步骤如下:

1) 设备清洗应有计划地进行。

2) 设备清洗作业人员应穿戴好劳动保护用品。

3) 清洗前,操作人员应将清洗过程所需的工器具、备品配件等准备好并放于待清洗岗位,以减少清洗过程中人员在不同岗位间的活动带来的污染扩散。

4) 设备进行清洗现场的地面应铺垫足够大的铺垫物,拆卸下来的设备部件、检修工器具等应放置于铺垫物上,避免和减少放射性物质污染地面。

5) 清洗过程中,在拆卸设备、零部件时,应轻拿轻放,不得振荡抖打。

6) 在清洗过程中,操作人员应对设备或设备零部件附着的物料进行收集,避免物料泄漏到地面和空气中,尽可能降低作业现场的放射性气溶胶浓度。对清洗过程意外洒落到铺垫物或地面上的物料,应立即进行收集,避免形成扬尘。

7) 设备经清洗复位后,应再次对设备表面、地面、墙壁等进行清洁去污。

二、冷态联动试车

设备清洗检修完成后,经气密性检验合格后,均须进行冷态联动试车,以确保设备各系统运行正常。下面以 BTU 炉为例,来介绍冷态联动试车方法。

烧结炉在正式启动前,应通电并测试烧结炉。通电测试的内容包括:通电测试电气系统、检查和调整机械功能、通电测试驱动系统、通电测试气路系统和测试加热及冷却系统。

1. 通电测试电气系统

需要的工具及仪器:

1) 一块准确的 RMS 万用表。

2) 一块钳形电流表(读数 65 A 以上)。

当第一次通电对烧结炉进行测试时,按下述步骤进行:

1) 检查电源是否与主隔离开关正确连接,是否处于 OFF 位置。

2) 将所有回路断路器置于 OFF。

3) 将所有手动控制开关及钥匙开关置于 OFF。

4) 将电源母线上的所有熔断器拔出。

5) 按 UPS 使用说明将 UPS 置于预备启动状态(如果可以的话)。

6) 将主隔离开关切换到 ON。

7) 将加热器回路线路图中所示的各回路断路器置于 ON,并检查各个回路是否正常工作。

8) 检查各元件的脱扣工作点是否设置正确。

9) 测试每个报警功能是否均能正常报警(超温报警除外,该报警将在加热系统测试过程中测试)。

10) 按制造商手册包中提供的软件功能技术要求对软件的操作及功能进行检验。

11) 测试输入到 3615 控制器的所有热电偶信号,检查各加热区和水冷却区温度传感器是否显示正确温度值。

12) 测试所有加热器控制回路。对于每个加热区检查下列各项:

① 各回路接线是否正确。

② 在手动和自动两种方式下全量程范围内关断和开启可控硅功率控制器。

③ 功率控制器的电流限制是否按图纸上标注的值正确设置。

④ 每个电压、电流表是否正常显示。

⑤ 记录电流限制设定值。

13) 检查气体饱和器的加热器控制回路接线是否正确、工作是否正常。

14) 检查 forming gas(形成气体)混合器是否正常工作。

15) 将烧结炉置于停炉状态。

2. 检查和调整机械功能

烧结炉启动前,检查以下所有机械功能是否均能准确工作:

1) 检查和调整炉门。

2) 检查和调整传送带限位开关。

3) 检查和调整转矩限制器。

4) 验证各紧急停止按钮的作用。

5) 验证驱动旁路开关的作用。

当你在启动完成后进行常规操作时,需要对下列各项进行连续监视,并在必要时进行调整:

1) 传送带限位开关。

2) 驱动转矩限制器。

3) 传送带校准。

检查和调整机械功能包括检查驱动机构、紧急停止按钮、尾气排放管等的设置和手动操作。

进行这些步骤之前,确保下列开关的设置如表 11-1 所示。

表 11-1　开关的设置

开关名称		设　置
Main Disconnect Switch	（主隔离开关）	On
Instrument Power Off/On	（仪表电源关/开）	On
Heater Power Off/On	（加热器电源关/开）	Off
Drive System Off/On	（驱动系统关/开）	On
Drive Man/Auto	（驱动手动/自动）	Man
Drive Bypass Off/On	（驱动旁路关/开）	On
Gas System Off/On	（气体系统关/开）	On
Pilots Off/On	（点火关/开）	Off
Cover Gas Off/On	（工艺气体关/开）	Off
Cover Gas Bypass Off/On	（工艺气体旁路关/开）	Off
Zone ♯ Man/Auto	（区♯手动/自动）	N/A

下面对各具体步骤进行叙述。

（1）检查和调整炉门

调整炉门限位开关，每道门上的两个限位开关用以检测门的开闭。手动操作打开或关闭炉门并注意观察，确保每道门都可正常开闭。当炉门停止在全开或全闭位置时，检查对应的限位开关是否被压合。如有必要，松开限位开关的固定螺丝，将开关沿轨道重新定位，调整到适当的位置，然后固紧螺丝。

检查炉门的运动，通过手动操作打开或关闭炉门（利用两个手动控制台上 DOOR LWR/RSE 开关）以检查炉门的运动。仔细观察其动作，确保两炉门均平滑无阻碍地运动。当炉门打开时，气体系统将增加进、出料室的气体流量。

检查炉门连锁功能，检查炉门连锁功能是否正常。确保出料门打开时进料门不能打开；进料门打开时出料门不能打开。

（2）检查传送带限位和接近开关

为了使得料舟沿传送带运动到达某一特定位置时，能够准确地被系统检测出来，必须对传送带限位开关进行设置。

如有必要，通过松开开关的固定螺丝并调节开关臂的长度及角度，对传送带限位开关进行设置。调整开关臂的长度，使得两开关间设置距离稍小于料舟长度；开关臂的角度设置在45°左右。

（3）检查和调整转矩限制器

转矩限制器（有时称为滑脱离合器）是驱动系统所提供的一种安全性能。全部料舟装上之后，手动驱动各推料机前进，确保驱动系统不打滑。在启动和运行期间，应经常对转矩限制器进行监视，并在必要时进行调整。

（4）验证紧急停止按钮的作用

检验紧急停止（EMERGENCY STOP）按钮是否可正常工作（共 6 个：主控制面板上有

一个,进、出料手动控制台上各有一个,另三个在动力柜上)。分别压下每个紧急停止按钮,检查 DRIVE SYSTEM POWER(驱动系统电源)指示灯是否熄灭;然后将按钮拔出,检查 DRIVE SYSTEM POWER 指示灯是否重新点亮。

验证驱动旁路开关的作用,检查 DRIVE BYPASS OFF/ON(驱动旁路关/开)开关是否可正常工作。瞬时将主控制面板上的 DRIVE BYPASS OFF/ON 开关置于 ON,检查其对应的指示灯是否点亮。该开关处于 ON 位置时,不要运行传送带。

3. 通电测试驱动系统

通电测试驱动系统包括以下内容:

1)手动方式下测试驱动系统;

2)自动方式下测试驱动系统;

3)测试驱动旁路开关的功能;

4)测试驱动系统的连锁功能;

5)测试驱动系统的报警功能。

4. 通电测试气路系统

通电测试气体系统包括下列工作:

1)打开气源;

2)测试点火系统;

3)测试气体系统的报警;

4)调节尾气排放管和气体流量;

5)测试工艺气体系统;

6)测试气体饱和器;

7)测试气体系统连锁功能。

5. 测试加热及冷却系统

加热与冷却系统的测试包括下列几项工作:

1)炉子升温前的测试;

2)进行预备实验;

3)炉子升温时的测试;

4)炉子工作温度时的测试;

5)加热和冷却系统报警测试。

第二节　发热体、加热元件的知识

学习目标:能掌握发热体、加热元件的基本知识。

发热体材料的选择条件与分类

1. 发热体材料的选择条件

通过电流而发热的导体,称之为电热体,它的选择条件是:

1)具有较高的比电阻和较小的电阻温度系数;

2）熔点高；

3）在高温下具有化学稳定性；

4）足够的高温机械强度；

5）加工性好，便于制造；

6）材料质量均匀，电阻值稳定；

7）热膨胀系数小；

8）价格低廉，货源充足。

2. 普通电热体材料的分类与用途

普通电热体材料分为金属和非金属两类。金属电热体又分为合金和纯金属两种，其中合金电热体用途较广，价格低廉；纯金属电热体的使用温度比合金电热体高，但价格昂贵。非金属电热体的使用温度介于纯金属与合金电热体之间，价格比较低廉，但材质硬而脆，常常做成棒状元件。

普通电热体材料的类型、品种、使用温度、特点和用途如表 11-2 所示。

表 11-2 普通电热体材料的类型、品种、使用温度、特点和用途

类 型		品 种	使用温度/℃		特 点	用 途
			推荐	最高		
金属	镍铬合金	DR11 Cr20Ni80	1 000～1 050	1 150	电阻率较高；电阻温度系数较小；加工性能好，可拉成细丝；高温强度较好，用后不变脆，奥氏体组织	用于 Φ1 mm 以下丝和移动式电炉
		DR12 Cr15Ni60Fe25	900～950	1 050		
	铁铬铝合金	DR21 1Cr13Al4	900～950	1 100	与镍铬合金比较具有：抗氧化性能好，使用温度高；电阻率高，比重轻；热膨胀系数大；高温强度低，用后变脆；加工性能稍差；铁素体组织，有磁性；价格低廉	用于粗丝和固定式电炉
		DR22 0Cr13Al 6Mo2	1 050～1 200	1 300		
		DR23 0Cr25Al 5	1 050～1 200	1 300		
		DR24 0Cr27Al 7Mo2	1 200～1 300	1 400		
	纯金属	铂 Pt		1 600	在空气中使用，不能在还原性气氛中使用；高温下形成挥发性，影响使用寿命；价格昂贵	用于研究性小型电炉
		钼 Mo	1 400～1 500	1 800	熔点高；必须在保护气体中使用，钨、钼可在真空、惰性气体、氢气、分解氨中使用，钽	用于高温真空炉、高温氢气炉
		钨 W	2 000～2 200	2 400	仅能在真空、惰性气体（氮气除外）中使用；电阻率低，电阻温度系数大，须配调压装置；钨的加工难度大；材料稀少价格昂贵	
		钽 Ta	1 800～2 000	2 200		用于高温真空炉

续表

类　型	品　种	使用温度/℃		特　点	用　途
		推荐	最高		
非金属	硅碳棒 SiC	1 250~1 400	1 500	能在空气中耐 1 300 ℃ 以上高温；高温强度高；价格低廉；硬而脆，不能加工成型，一般只做成棒状；元件间的电阻值一致性差，有老化现象	适应于隧道窑炉、多温区、长温区传递炉等
	硅钼棒 MoSi$_2$	1 500~1 600	1 700	能在空气中耐 1 600 ℃ 以上高温；无有老化现象；电阻温度系数较大，须配调压装置，开始加热阶段须逐渐降低电压，防止过大电流；室温下脆而硬	适用于 1 500 ℃ 以上高温
	石墨	2 300（真空）	3 000	能耐 3 000 ℃ 以上高温；电阻率高，但加热器总电阻率很低，又不精确，故须配低电压、大电流变压器，须在真空或保护气氛中使用，石墨蒸气容易污染炉膛和工件	用于 1 700 ℃ 以上高温电炉

第三节　烧结岗位所用设备的故障及处理

学习目标：能正确处理烧结岗位所用设备的故障。

常用的几种烧结炉，原理和结构基本相似，以 BTU 炉为例，简述常见故障情况。

生产操作中，由于温度、压力、气流超过极限或机械部件发生障碍等，系统可能发生警示和报警，如表 11-3 所示。常见故障及解除方法如表 11-4~表 11-7 所示。

表 11-3　系统报警、目的、原因

报 警 名	目　的	可能的原因	建议的解决方法
紧急停止/电源故障	紧急停止系统已被触发或者系统已被中断	一个或更多的紧急停止按钮被触发	确定紧急停止按钮被按进去的原因，排除故障，按主控制柜上的 RESET HEATER POWER 键
	系统主电源已被中断	主断路开关被断开	查明开关断开的原因
		设备上主电源供电故障	按主控制柜上的 RESET HEATER PIWER 键
超温报警	超温监视系统探测到温度超过工厂给 2 区的设定极限（）1 550	超温控制热电偶短路	检查热偶和相关电路，需要时则更换或修理
		超温热电偶已打开	同上
		SCR 控制器已短路	更换 SCR 控制器

报警名	目的	可能的原因	建议的解决方法
复位加热	各区没有任何电源	紧急停止按钮已被激活	参见上述的紧急停止方法
		超温条件存在	参见上述的超温方法
		主控制柜上 HEATER POWER OFF/ON 开关被打到 OFF	确定加热器电源断开的原因,然后将 HEARTER POWER OFF/ON 键打到 ON
		气体系统故障	检查气体系统点火装置是否正确工作或是否气压低
低气压	炉门 N₂ 流量低(压力开关探测到的)	设备的 N₂ 源压力低	检查输入的 N₂ 压力,必要时调整
		管线阻塞	检查管线是否阻塞,并修理
		压力开关被卡	检查压力开关,必要时修理或更换
饱和器溢流	饱和器筒上的浮力开关在饱和器溢流位置上	注水电磁阀入口位置被堵	检查电磁阀工作是否正确,必要时修理或更换
		注水和溢流检测开关故障	检查开关是否有缺陷,必要时修理或更换
水流量低	冷却水流量开关探测到水流量低	入口处供水压力低	检查入水源
		管线破裂	检查管线是否破裂,修理
		管线阻塞	检查管线是否阻塞,修理
饱和器超温	热动开关跳开	饱和器筒中水位低或无水	检查注水电磁阀和注水开关
		有一个开口的热偶	检查 TC 和必要时更换
		电源控制损失	检查烧结炉的状态
饱和器低温	1 区的热偶探测到一个低温条件(<760 ℃)	变压器断开	检查变压器,必要时更换
		SCR 控制器短路	更换 SCR 控制器
		加热器断开	用欧姆表检查加热器,必要时修理或更换
饱和器空	饱和器筒上的浮力开关低于饱和器空的位置	阀门在开器处被堵或发生故障	检查阀门,必要时修理或更换
		停止注水开关有缺陷	检查开关,必要时修理或更换
		注水电磁阀有缺陷	检查注水电磁阀的工作,必要时修理或更换
	水流量压力低	参见本表上面的水流量低	参见本表上面的水流量低的解决方法

续表

报警名	目　的	可能的原因	建议的解决方法
N₂ 喷吹压力低	输入 N₂ 管线上的压力开关低于限值	设备的 N₂ 压力低	检查输入的 N₂ 压力,必要时调整
驱动故障	烧结炉卡舟控制继电器已跳闸(进口手动驱动台处的 FURNACEJAM 指示器灯亮)	驱动电机超过了完成一个正常运动的时间	检查有否机械打滑或熔丝断路开关,必要时修理
	驱动系统内有不正常状况	料舟到达某位置时,该处的限位开关没有被触发,而推料机前进到位的限位开关却被触发	用手持式编程器,检查哪个驱动发生故障,肉眼检查有否卡舟并纠正排除故障,然后用手持式编程器,清除 PLC 中的故障标志
驱动故障	主推机过位控制继电器跳闸(进口手动控制台处 MAIN PUSHER OVERTRAVEL 指示灯亮)	主推机前进到位开关损坏	手动退回主推机,然后更换限位开关
	驱动失败控制继电器跳开(在进口手控驱动台处的 DRIVE FAILURE 指示灯亮)	烧结炉完成循环之前,循环定时器已到 0。这个循环计时器程序不正确	给定时器重新设置恰当的值。参见计算工艺参数的说明
		烧结炉完成循环之前,循环定时器已达到 0,机械运行不稳定,速度降低(可能在此之前烧结炉卡舟报警已有显示)	参见烧结炉卡舟控制继电器跳闸的解决方法
		PLC 有内部错误	用手持式编程器,查询 PLC,确定发生了哪个内部错误然后纠正
点火故障	排气管点火系统故障	点火供气压力低	手动尝试再启动点火控制器。如果不打火,则检查气压
		紫外线探测器有损坏	更换紫外线探测器

表 11-4　传送系统的故障处理

问　题	可能原因	建议的方法
主推机不前进	离合器打滑	检查离合器是否设置正确
	驱动装置本身故障	检查驱动工作是否正确
	炉内卡舟	肉眼检查产品通道,手动退回推机,然后去除障碍物
	激活了过位限位开关被触发	机械地移动限位开关,退回推机,然后重设限位开关
主推机不退回	离合器打滑	检查离合器是否正确
	驱动本身故障	检查驱动是否正确

续表

问　题	可能原因	建议的方法
出料推机不前进	离合器打滑	检查离合器是否正确
出料推机不前进	炉内堵塞	肉眼检查产品通道,手动退回推机,然后去除障碍物
	驱动本身故障	检查驱动是否正确
返回推机不退回	离合器打滑	检查离合器是否正确
	炉内堵塞	肉眼检查产品通道,手动退回推机,然后去除障碍物
	驱动本身故障	检查驱动是否正确
重载推机不前进	离合器打滑	检查离合器是否正确
	炉内堵塞	肉眼检查产品通道,手动退回推机,然后去障碍物
	驱动本身故障	检查驱动是否正确
重载推机不退回	离合器打滑	检查离合器是否正确
	炉内卡舟	肉眼检查产品通道,手动退回推机,然后去障碍物
	驱动装置本身故障	检查离合器是否正确

表 11-5　加热和温度控制系统故障处理

问　题	可能原因	建议的方法
所有区的温度低	接触开关有问题	检查主接触开关,必要时更换
一个或多个区的温度低	断路开关跳闸	检查断路开关、内联锁和紧急停止键
	一个加热元件有问题	更换加热元件
	一只断路开关跳闸	检查断路开关,必要时重设
	一支热志偶老化或有故障	检查有否坏热偶,必要时更换
	一个熔丝烧断	检查熔丝,时更换
出现超温状况	区 2 控制热偶有问题	检查超温热偶不得接地,电线不得短接或断开。必要时更换
	SCR 控制器断开	确定哪个 SCR 控制器断开,更换
	FCU 控制被锁定	检查 FCU 不被锁定,切断电源 10 s 然后再通电揽位烧结炉
一个或多个区的温度不稳定	输入错误的 PID 控制值	重编 PID 控制值
烧结炉控制读数约为 6 500 ℃	有破裂或开口的热偶或热偶线	固定热偶,更换
加热元件功率损失	实体继电器有有问题	用欧姆表检查实体继电器,必要时更换
	SCR 控制器短路	确定哪个 SCR 控制短路,更换
	DA 供压力低	参见气体系统故障处理
	区 2 发生的超温情况	参见手册本章前面的超温情况
	按了紧急停止键	揽位按下的紧急停止键
控制台中送风机故障	断路开关跳闸	检查断路开关,必要时重设

表 11-6 工艺故障处理

问 题	可能原因	建议的方法
出炉产品太热	水冷却区工作不正常	检查冷却区的水流,如果水流低,检查管线有否阻塞,必要时清除
	主推机运动太快	检查主推机速度,必要时调整
整个产品质量恶化	温度分布总是导致加热	检查所有被加热区是否在设定点
	PID 设置错误	如果一个区不在设定点温度下,检查 PID 设定。如果该区偏离设定点周围,调整 PID 设定值以缓冲偏离
	热偶老化或错误	更换热偶
	加热故障	用夹子式电流表检查加热元件电流
	实体继电器故障(SSR 只装在预热区)	用夹子式电流表检查加热元件电流。如必要,更换实体继电器
	温度控制器故障	更换温度控制器
产品上有残留的黏物	排气管中有黏物结构	清洁排气管。检查气体必须通过计数器流到产品行程

表 11-7 水系统故障处理

问 题	可能原因	建议的方法
马弗炉表面有冷凝物	工艺区的湿度太高	检查该区的湿度必要时调整
	冷却水温度太冷	检查设备水系统
水冷法兰处有超温情况	水压力损失	确定受影响的区域,检查冷却水是否够,必要时调整(在管线中找障碍物)。检查超温热偶和相关电线,必要时更换或修理

第十二章　加工核燃料芯体

学习目标:通过学习掌握磨床清洗及试车方法和磨床的故障处理方法。

第一节　设备清洗及带料试车方法

学习目标:能掌握磨床清洗及试车方法。

一、设备清洗

在一种富集度物料生产结束后,应对磨削岗位接触物料的部位、设备、管道、容器等进行全面清查、盘点和清洗。清洗的主要步骤如下:

1) 设备清洗应有计划地进行。

2) 设备清洗作业人员应穿戴好劳动保护用品。

3) 清洗前,操作人员应将清洗过程所需的工器具、备品配件等准备好并放于待清洗岗位,以减少清洗过程中人员在不同岗位间的活动带来的污染扩散。

4) 设备进行清洗现场的地面应铺垫足够大的铺垫物,拆卸下来的设备部件、检修工器具等应放置于铺垫物上,避免和减少放射性物质污染地面。

5) 清洗过程中,在拆卸设备、零部件时,应轻拿轻放,不得振荡抖打。

6) 在清洗过程中,操作人员应对设备或设备零部件附着的物料进行收集,避免物料泄漏到地面和空气中,尽可能降低作业现场的放射性气溶胶浓度。对清洗过程意外洒落到铺垫物或地面上的物料,应立即进行收集,避免形成扬尘。

7) 设备经清洗复位后,应再次对设备表面、地面、墙壁等进行清洁去污。

二、带料试车

芯体试磨的步骤如下:

1) 磨削区调整好以后,放松托板,在导轮和磨轮之间放一块待磨芯体,将导轮、支片、托板及整个磨削区引向磨削轮。在离磨削轮 1~2 mm 时,停止引进。启动导轮和磨削轮,在其运转平稳后,用粗进给将芯体引向磨削轮,直到芯体与磨削轮接触。

2) 作横向进刀 0.01~0.02 mm,从磨床进口推进一块芯体,仔细观察磨削区火花分布情况。一般正常情况下,当工件从进入磨削区开始,直到离开磨削区,火花都应该是均匀的。如果芯体在磨削轮前后火花不均匀,说明导轮轴心线与磨削轮轴心线不平行,可以在水平面内微调导轮回转座;如果中部的火花与前后不均匀,说明导轮修整器水平偏角调整有问题,此时,应重新调整,并重新修整导轮。

注意:用于机床调试和试磨用的芯体一律当做废品处理。

第二节　磨削岗位所用设备的故障及处理

学习目标:能正确处理磨床的故障。

磨床的故障分为机械、液压、电气三个方面,本节着重分析机械和液压传动系统中常见的故障及其排除方法。

一、磨削过程中的振动

磨床在磨削加工过程中常产生振动。振动会使工件表面产生振痕,严重影响加工质量。

1. 振动的类型

振动有多种类型,各有其特征。磨床的振动一般可分为强迫振动和自激振动两种。

(1)强迫振动

又称他激振动,是由周期变化的激振力所引起的,即在外界周期性激振力的持续作用下,系统受强迫产生的振动。如,砂轮、主轴回转不平衡、电机的振动、传动元件有缺陷及周围有振动源通过地基传给机床的振动等。

(2)自激振动

又称自发振动,其激振力和维持振动的力是在振动过程中自发产生的。它是系统本身的控制调节环节把外界固定能源的能量转变为持续振动的交变力,从而引起的持续的周期性振动。磨削过程中,常见的一些自激振动现象及其原因有以下几方面。

1)机床切削自激振动:由机床—工件—刀具形成的振动系统,由于动刚度不足或主振方向与切削力相对位置不适宜时,因位移的联系产生维持自振的交变切削力,若切削力具有随切削速度增加而下降的特性时,由速度的联系产生交变切削力。这两种交变切削力引起自激振动。

2)低速运动部件爬行:由于低速运动部件传动链弹性变形形成振动系统。在传动过程中,摩擦力具有随运动速度增加而下降的特性,由振动速度和运动速度的联系产生维持自激振动的交变摩擦力。

3)传动带横向自激振动:传动带在带轮上形成横向弹性变形振动系统,带轮振动位移引起带张力的变化,引发传动带横向自激振动。

4)滑动轴承的油膜振荡:在转轴上的滑动轴承,其油膜承载力与轴颈偏离,产生的惯性力不平衡,导致强烈的油膜振荡,引发转轴的自激振动。

5)液压随动系统的自激振动:液压缸由于弹性位移形成振动系统,缸体与阀反馈连接的环节刚度不足或存在间隙时,缸体弹性位移会产生维持自激振动的交变油压力。

6)其他:由于磨削用量不当、磨削余量过大且不均匀、工件材质软、硬度差异等使得磨削加工在一定的条件下失去了运动的稳定性,这也是自激振动常有的现象和原因。

2. 磨削振动的控制

通常把机床抵抗切削自激振动的能力称为机床切削稳定性,抵抗摩擦自激振动的能力称为机床低速运动稳定性,抵抗强迫振动的能力称为机床的抗震性。为满足磨床的工作要求,控制机床振动成为机械设计、制造和使用中的重要课题。一般从以下三个方面控制磨削振动。

（1）控制振动的起源

主要是减小运动件,尤其是砂轮等的不平衡量,减少其他各方面的干扰。

1）精确平衡砂轮。砂轮回转不平衡,就会产生离心力,使砂轮主轴产生振动,其振动的频率即为砂轮回转时的频率,振幅的大小直接作用于被磨削工件上。为消除此影响,应精确平衡砂轮。新砂轮一般只要进行两次精细的静平衡调整即可。也可以采用动平衡和砂轮自动平衡装置。对砂轮进行静平衡调整。

2）对砂轮架电动机转子进行动平衡。最好连同传动皮带轮一起进行。如果有条件可使用整机动平衡仪,在转子不拆卸的前提下进行整机动平衡,要求动平衡后的振幅小于 $1 \sim 2 \mu m$。

3）提高轴承精度。若轴承精度低或轴承有磨损,可更换高精度的轴承。

4）合理选择磨削用量,合理确定磨削余量,控制工件材料的质量,以便降低切削自激振动。

（2）控制振动的传播

主要是采用振动隔离技术,切断振动波的传递路径。

1）在砂轮架与头架电动机底脚和安装面之间用硬橡胶或硬木块进行隔振。

2）将油泵电动机装置与机床隔开。

3）隔离外来振源。磨床应安装在离振源较远的地方,机床周围应开设有防振沟槽。

（3）控制振动的响应

采取阻振、减振措施,以及改进设计,提高机床的抗震能力。

1）提高头架、砂轮架、尾座、工作台、床身等主要部件的刚性。以上主要部件都是磨床工艺系统中不可缺少的环节,提高它们的刚性,即能提高整个机床工艺系统的刚度,以利于减少机床磨削时的振动。

2）合理选择传动带。砂轮轴传动用的 V 带长度要一致,厚薄要均匀,并尽可能减少带的根数,尽量选用平带、丝织带或绵纶带。

3）提高液压系统传动的稳定性,减少爬行现象,减少液压系统工作中的振动。

二、磨床机械部分中常见的故障及其排除方法

1. 传动带打滑或传动过程中发出敲打声音

产生的原因是:

1）传动带初始牵引力不足,即传动带在带轮上的拉紧力不够。

2）传动带使用时间过久,带表面已磨光,使之与传动带轮之间的摩擦力不够大。

3）切削用量过大,工件过重,致使机床电动机带不动工件进行旋转,故而产生传动带打滑现象。

4）传动带传动有压紧轮时,压紧轮的压紧程度不够。

5）传动带工作过久,使其过度伸长或有油污等。

要消除传动带打滑现象,必须调节拉紧力。但拉紧力也不可太紧,以防传动带发热或造成带轮轴承受力过大而产生磨损。如果传动带调整好以后仍存在滑动现象时,可在带轮与

带之间擦涂松香粉,以增加其摩擦力。但是,在使用牛皮带传动时,切不可采用此方法,以防牛皮带折断。

2. 砂轮主轴产生过热现象

其主要原因为:

1)砂轮主轴与轴承之间的间隙值过小。

2)轴承与轴瓦间有脏物或灰尘侵入。

3)轴承与轴瓦间的摩擦表面不光滑。

4)润滑油不足或没有润滑油而形成干摩擦使砂轮主轴产生发热现象。

5)润滑油黏度过大。

砂轮主轴过热会使轴承与主轴咬住,(俗称"抱轴"),损坏轴或轴承。一旦发现这种现象,应立即停止工作,进行修理,针对上述的原因加以消除。

3. 磨床工作台对床身导轨发生偏斜

这种故障会使磨出的零件产生锥度。主要原因是,由于床身导轨的磨损而产生的,应当修刮导轨。

4. 磨床横向进给不准确

这种故障直接影响到磨削加工的生产效率和被磨削工件的精度,应及时加以排除。故障原因主要是,横向进给丝杠与螺母之间的间隙值过大或过小,也可能是由于刻度盘在手轮上有游动间隙,或横向进给机构在砂轮架上未固定牢等。可针对具体原因加以消除。

5. 头架主轴磨损

这种故障会使主轴摇晃,从而影响加工精度。此时,应及时更换轴瓦或修刮轴瓦,调整好间隙。

6. 齿轮传动机构产生噪声

这是由于齿轮啮合间隙过大,齿轮磨损,轴的位置偏斜而使齿轮啮合不正常,以及润滑不良等原因造成的,应针对以上原因加以修整。

三、磨床液压系统中的常见故障及其排除方法

磨床液压系统中的故障是多种多样的,有的是由某一个部件引起的,有的是因为系统中的综合因素所造成的,也有的故障是因部件失灵而引起的。对于液压故障来说,诊断、寻找故障所在的部位是较难的,若找到部位后,排除故障则较为容易。如果因部件失灵造成故障,则通过调整即可解决;如果是系统先天性结构不良,则必须进行修理改装。现在根据故障产生的规律,着重介绍出现故障的原因和所在的部位,并适当提出相应的排除方法。一般情况下,磨床液压系统中常见的故障有以下几种。

1. 液压系统工作时有噪声和振动

这里指液压系统工作时的噪声超过机床所规定的声级标准,以及有不规则的噪声、杂音和尖叫声等,并同时出现振动。

噪声和振动往往同时出现,噪声恶化劳动条件,易引起工人疲劳,危及人体健康;振动会使管接头松脱甚至断裂,从而降低元件的寿命,影响设备的性能。这类故障产生的原因及其

排除方法如表 12-1 所示。

表 12-1　磨床液压系统中产生噪声和振动的原因及排除方法

故障的产生	故障的产生的原因	排除方法
液压泵和液压马达吸空	1) 液压泵和液压马达或系统密封不严,吸油管路漏气; 2) 吸油管浸入油面太浅,油箱中油液不足; 3) 液压泵吸油位置太高(超过 500 mm); 4) 吸油管直径太小; 5) 滤油器被杂质污物堵塞,吸油不畅	1) 用灌油法检查,将漏气接头拧紧; 2) 油箱加油至油标线,吸油管浸入油面以下 200～300 mm; 3) 使吸油高度小于 500 mm; 4) 适当放大吸油管直径; 5) 清洗滤油器
液压泵和液压马达故障	1) 泵和马达轴向间隙增大或轴向端面咬毛; 2) 液压泵困油现象; 3) 泵和马达的零件加工及装配精度不高或零件损坏,如: 齿轮泵的齿形精度差 叶片泵的叶片或转子有缺陷 柱塞泵的柱塞移动不灵活 装配前未去毛刺和清洗	1) 更换零件,调整配合间隙符合要求; 2) 修整困油槽,消除困油现象; 3) 提高零件加工及装配精度,更换或修复损坏零件: 更换齿轮 更换或修复 修复 装配做好去毛刺与清洗工作
控制阀失灵	1) 溢流阀弹簧永久变形、扭曲或端面不平; 2) 换向阀或节流阀开口过小; 3) 阀座损坏,密封不良; 4) 滑阀与阀体孔配合间隙过小; 5) 油液不清洁,阻尼小孔被堵	1) 更换调压弹簧; 2) 修复或更换并进行调整; 3) 研磨阀座,更换钢球或修磨锥阀; 4) 研磨阀体孔,更换滑阀重新配间隙; 5) 清洗换油,疏通阻尼孔
系统中含有空气	1) 停车一段时间,空气渗入系统; 2) 回油管、液压泵吸油管位置过近而引起油气泡	1) 用放气阀排气,多次排气; 2) 回油管侵入油池,并远离液压泵吸油口
机械撞击和机械振动	1) 管路布置不当,相互撞击;液压缸活塞到行程终端无缓冲装置,阀芯与阀座相互碰撞等; 2) 液压缸和电动机安装不同轴或联轴器松动; 3) 外界振动; 4) 液压泵与管路系统发生共振	1) 合理布置管路;液压缸活塞行程终端加缓冲装置,控制阀芯与阀座相对位置; 2) 调整同轴度,更换联轴器; 3) 做好隔振工作; 4) 调整并排除

2. 工作台面运动时的爬行

在液压传动中,当液压缸或液压马达在低速下运转时,产生时断时续的运动(即运动部件作滑动与停止相交替的运动),这种现象叫做爬行。磨床工作台面低速运动时常产生爬行现象,它不仅破坏液压系统的稳定性,同时也影响工件的磨削精度,造成爬行的原因及排除方法如表 12-2 所示。

表 12-2　工作台运动时产生的爬行的原因及排除方法

故障的产生	故障的产生的原因	排除方法
系统内存有空气	1) 液压泵吸空造成系统进气,或因长期停车后空气渗入系统; 2) 液压缸两端封油圈太松; 3) 各类阀、管接头密封不严	1) 消除方法见表 4-1; 2) 调整液压缸两端的锁紧螺母; 3) 经常检查管道口是否松脱,应及时拧紧或更换纸垫
摩擦阻力太大或摩擦阻力变化	1) 导轨精度不好,局部产生金属表面接触,破坏了油膜,使阻力增大; 2) 液压缸中心线与导轨的平行误差大; 3) 导轨调整过紧或润滑不良,润滑系统供油不足; 4) 活塞杆局部或全长弯曲,与活塞的同轴度误差大; 5) 液压缸缸体内精度不良或拉毛刮伤; 6) 活塞杆两端密封圈调整过紧; 7) 污染物进入执行元件相对运动件之间的间隙	1) 修刮导轨以保证精度; 2) 以导轨为基准重新修刮液压缸的安装基准,调整液压缸中心线与导轨压板; 3) 重新调整导轨,合理选择润滑油,适当调整其流量和压力; 4) 校正活塞杆全长弯曲量在 0.2 mm 之内,与活塞的同轴度误差在 0.04 mm 之内; 5) 内孔去毛刺或重新镗磨,或更换缸体; 6) 调整密封圈的松紧; 7) 清洗执行元件,定期更换油液,加强油液过滤
各种控制阀被堵塞或失灵	溢流阀、节流阀的阻尼小孔及节流口被污染堵塞,使阀芯运动不灵活,压力和流量脉动加大	清洗液压阀,清除黏附的杂质,更换干净的油液
压力和流量不足或脉动	1) 液压泵或执行元件,阀类元件内部零件磨损,配合间隙过大,泄漏严重; 2) 由于负载的变化引起系统供油压力的脉动	1) 检查并调整各配合零件的配合间隙,更换磨损严重的零件,检查密封圈密封性能,及时更换已老化、破裂的密封元件; 2) 选用稳定性好的调速阀并在液压缸和调速阀之间尽量不用软管连接

3. 工作台往返速度不一致

这种现象在慢速行程中较为严重,造成这种故障的原因及其排除方法如下:

1) 液压缸两端的泄漏不等。可调整两端液压缸压盖,使之松紧程度相同。

2) 工作台运动时放气阀未关闭。应注意在正常工作时及时关闭放气阀。

3) 液压缸活塞杆两端弯曲程度不一致及活塞和缸体同轴度误差大,可拆下活塞和活塞杆校正,使其达到规定的要求。

4) 油中有杂质,影响节流的稳定性。应及时清除节流口处的杂质,更换不清洁的油液。

5) 在台面换向时,由于振动和压力冲击而使节流阀节流开口变化。可拧紧节流阀的锁紧螺母。

4. 工作台快速行程的速度达不到

工作台的速度取决于进入液压缸油液的流量的多少及油压作用面积的大小,如果进油量不足,则工作台的行程速度就难以达到。造成这一故障的原因及其排除方法如表 12-3所示。

表 12-3　工作台快速行程速度达不到的原因及其排除方法

故障的产生	故障的产生的原因	排除方法
液压泵流量不足	1) 液压泵磨损,轴向、径向间隙过大; 2) 吸油不畅或油液黏度过大; 3) 电动机的转速不对,功率太小	1) 修复或更换压泵; 2) 检查吸油管或滤油器是否被堵,更换黏度适中的油液; 3) 检查电动机的功率和转速
溢流阀不良	溢流阀的间隙过大或者弹簧作用失灵	1) 检查阀和阀体间的配合间隙是否适当; 2) 更换弹簧; 3) 检查和清洗溢流阀
油池中的油量不足	油量不足使液压泵吸不上油,造成系统中存在大量的空气	油池按油标加满
操纵机构泄漏	1) 内部压力油和回油互通; 2) O 形密封圈磨损; 3) 接头、纸垫松动,纸垫被冲破; 4) 活塞与液压缸配合间隙过大	1) 检查配合间隙,防止互通; 2) 更换密封圈; 3) 拧紧漏油处接头的螺母,更换纸垫; 4) 检查并调整间隙
互通阀失灵	互通阀不能隔绝互通,使液压缸两端互通,影响速度	1) 检查、清洗滑阀; 2) 间隙过大时重新配阀芯
节流阀失灵	节流阀的节流口被污物堵塞,通流面积减小	拆洗节流阀,更换油液
摩擦阻力大	导轨润滑油不足,或没有润滑油。液压缸活塞杆两端油封调整过紧,活塞杆弯曲等	适当增加润滑油,更换液压缸两端的油封,重新校正活塞杆等

5. 工作台换向时有冲击

它不仅影响液压系统的性能的稳定和工作的可靠性,而且会引起激烈振动和噪声。其原因及排除方法如表 12-4 所示。

表 12-4　工作台换向时产生冲击的原因及排除方法

故障的产生	故障的产生的原因	排除方法
换向阀控制油路的单向阀失灵	1) 单向阀中钢球被杂质搁起接触不良; 2) 钢球被弹簧顶偏; 3) 钢球与阀座配合不好	1) 清除杂质,调换不清洁的油液; 2) 调整或更换弹簧; 3) 调换不圆的钢球或修整阀座
针形节流阀失灵	换向阀控制油路的针形节流阀失灵	重新调整节流阀,或者改用三角槽形节流口
换向阀端盖不密封	换向阀两端盖处纸垫冲破	检查并更换纸垫

6. 工作台换向起步迟缓

此故障的原因及其排除方法如下:

1) 控制换向阀移动速度的节流阀开口太小(拧得太紧)。可将节流阀适当拧松一些。

2) 系统进气。由于液压缸中存有空气,故在换向时,压力油使空气体积压缩,导致换向迟缓。排除方法可参照表 12-1。

3）系统压力不足。缺乏推力,使台面换向时走不动,因而影响起步。可适当提高系统压力。

7. 启动开停阀工作台突然向前冲

这种故障主要是设计不合理造成的。当开停阀关闭时,台面液压缸两腔都通回油,油液泄漏造成真空。再开车时,液压缸一腔通压力油,另一腔由于缺乏背压而突然向前冲。此外,系统中有大量的空气也会造成前冲现象。排除的方法是:改进设计,使液压缸在开停阀关闭时两端互通压力油,始终保持液压缸内的油液,即使某部分有泄漏现象,亦不影响压力油的补充。这种设计,现在已有所应用。

8. 启动开停阀而台面不运动

产生这种故障的原因如下所示。排除时应针对其原因作具体的处理。

1）液压泵的输油量和压力不足。

2）系统中有大量泄漏。

3）导轨没有润滑油,摩擦阻力大。

4）溢流阀的滑阀卡死,大量压力油溢回油池。

5）换向阀失灵。一种情况是换向阀在阀孔中间位置卡住,使压力油进入液压缸两端;另一种情况是换向阀两端的节流阀调得过紧,将回油封闭。

6）互通阀失灵。由于互通阀卡住或间隙过大,始终使液压缸两端互通,因此台面就不能运动。

7）油温过低或油的黏度大,使油泵吸油和输油困难。

9. 手摇台面较重

这个故障是由于操纵箱和液压缸连接的油路没有互通装置而引起的。当开停阀在卸荷位置时,液压缸通压力油腔和被封闭液压缸两腔都回油箱。当工作台液压缸回油不畅时,手摇台面的重力加大,此时,可用手扳动先导阀换向杠杆几次,使其回油畅通或改进操纵箱及装置互通阀。

第四部分 核燃料元件生产工技师技能

第十三章 制备核燃料芯体基础知识

学习目标:通过学习常用电器仪表的使用及基本原理、模具设计和设备的操作维护等内容,掌握技师核燃料元件生产工的相关理论知识。

第一节 电器、仪表及性能测定设备的基本原理

学习目标:能掌握常用的电器仪表的使用及基本原理。

在芯体制造过程中涉及许多的电器、仪表。下面介绍了几种常用的电器、仪表的基本原理。

一、测温仪表

在芯体的烧结过程中温度是一个重要的参数,实现精确的温度测量与控制,对提高芯体质量十分重要。温度的测量和控制主要使用测温元件和显示仪表。测温元件主要包括热电偶、热电阻、辐射高温计和光学高温计等。显示仪表主要有毫伏计、电子电位差计等。

1. 热电偶的工作原理

将两种不同的导体连接成闭合回路,只要两端有温度差,回路中就有电流流过,产生的相应电动势称为热电势,这种现象称为温差效应。热电偶就是根据这一效应测量温度的,图13-1所示为热电偶工作原理示意图。

热电势的大小与导体的材料和两端的温度差有关,不同的导体材料产生热电势的大小不同。当导体材料一定时,两端的温度差越大,产生的热电势越大。而且热电势的大小不受导体的长短和直径大小的影响。

2. 热电偶的结构

组成热电偶的两根不同的导线 A 和 B 称为热电极,这两根导线的一端焊接在一起称为热端或工作端,测温时此端处于被测介质中,另一端称为冷端或自由端,接入二次仪表或电测设备。

热电偶结构图如图13-2所示。

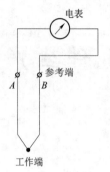

图 13-1　热电偶工作原理示意图

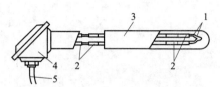

图 13-2　热电偶结构图

1—热电极；2—绝缘套管；3—保护套；

4—接线盒；5—补偿导线

1）热电极：普通金属热电极的直径一般为 0.5～3.2 mm，长度由安装条件决定，特别是根据工作端在介质中的插入深度来决定。偶丝的材料根据测量温度的范围而定。

2）绝缘管：绝缘管用于防止两根电极间短路，其材料根据测温介质和温度的高低而定。常见的有瓷管和高温陶瓷，结构有单孔、双孔和四孔三种。

3）保护管：为防止热电极受到有害介质的化学侵蚀和外界碰撞，在热电偶外面加装保护管进行保护，常用的有陶瓷管和不锈钢管。

4）接线盒：用于热电偶和补偿导线的连接和保护，通常用铝铸成。

5）补偿导线：各种热电偶有各自的补偿导线，这是为了将热电偶的冷端远离热源，使测量更加准确、方便。

3. 热电偶的种类

我国生产的热电偶符合国际 IEC 标准的有 6 种，其分度号为 S、B、K、J、T。常见热电偶的种类及分度号如表 13-1 所示。

表 13-1　常用热电偶的种类及分度号

热电偶名称	分度号	热电极材料		测量温度/℃		误　差	优缺点
		极　性	成分（%）（质量分数）	长期用	短期用		
铂铑 10—铂	S	＋	铂 90 铑 10	0～1 300	0～1 600	Ⅰ级 ±1 ℃ Ⅱ级 ±1.5 ℃	性能稳定、精度高、热电势大，适于氧化气氛，不适于还原气氛，可在真空中短期用
		－	铂 100				
铂铑 30—铂 6	B	＋	铂 70 铑 30	0～1 600	0～1 800	Ⅱ级 ±0.25 ℃ Ⅲ级 ±0.5 ℃	性能稳定、精度高、热电势大，适于氧化气氛，不适于还原气氛，可在真空中短期用
		－	铂 94 铑 6				

续表

热电偶名称	分度号	热电极材料		测量温度/℃		误　差	优　缺　点
		极　性	成分(%)(质量分数)	长 期 用	短 期 用		
镍铬－镍铝	K	+	铬 10 镍 90	0～900	0～1 200	Ⅰ级 ±1.5 ℃ Ⅱ级 ±2.5 ℃	性能稳定,适合中温、中性和氧化介质
		－	镍 97 铝 3				
镍铬－铜镍	E	+	镍 90 铬 10	0～600	0～800	Ⅰ级 ±1.5 ℃ Ⅱ级 ±2.5 ℃	适用氧化及弱还原气氛,稳定性好、灵敏度高、价格低
		－	镍 44 铜 56				
铁－铜镍	J	+	铁 100	0～600	0～800	—	适合氧化还原气氛及真空中性介质,价格低、稳定性好
		－	铜 60 镍 40				
铜－铜镍	T	+	铜 100	200～400		Ⅰ级 ±0.5 ℃ Ⅱ级 ±1 ℃	精度高、稳定性好、低温灵敏度高
		－	铜 镍				

4. 使用热电偶的注意事项

1) 热电偶工作端和补偿端要避开强磁场和强电场,补偿导线应装入接地的铁管中。

2) 要选择正确反应炉子温度的位置安装。

3) 插入炉膛的深度一般不小于保护管直径的 8～10 倍。

4) 使用时要避免急冷急热,以防保护管破裂。

5) 保持热电偶使用在合格状态下,要定期校验。

二、指示毫伏计和调节式毫伏计

毫伏计是测量热电势大小的一种瓷电式仪表。工作原理是:当热电势产生的电流通过置于永久磁铁中的线圈时,在磁场的作用下使线圈产生转动,同时带动固定在线圈上的指针转动,线圈内的电流大则指针偏转也大。把毫伏数折算成相应的温度数可在毫伏计上直接读出温度数。常用的毫伏计有指示毫伏计和调节式毫伏计。

指示毫伏计只能测量指示温度。调节式毫伏计既能测量指示温度,又能控制调节温度。

使用毫伏计时应注意毫伏计的刻度盘的左上角注明的相匹配热电偶的分度号。另外,毫伏计有正负极之分,不可接错。

三、电子电位差计

电子电位差计是自动平衡显示仪表,能同时指示温度、自动记录温度曲线和控制炉温,在热处理生产中应用比较普遍。

将黑色指针放在设定的温度刻度上,当旋转指针到达该刻度时,可自动断电或减少送入炉中的电流,达到控制炉温的目的。同时,记录纸在同步电机的带动下转动,记录笔在记录纸转动时将温度曲线记录下来。

电子电位差计在使用时的注意事项:

1) 安装地点应干燥、无腐蚀性气体、无强磁场,环境温度应在 0~50 ℃ 范围内。
2) 配热电偶必须使用补偿导线,分度号应和电子电位差计、热电偶一致。
3) 仪表应有良好的接地。
4) 应定期检查仪表的运行状态,清洗滑丝电阻及注油。
5) 定期更换记录纸,加注记录水。

四、光学高温计和辐射高温计

这两种仪表是非接触式测温仪表,具有不破坏温度场、反应速度快的特点。

1. 光学高温计

光学高温计是利用受热物体的单色辐射强度随温度的升高而增大的原理进行测量的。

使用时,将高温计在对准被测物体,移动目镜和物镜使光亮灯的灯丝和被测物体清晰可见,比较两者的亮度,然后调节滑丝电阻,改变灯丝电路的电流,从而改变灯丝亮度,使其与被测物体亮度相同,这时高温计反应的温度即是被测物体的温度。用光学高温计测量温度时,物镜离被测物体 0.7~5 m。

2. 辐射高温计

辐射高温计是根据热辐射效应测量物体表面温度的仪器,它接收被测物体表面的热辐射能量,并将其转换成电势信号用温度显示出来。

使用辐射高温计时,应使被测物体影像把热电堆完全覆盖上,以保证被测物体放射的热能被热电堆充分接收。

辐射高温计的现场如有烟雾、水汽和其他物质阻碍,会影响测量精度,所以在盐浴炉中使用时应有良好的抽风装置。另外,透镜必须保持清洁,经常清洗、擦拭,否则将产生很大的误差。

五、常用电器

常用电器主要为电动机和各种控制电器等。

1. 电动机

电动机是动力源,用来传递动力和转矩,通过有关控制电器和机械装置,驱使机床产生各种运动。以磨床为例,磨床上常用的电动机有三相交流异步电动机和直流电动机、

(1) 三相交流异步电动机

这种电动机可以改变电频、磁极对数或供电频率进行调速。若将电源线反接,电动机则反转,利用这一特性,可将正在旋转的电动机迅速减速和停转,以大大缩短制动时间,这种方法叫反接制动,实际操作中经常应用。电动机常用在一般磨床的砂轮架、头架等处。

（2）直流电动机

这种电动机只能有一个旋转方向，相同功率的直流电动机体积要大于交流电动机。通过串入调速电阻、改变磁通，可以使直流电动机变速，而且可以无级变速，这是它优于交流电动机之处。直流电动机主要用于驱动精度较高的磨床头架，如高精度万能外圆磨床、螺纹磨床的头架主轴都是由直流电动机驱动的。

2. 控制电器

控制电器是执行元件，主要用来控制机床上电源电路闭合、传递信号等。

以磨床为例，磨床上所用的控制电器，主要有手动控制电器、自动控制电器和继电器。

（1）手动控制电器

主要有刀开关、熔断器、自动开关和控制器等。

刀开关安装时应使手柄在上为合闸位置。拉闸时要迅速、果断，以减小电弧、熔断器的主要元件是熔丝，相当于一根导线。当电路发生故障或严重过载时，熔丝即迅速熔断，从而起到切断电源、保护设备的作用。

自动开关兼起开关和保险双重作用，即在短路（超过额定电流的 1.5～2 倍）时，能自动跳闸、切断电路。

控制器可同时控制多个线路的接通、调速、反断或切断。

（2）自动控制电器

有主令电器和接触器等。

主令电器有按钮和主令控制器两类。

按钮是一种短时开关，磨床的各种按钮往往集中布置在开关面板上，某些重要的按钮常辅以发光装置，具有明显的警示作用。

主令控制器是一种多触头开关，可同时控制多个小电流电路接通和断开。

接触器是利用电磁吸力使大电流电路接通和断开的电器，有交流和直流接触器之分。

（3）继电器

继电器是控制小电流电路的电器，用于传递信号，以控制电路的通、断。继电器利用热量、电流、电压、时间的改变而发出信号，分别称为热继电器、电流继电器、电压继电器、时间继电器等。电流大、接触点多的电磁继电器叫中间继电器，可控制多回路、大容量的电路，或作为传递信号的中间环节。时间继电器可以控制延时动作，使动作按顺序进行。

3. 安全用电常识

为预防未能安全用电而引发事故，须熟知以下事项：

1）保持设备的接地线完好，操作机床时应站在绝缘踏板上。

2）使用刀开关时动作要迅速，开关盒要装好，避免电弧伤人。

3）防止电线受潮或损伤，不准用导体捆扎和固定电线。

4）电气控制部件严格禁止油、水渗漏和铁屑等物进入，保持电器元件良好的绝缘。

5）电动机运转中，出现异常现象，要立即切断电源进行检修。

6）当机床发生电气故障时，操作者不得擅自动手检修，须找电工检修排除故障。

7）发现电气故障导致失火时，应先切断电源，用四氯化碳或二氧化碳灭火器灭火，切忌用水或酸碱泡沫灭火器。

第二节 模具设计

学习目标:能掌握粉末冶金模具设计的基本原则、基本方法;能进行模具尺寸的计算。

一、粉末冶金模具设计的基本原则

粉末成型是粉末冶金的主要工序之一,而粉末冶金模具设计是粉末成型的重要环节,它关系到粉末冶金制品生产的质量、成本、安全、生产率和自动化等问题。根据粉末成型方法,粉末冶金模具的种类有压模、精整模、复压模、锻模、挤压模、热压模、等静压模、粉浆浇铸模、松装烧结模等;按材料的不同,模具又可分为钢模、硬质合金模、石墨模、塑料橡皮模和石膏模等。粉末冶金模具设计的原则:

1) 充分发挥粉末冶金少、无切削的工艺特点,保证坯块达到几何形状、精度和表面粗糙度、坯块密度及其分布等三项基本要求。坯块的精度和表面粗糙度取决于模具的精度和表面粗糙度,所以,要根据粉末冶金制品图纸和模具加工条件,合理提出模具精度和表面粗糙度的要求。对于压制和锻造而言,满足压坯和锻件密度及其分布的要求是非常重要的。在压制过程中,要达到一定的形状、尺寸和平均密度是比较容易的,但要使压坯密度分布很均匀却比较困难。形状越复杂,压坯密度分布越不均匀,所以密度分布的均匀性成为控制压坯质量的主要指标,也是压模设计中的主要技术要求。由于压坯密度分布的均匀性直接影响制品的机械物理性能、几何形状和精度,所以必须合理选择压制方式、压模结构和压制工艺条件等,使压坯密度分布趋于均匀。

2) 合理设计模具结构和选择模具材料,使模具零件具有足够高的强度、刚度和硬度,具有高耐磨性和使用寿命;便于操作、调节,保证安全可靠,尽可能实现模具自动化;对于锻模还要满足上冲头导向、预成型坯定位和锻件快速脱模等要求。

3) 要考虑模具结构的可加工性和模具加工成本。从模具设计要求和模具加工条件出发,合理地提出模具加工的技术要求(如:公差配合、精度、表面粗糙度和热处理硬度等),既要保证坯块质量,又要便于加工制造,并逐步实现模具零部件的通用化,采用通用模架和通用模具零件,以便于提高设计效率,实现部分模具零件的批量生产,提高模具寿命,降低模具费用,以降低产品的总成本。

二、粉末冶金模具设计的基本方法

设计前需要了解和掌握有关设计资料,作为模具设计的重要依据。包括:产品图纸及技术要求(如:产品性能、形状、尺寸、精度和表面粗糙度等);产品生产批量,产品生产工艺流程及工艺参数(如:粉末混合成分、松装密度、流动性、压制性、单位压制压力、压坯密度、压缩比、弹性后效、烧结收缩率、精整余量、机加工余量等);压机类型及主要技术参数(如:公称压力、脱模压力、压机行程、压制速度、工作台面积、压机自动化程度和安全保险装置等);模具加工设备及能力;典型模具图册及模具使用过程中曾出现的问题等。

根据制品图纸设计坯块,选择压机和压制方式,设计模具结构草图,从生产工艺、压制成型和经济成本方面分析制品图纸及技术要求,看是否适合粉末冶金生产。

当圆柱体压坯的高径比 $H/D \leqslant 1$ 或圆筒形压坯的高壁厚比 $H/T \leqslant 3$ 时,通常可采用单向压制和单向压模。

当 $H/D>1$ 或 $H/T>3$ 时，通常可采用双向压制和双向压模。

当 $H/T>4$ 时，最好采用压制时芯杆和阴模能相对移动的压模。

当 $H/T>6\sim10$ 时，可采用摩擦芯杆压模或采用压制时阴模、芯杆和上冲头能相对下冲头移动的压模结构。

模具材料的选择及要求。由于压模、精整模、复压模和锻模都是在较高压力下工作的，模具工作表面要经受严重的粉末摩擦，因而对模具材料应提出严格的要求。模具材料的选择关系到坯块质量（如：密度分布、精度、表面粗糙度等）和模具的寿命及生产安全、产品成本、生产率等问题。因此，主要模具零件材料应满足下列要求：高强度、高硬度和高耐磨性，高的刚度和小的热膨胀系数，优良的热处理性能和一定的韧性，较好的机加工性能等。为了提高模具寿命，节约优质合金钢材、降低模具加工成本，对于不同用途的模具和不同产品形状、密度以及粉末原料，应选择不同的模具材料；同时，对于不同的模具零件，也常常由于工作要求不同，而选用不同的模具材料和热处理工艺。

阴模是模具中最主要的零件，其工作条件最苛刻，加工制造较困难，对材料的主要要求是高强度、高硬度、高耐磨性和抗疲劳、抗振动性能，一般选用硬质合金、高速钢、高合金工具钢、低合金工具钢和碳素工具钢来制造。

芯杆和阴模具有大致相同的工作要求，常用和阴模相同的材料来制造，但要求有较好的抗弯强度和一定的韧性，芯杆的热处理硬度稍低于阴模，特别是细长芯杆，要求比粗短芯杆具有更高的韧性。

模冲的工作条件与阴模不同，不但要求有良好的韧性，还要求耐磨、抗疲劳和抗振动，硬度可以比阴模低一些，一般选用与阴模不同的材料，例如：低合金工具钢、碳素工具钢和青铜等。

模套、压垫、模座、顶杆、控制杆、导柱、模板等辅助零件，常选用碳素钢（如：45 号、50 号钢）和低合金钢（如：40CrGCr15）来制造。锻模材料的选择与精密锻模相同，要求在工作温度下具有高强度、高韧性和高耐磨性，其热处理硬度比压模低得多，常用的有 3Cr2W8V、4Cr5W2VSi、5Cr4W5MoV 等工具钢。

主要模具零件尺寸的计算方法。坯块尺寸主要由模腔尺寸决定，一般先计算与模腔直接相关的尺寸（如：阴模内径、芯杆外径、阴模高度等），然后按照装配关系计算其他模具零件的尺寸。模具零件尺寸的计算关键在于正确地选择设计参数（如：弹性后效、烧结收缩率、精整余量、机加工余量、压装间隙和压下率等）。在生产中，由于粉末成分、粉末性能、工艺条件和设备不同，有关模具设计参数的数值差别较大，因此，要根据实际情况进行综合分析，合理选择设计参数。同时，在不降低坯件性能要求的前提下，留有可调节余量，以便适应模具设计参数的可能变化。

绘制模具装配图和零件图。标注尺寸偏差和形位公差及其他加工要求，在确定模具零件尺寸的基础上，根据制品图纸、坯块设计图纸和模具结构草图，考虑模具零件在工作中的运动状况以及机加工能力，合理提出模具加工的技术要求，包括：模具配合间隙、尺寸偏差、形位公差、表面粗糙度、热处理硬度及其他要求。阴模、芯杆和模冲之间的动配合，其配合间隙大小直接影响制品的精度、生产率和模具寿命，在选择模具配合间隙大小时，既要考虑机加工要求，又要考虑粉末冶金工艺特点。例如：压制时尽可能不让粉末嵌入模具间隙，避免引起模具卡住和硬磨损,所以,必须根据粉末粒度、压制自动化程度、压坯尺寸、制品精度和机加工要求来选择压模的配合间隙。

三、模具的尺寸计算

压模的尺寸必须满足下列三项基本要求:产品对压坯形状、尺寸、密度和强度的要求;压制过程(装粉、压制、脱模)的要求;模具强度和刚度的要求。

1. 压模尺寸的基本要求和参数选择

(1) 压缩比

压缩比是表示粉末压缩程度的基本参数之一,是指粉末被压缩之前的体积与压缩后压坯的体积比,即:

$$K = V_{粉}/V_{坯} \tag{13-1}$$

式中:K——压缩比;

$V_{粉}$——松装粉末的体积;

$V_{坯}$——压坯的体积。

(2) 压坯的弹性后效

压坯的弹性后效是表示压坯弹性膨胀程度的一个重要参数。用压坯径向或轴向的膨胀量同膨胀前压坯的径向或轴向尺寸的百分比来表示,即:

$$T = (l - l_0)/l_0 \times 100\% \tag{13-2}$$

式中:T——压坯的弹性后效;

l——压坯脱模后的尺寸;

l_0——压坯脱模前的尺寸。

(3) 烧结收缩率

压坯烧结收缩的程度通常用烧结收缩率来表示。它一般是用压坯在烧结过程中的线性收缩量同烧结前压坯尺寸的百分比 S 来表示,即:

$$S = (D_{坯} - D_{烧})/D_{坯} \times 100\% \tag{13-3}$$

式中:S——烧结收缩率;

$D_{坯}$——压坯烧结前尺寸;

$D_{烧}$——压坯烧结后尺寸。

和压坯的弹性后效一样,压坯的烧结收缩率沿各方向是不同的,轴向收缩率往往大于径向收缩率。压坯的烧结收缩率大小同样受许多因素的影响,其中主要有粉末的化学成分、压坯密度、烧结工艺(温度、时间、气氛)等。

(4) 精整余量

对于尺寸精度和表面粗糙度要求较高的产品,需要对压制烧结后的粉末制品进行精整加工。为此,在设计压模尺寸时,要留有适当的精整余量,以便在精整过程中迫使压坯产生少量变形,消除烧结过程中引起的变形,提高产品表面粗糙度,满足产品的技术要求。

精整余量的大小应根据需要,结合工艺条件的稳定性、压坯的壁厚,兼顾模具的磨损予以适当选择。如果产品的尺寸精度或表面粗糙度要求较高,或者为了增加产品表面硬度,提高承载能力和耐磨性,甚至为了电镀和防腐的特殊需要,可将精整余量适当取大一点。

（5）机加工余量

机加工余量指为了满足产品尺寸精度和表面粗糙度的需要而采取的磨、削辅助机械加工的加工余量。机加工余量不宜留得太大，也不宜太小。太大将增加辅助机加工工作量，降低材料利用率，太小则工艺条件不宜控制，经过烧结变形后，有的部位没有加工余量了。机加工余量的大小还应考虑机加工工艺规范的要求，一般车削加工取 1.0～1.5 mm，磨加工取 0.05～0.08 mm。

（6）复压装模间隙与压下率

如果要采用复压复烧工艺，以进一步提高产品密度，获得更高的机械物理性能，在计算压模阴模内径与芯杆外径尺寸时，应使压坯内外径均留有装模间隙，以便于复压时压坯能顺利放入模腔。装模间隙的大小应根据压坯尺寸大小合理选择，一般为 0.1～0.2 mm。而在计算压模高度尺寸时，在压坯的高度方向上应留有较大的复压压下量，以便复压时，在压坯达到产品高度要求以前获得较大程度的压缩，不仅产生一定的横向流动变形，填充装模间隙，更主要的是使压坯进一步致密。

复压压缩的程度通常用复压压下率表示，即：

$$F = (h_{烧} - h_0) / h_{烧} \times 100\% \tag{13-4}$$

式中：F——复压压下率；

$h_{烧}$——复压前的高度；

h_0——复压后的高度（取产品的高度）。

选择复压压下率时应根据产品密度、性能要求、原有压坯密度、装模间隙、模具的承载能力及压力设备的吨位等全面考虑。

2. 压模零件的尺寸计算

（1）阴模高度的计算

阴模高度应满足装粉和模冲定位的要求，即：

$$H_{阴} = H_{粉} + h_{下} + h_{上} \tag{13-5}$$

式中：$H_{阴}$——阴模高度；

$h_{下}$——下模冲定位高度，即装粉状态下下模冲与阴模配合段的高度；

$h_{上}$——上模冲压缩粉末前进入阴模的高度。

松装粉末的高度 $H_{粉}$ 可以根据压坯高度和压缩比求得，即：

$$H_{粉} = K \times h_{坯} \tag{13-6}$$

此处压坯高度 $h_{坯}$ 为压制终了时压坯在压模中应被压到的高度。

$$h_{坯} = h_0 - h_0 \times T_{轴} + h_0 \times S_{轴} \tag{13-7}$$

式中：h_0——产品的高度；

$T_{轴}$——压坯轴向弹性后效；

$S_{轴}$——压坯轴向烧结收缩率。

补充说明：压坯高度 $h_{坯}$ 当需要进行辅助机械加工时，还应增加一个机加工余量；当采用复压复烧工艺时，应增加一个复压压下量。

（2）芯杆长度的确定

芯杆的长度应不超过阴模上端面或略短一点，便于自动送粉，但不宜过地低，避免引起夹粉磨损芯杆。芯杆也不宜过长，以免给芯杆的加工带来麻烦。特别是细长杆件在热处理时容易变形,加工精度很难保证。为此,在模具结构需要较长的长度时,可分成几段,然后组装起来。

(3) 模冲高度的确定

确定模冲的高度时,应综合考虑模冲的安装、定位、装粉高度的调节余量、压坯的高度要求以及脱模移动的距离等,并考虑压模的具体结构。

(4) 阴模内径的计算

压坯的外径是由阴模的内径直接决定的。因此阴模的内径应根据压坯的外径要求确定。同样,压坯的外径是随着工艺过程而不同的。当采用常规的压制烧结工艺时,只要求压坯的外径比产品的外径减少一个径向弹性膨胀量,增加一个径向烧结收缩量,这两个变化量同样等于产品的外径分别乘上压坯的径向弹性后效和烧结收缩率,即:

$$D_{阴内} = D_0 - D_0 T_径 + D_0 S_径 = D_0(1 - T_径 + S_径) \tag{13-8}$$

式中:$D_{阴内}$——阴模内径;

$T_径$——压坯的径向弹性后效;

$S_径$——压坯的径向烧结收缩率;

D_0——产品外径。

为了给阴模内壁留可磨损量,延长压模的使用寿命,可取产品外径的最小尺寸(基本尺寸+下偏差)作为产品尺寸;若工艺条件不稳定,压坯的弹性后效、烧结收缩率波动较大时,宜取产品外径的平均尺寸(基本尺寸+上、下偏差的平均值)。

当产品需要粗加工、精整外径和复压复烧时,即:

$$D_{阴内} = D_0(1 - T_径 + S_径) + \Delta J_径 + \Delta Z_径 - \Delta b \tag{13-9}$$

式中:$\Delta Z_径$——压坯外径上的精整余量;

$\Delta J_径$——压坯外径上的加工余量;

Δb——装模间隙。

(5) 芯杆外径的确定

和阴模内径确定方法相似,芯杆的外径也是根据压坯内孔尺寸的要求确定的。但应注意:当要求压坯内孔有精整余量或机加工余量时,芯杆外径应减少响应的余量,而当要求内孔有装模间隙时,芯杆外径应增加一个装模间隙。即:

$$D_芯 = D_0(1 - T_径 + S_径) - \Delta J_{内径} - \Delta Z_{内径} + \Delta b_{内径} \tag{13-10}$$

式中:$D_芯$——芯杆外径;

D_0——产品内径尺寸;

$\Delta J_{内径}$——压坯内径上的加工余量;

$\Delta Z_{内径}$——压坯内径上的精整余量;

$\Delta b_{内径}$——压坯内径上的装模间隙。

(6) 模冲内、外径的确定

模冲内、外径是根据与之配合的芯杆外径和阴模内径来确定的。具体来讲模冲内孔直径(内径)的基本尺寸应与芯杆外径的基本尺寸一样;而模冲外径的基本尺寸则应与阴模内径的基本尺寸一样。然后根据粉末冶金压模的特殊要求,合理选择模冲与阴模、芯杆之间的配合间隙。配合间隙的大小既要保证压坯精度,又要便于模冲滑动,防止粉末嵌入间隙造成模具的剧烈磨损或引起压坯毛刺飞边等。一般情况下,配合间隙可取 0.01~0.03 mm,可将模冲与阴模之间的配合间隙按 H_8/f_7 或 H_7/g_6 的配合公差来选取;而将模冲与芯杆之间的配合间隙按 G_7/h_6 或 F_8/h_6 等种配合公差来选取。

（7）阴模外径的确定

在压制状态下,阴模承受着很高的侧压力。为了避免阴模在这种高压作用下产生较大的变形甚至炸裂,影响压坯的精度甚至造成质量和安全事故,要求阴模具有足够的强度和刚度。因此,在确定阴模的外径时,应根据阴模所承受的最大应力不得大于模具材料的许用应力建立强度条件,再根据阴模在粉末侧压力作用下产生的弹性变形不得超过压坯精度所允许的某一限度建立刚度条件,然后求出同时满足这两个条件的阴模外径。

根据经验,当阴模的外径与内径的比值 $m \leqslant 2$ 时,阴模内径的弹性膨胀才急剧增大,因此,在压制一般机械零件的情况下（m 值在 2～3 范围内）可以不进行刚度计算,而根据阴模的强度条件确定阴模外径。

3. 硬质合金模具的加工

硬质合金阴模的热压法

硬质合金热压法分为间接式和直接式两种。间接式一般用感应加热;直接式用高电流低电压通过石墨模和粉末件,利用它们本身的电阻直接加热。

热压硬质合金阴模的工艺条件如下:

$$Q = d \times v \times k \tag{13-11}$$

式中:Q——称料量;

　d——制品密度,g/cm^3;

　v——制品体积,cm^3;

　k——损耗系数,k 值由经验决定:YG8 取 1.05～1.06;YG11 取 1.05～1.07;YG15 取 1.05～1.08。

热压压力　与硬质合金的含钴量、石墨模质量和制品形状有关。含钴量高的压制压力要低一些,一般为 80～128 kg/cm^3。过大的压力,会使液相钴渗入石墨中,特别是热压高钴合金时要注意,例如热压 YG15 时,钴的损失达 2%。

热压温度热压温度随硬质合金的含钴量而不同,含钴在 6%～15% 时,约为 1 350～1 450 ℃,含钴高时温度要适当低一些。

热压时间和速度　采用较慢的压制速度,可使达一定密度性能所需的压力降低,使制品再结晶完整,残余应力小,韧性提高。热压过程中,压力随着温度升高,当模冲达到极限位置后,保温 3～5 min 即可断电,当降温到热压温度的 70% 时,方可撤除压力,冷却时,为了不让制品产生热应力和裂纹,将石墨模放在石棉保温箱中冷却,冷至 40 ℃ 以下,方可拆开模具。硬质合金毛坯经处理、喷砂和初步质量检验后,再进行精加工。

4. 模具表面的几种常用强化处理

（1）表面镀铬

在钢的表面上电镀一层铬的表面硬化法已经过多年实践,但将此法应用于粉末冶金压制与精整模具上,还有一定的困难。这主要是因为在高压压力下,模具表面周期性的弹性膨胀与收缩,坚硬的金属镀层有炸裂和起泡的危险,为了获得满意的结果,需要严格控制电镀条件,使镀层组织适合钢的基本组织和钢的硬度。为此,可采用如下措施:

1）使镀铬阴模的淬火硬度低于通常的淬火硬度，这样基体具有一定的弹性，可以使极硬的镀层在压力作用下略有退让余地，不致产生破裂和剥落。

2）电镀之前将镀铬工件表面的氧化物、油污清洗干净。

3）镀铬层不能太厚，一般修复阴模内孔的镀层为 0.05 mm 左右。

（2）电火花表面溶渗硬质合金

用电火花脉冲放电产生高温使硬质合金从电极上释放出来，并附着沉积扩散到模具表面形成一层薄的硬质合金层，提高模具表面的硬度，增加耐磨性，从而延长模具的使用寿命。

（3）火焰表面淬火法

如对含钨量很高的油淬工具钢阴模的内孔进行火焰表面淬火，可使阴模内孔具有很高的硬度，而外壁韧而不硬，采用这种方法，阴模内孔会收缩，所以在使用前必须研磨阴模。经过火焰表面淬火的阴模使用寿命比一般热处理后的阴模提高四倍。

（4）压模工作表面硫化处理

硫化处理对增大表面耐磨性具有良好的效果，最好是采用与低温回火配合进行低温硫化处理。

（5）模具工作表面的氮化处理

氮化能比渗碳获得更高的表面硬度、耐磨性、疲劳强度和硬性。同时由于氮化的温度较低，工件的变形小，故氮化之后工件只需进行少量精加工和研磨。用于模具氮化处理的方法很多，如气体氮化法、离子氮化法、气体软氮化法、碳氮硼三元共渗法等，其中离子氮化法工艺操作成本低，工件条件良好；氮化条件可控制在一般氮化更加广泛的范围内；工件变形小，渗层质量高，表面硬度达 900 HV，渗速快，处理时间短。

第三节　设　备

学习目标：能掌握设备的操作维护保养；能掌握精密、重型和数控设备的使用与维护保养；能掌握设备技术状态的检查；能掌握设备定期检查的实施。

一、设备的操作维护保养

设备的操作规程和维护保养规程是指导工人正确使用和维护设备的技术性规范，每个操作者必须严格遵守，以保证设备正常运行，减少故障，防止事故的发生。

1. 设备操作维护规程的制定原则

1）一般应按设备操作顺序及班前、班中、班后的注意事项分列，力求内容精炼、简明、适用，属于"三好"、"四会"的项目，不再列入。

2）要按设备型号、类别将设备的结构特点、加工范围、注意事项、维护要求等分别列出，便于操作者掌握要点，贯彻执行。

3）各类设备具有共性的，可以编制统一标准的通用规程，如吊车等。

4）重点设备、高精度、大重型及稀有关键设备，还必须单独编制操作、维护保养规程，并用醒目的标志牌板张贴显示在设备附近，要求操作者特别注意，严格遵守。

2. 操作、维护保养规程的基本内容

1）班前清理工作场地，按设备日常检查卡规定项目检查各操作手柄，控制装置是否处于停机位置,安全防护装置是否完整牢靠,查看电源是否正常,并作好点检记录。

2) 查看润滑、液压装置的油质、油量,按润滑图表规定加油,保持油液清洁,油路畅通,润滑良好。

3) 确认各部正常无误后,方可空车启动设备。先空车低速运转 3～5 min,查看各部运转正常,润滑良好,方可进行工作。不得超负荷超规范使用设备。

4) 工件必须装卡牢固,禁止在机床上敲击夹紧工件。

5) 合理调整各部行程模块,定位正确。

6) 操纵变速装置必须切实转换到固定位置,使其啮合正常,并要求停机变速;不得用反车制动变速。

7) 设备运转中要经常注意各部情况,如有异常,应立即停车处理。

8) 测量工件、更换工装、拆卸工件都必须停机进行。离开机床时必须切断电源。

9) 设备的基准面、导轨、滑动面要注意保护,保持清洁,防止损伤。

10) 经常保持润滑及液压系统清洁。盖好箱盖,不允许有水、尘、铁屑等污物进入油箱及电器装置。

11) 工作完毕和下班前应清扫机床设备,保持清洁,将操作手柄、按钮等置于非工作位置,切断电源,办好交接手续。

以上是制定设备操作、维护保养规程的基本要求的内容。各类设备在制定设备操作、维护保养规程时除上述基本内容外,还应针对每台设备自身的特点、操作方法、安全要求、特殊注意事项等列出具体要求,便于操作人员遵照执行。同时还应要求操作人员熟悉机床上标牌和操纵器上各种的指示符号,要求尽快掌握机床的性能和操作的要领等。

3. 设备的维护保养

设备的维护保养是操作者为保持设备正常技术状态,延长使用寿命所进行的日常工作,这是操作人员主要职责之一。设备维护保养必须达到"整齐、清洁、润滑和安全"。设备维护分日常维护和定期维护两个类别。

(1) 设备的日常维护保养

班前要对设备对进行点检,查看有无异状,油箱及润滑装置的油质、油量,并按润滑图表规定加油;安全装置及电源等是否良好。确认无误后,先空车运转待润滑情况及各部正常后方可工作。设备运行中要求严格遵守操作规程,注意观察运转情况,发现异常情况应该立即停机处理,对不能自己排除的故障按设备管理的正规要求应该填写"设备故障报修单"交车间调度安排维修工人检修,检修完毕后由操作者签字验收,修理工则在报修单上记录上检修和更换零部件的情况。车间设备员要对设备故障报修单进行统计分析,掌握故障动态。下班前需用 15 min 左右的时间清扫擦拭设备,切断电源,并且在设备导滑轨部位涂油,清理工作场地,保持设备整洁。

(2) 设备定期维护保养

设备定期维护保养是在维修工人辅导配合下,由操作者进行的定期维护保养作业,要求按设备管理部门的计划执行。设备定期维护保养要求一班或两班制生产的设备每 3 个月一次,干磨多尘设备每月一次,特殊生产用设备且生产周期不超过半年的,可在停产期间进行。基本上都是安排在停产期间进行设备的定期维护,如电子束焊机、骨架点焊机、拉棒机、压塞机等。

设备定期维护的主要内容有以下六个方面：

1) 拆卸指定部件、箱盖及防尘罩等，彻底清洗，擦拭各部件内外。

2) 清洗导轨及各滑动面，清除毛刺及划伤痕迹。

3) 检查调整各部配合间隙，紧固松动部位，更换个别易损件及密封件。

4) 疏通油路，清洗滤油器、油毡、油线、油标，增添或更换润滑油料，更换冷却液及清洗冷却液箱。

5) 补齐缺少的手柄、螺钉、螺帽及油嘴等机件，保持完整。

6) 清扫、检查、调整电气线路及装置(这项工作必须由维修电工负责)。

不论是日常维护还是定期维护，在维护保养作业中发现的隐患，一般由操作者自行调整，不能自行调整的则要以维修工人为主，操作者配合，并按规定做好记录。

4. 维护保养检查

设备进行定期维护保养后，要求必须达到：内外清洁、呈现本色；油路畅通，油标明亮；操纵灵活，运转正常。对于特殊设备定期维护的具体内容和要求，可根据它们的结构特点并参照有关规定制订计划并实施。

设备定期维护后要由设备主管组织有关人员逐台进行验收，验收的结果可以作为车间执行计划的考核。

各种设备的维护保养检查评分标准是不一样的，但是大体范围是一定的，也就是维护保养设备的"四项要求"，即：整齐、清洁、润滑和安全四个方面。

二、精密、重型和数控设备的使用与维护保养

精密、重型和数控等关键设备核燃料元件生产厂较多，精密、重型和数控等关键设备是企业生产极为重要的物质技术基础，是保证实现企业经营方针目标的重点设备。由于各行各业生产的目标不同，因而设备也不相同，主要可分为精密设备、重型设备、数控设备等几类。精密设备是指由原机械部定的精密机床和高精度机床，其加工精度在 5 级及以上的设备；重型设备指其规格在规定范围内的重型稀有设备；数控设备是一种用电子计算机或专用电子计算机包括硬软件及接口装置控制的高效自动化设备。对这些设备的使用维护，除必须达到前面所述的要求外，还必须达到下列要求。

1. 按其使用特点严格执行的特殊要求

1) 工作环境：要求恒温、恒湿、防腐、防尘、防静电等的高精密设备，必须采取相应的措施，确保精度性能不受影响；

2) 严格按照设备说明书的要求建好基础，安装设备，并于每半年检查、调整一次安装水平和设备精度、计算精度指数，详细记录备查；

3) 在一般维护中不得随意拆卸部件，特别是光学部件，确有必要时应由专职检修人员进行；

4) 严格按说明书规范进行操作，不许超负荷、超性能使用，精密设备只能用于精加工。设备运行中，如有异常应立即停车通知检修，不许带病运转；

5) 润滑油料、擦拭材料及清洗剂，必须按说明书规定使用，不得随意代替；

6) 设备不工作时要盖上护罩，如长期停用，要定期擦拭、润滑及空运转；

7) 附件及专用工具要用专柜妥善保管,保持清洁,防止丢失和锈蚀;

8) 应特别注意与燃料元件接触部位应保持清洁,不能接触不允许接触的材料。

2. 在维护管理中,还应实行"四定"工作

1) 定使用人员。要选择本工种中责任心强,技术水平高和实践经验丰富者担任操作者,并保持长期稳定;

2) 定检修人员。在有条件的情况下,应设置专业维修组,负责这类设备的检查、维护、调整和修理;

3) 定操作和维护保养规程。根据各型设备结构特点逐台编制,严格执行;

4) 定维修方式和备品配件。按设备对生产影响程度分别确定维修方式,优先安排预防维修计划,并保证维修备品配件的及时供应。

三、设备技术状态的检查

1. 概念

设备的技术状态是指设备所具有的工作能力,包括性能、精度、效率、运动参数、安全、环保、能耗等所处的状态及其变化情况。

2. 目的

设备在使用过程中,由于生产性质、加工对象、工作条件及环境因素对设备的影响,致使设备在设计制造时所具有的性能和技术状态将不断发生变化而有所降低或劣化。为延缓劣化过程,预防和减少故障发生,除应由技术熟练的工人合理使用设备,严格执行操作规程外,必须加强对设备技术状态的检查。

设备技术状态的检查是指按照设备规定的性能、精度与有关标准,对其运行状况等进行观察、测定、诊断的预防性检查工作,其目的是为了早期察觉设备有无异常状态、性能劣化趋势和磨损程度,以便及时发现故障征兆和隐患,使之能及时消除,防止劣化速度的发展和突发故障的发生,保证设备经常处于正常良好运转状态,并为以后的检修工作做好准备。设备技术状态的检查也是对设备维护保养工作的一种检验。

设备技术状态的检查同样分为日常检查与定期检查两类。为了对设备是否完好进行评价,有时还应进行技术状态的完好检查。

3. 设备的日常检查

是由操作工人每班进行的检查作业和维修工人每日执行的巡回检查作业,是通过人的五官感觉和简便的检测手段,按规定要求和标准进行检查。在进行日常检查的基础上,还要对重点设备(包括质量控制点设备、特殊安全要求的设备)进行点检。

(1) 点检

是由设备操作者每班或按一定时间,按设备管理部门编制的设备点检卡逐条逐项进行检查记录,在点检的过程中,如发现异常应立即排除,设备操作者排除不了的,要及时通知维修工人处理,并要做好信息反馈工作。点检卡的内容包括检查项目、检查方法和判别标准等,并要求用规定的符号进行记录。如:完好"∨"、异常"△"、待修"×"、修好"○"等都有规定的符号。合理确定检查点是提高点检效果的关键,而点检卡的内容及周期应在总结点检的经验中不断的及时调整。

（2）巡回检查

是由维修工人每日对其所负责的设备，按规定的路线和检查点逐项进行检查，或对操作工人的日常点检执行情况进行检查，并查看点检结果和设备有无异常情况，如发现问题，要及时处理，以保证设备的正常运行。

设备的日常检查、点检和巡回检查工作在中核建中化工有限公司已经开展了，但是做得还不够，特别是检查的记录不够完善，还需要进一步的规范化。作为一名技师，应每月整理检查记录，进行统计，分析设备故障的发生原因和规律，以便掌握设备的技术状态和改进设备管理工作。

4. 设备的定期检查

是指按预定的检查间隔期实施的检查作业。包括设备的性能检查、精度检查和可靠性实验。

（1）设备定期性能检查

是针对主要生产设备，包括重点设备、质量控制点设备的性能测定，由维修工人按定期检查的计划，凭五官感觉、经验判断和使用一般检测仪器检查设备的性能和主要精度有无异常征兆，以便及时消除隐患，保持设备正常运转。

设备定期检查的结果、数据，要记入定期点检表。经过分析研究处理后，要作为设备档案存放，并为今后进行维修作业和编制预防性检修计划提供依据。

（2）设备的定期精度检查

是针对重点设备中的精密、大型、稀有以及关键设备的几何精度、运转精度进行检查，同时根据定检标准中的规定和生产、质量方面的需要，对设备的安装精度进行检查和调整，做好记录并且要计算设备的精度指数，进行分析，以备需要检修时使用。

机床的精度指数可以反映机床精度参数值的高低，按设备管理的要求，对精密机床每年至少应该进行一次测定，以便了解设备精度的变化情况。在检查机床精度时，主要是与机床出厂时的检验精度值进行比较和计算精度指数 $[T=\sum(实测值/允差值)2/测定项目数]$，确定其变化，以便对机床进行调整或检修。在进行精度检查确定检测项目时要根据设备加工产品的特点和机床的动、静状态进行衡量，而选定主要的精度项目进行查验。

这里要注意的是，精度指数只是反映机床技术状态的条件之一，并不能全面反映设备性能的劣化程度，因此，在应用时还需要与其他性能指标结合起来使用。

（3）设备的可靠性实验

是对特种设备如：起重设备、动能动力设备、高压容器以及高压电器等有特殊要求的设备，进行定期的预防性、安全可靠性实验，由指定的检查实验人员和持证检验人员负责执行，并作好检查鉴定记录。

四、设备定期检查的实施

1. 编制定检标准

设备定期检查标准是指导检查作业的技术文件，应按照不同的设备类别，在保证满足生产产量、质量、安全要求和延长设备使用寿命的前提下由设备管理部门来确定检查项目和要求。

2. 编制定检计划

设备管理部门(或车间)按照检查间隔期编制定检计划,下达车间由设备主管安排有关责任人员执行。但是在执行前必须与生产主管协调落实具体的定检日期。

3. 确定定检的方法及检具

设备管理部门或车间根据定检计划,组织相关技术人员,按照不同的设备类别,分别确定定检的方法和检具。

4. 根据定检标准和计划进行检查

各有关责任人员根据定检标准和定检计划内容进行逐项检查,并将检查结果记录在定期检查卡和精度检查卡上。

5. 恢复设备性能和精度

对检查中发现的问题,凡能通过调整和日常维修可排除的应及时解决,并将处理情况在定检卡上注明。对工作量较大或不能排除的,要及时反馈到设备管理部门安排计划检修。

6. 上报定检结果

定检结束后,除按检查结果和处理情况记录留存外,应将检查卡反馈给设备管理部门分析处理,作为计划完成后的考核,并为修改检查标准和检查间隔期提供参考依据。

7. 设备定期检查的范围

设备定期检查的目的在于保持其规定的性能及精度,作为一项保障设备技术状态的基础工作,不但可以用于周期性的定期预防性维修,特别适用于精密、大型、稀有及关键设备和重点设备的预防性维修,也可以用于设备技术状态的监测,对某些特种设备如动能动力设备、起重设备、锅炉及压力容器、高压电器设备等更是不可缺少的保障。为此定期检查的范围是:

1) 精密、大型、稀有及关键设备;

2) 重点设备、质量控制点设备;

3) 起重设备;

4) 动力动能设备;

5) 锅炉压力容器及压力管道;

6) 高压电器设备。

这些设备按它们的不同情况以及在企业生产中的作用和安全防火等特殊要求增加或减少检查项目的内容和修定标准。

8. 设备定检间隔期的确定

设备的定期检查间隔期与维修费用有着密切的关系,检查频繁会增加维修费用,检查间隔期过长,虽然减少了费用,但是达不到预防的目的,有时还可能发生事故。因此设备定期检查的间隔期的确定要综合考虑工作条件、使用强度、作业时间、安全要求、经济价值以及磨损劣化等特性,一般的设备可以定为半年或一年;起重设备一般为1~3个月;动能动力设备应根据国家有关规程要求确定,如锅炉压力容器必须每年进行一次检查,并进行内、外部无损探伤检测等。技师应根据设备的运行经验向设备管理人员提出对设备进行检查的时间间隔。

五、设备技术状态完好检查

设备的技术状况，是通过精度、性能两部分情况反映出来的。为检查判定设备的技术状况，应该对照设备的完好标准按月、季度、年度进行完好设备的专项检查和统计。

设备技术状态的完好标准的基本要求有以下几个方面。

1）性能良好：机械设备精度、性能能够满足相应产品的生产工艺要求；动力设备的功能可以达到原设计或法定运行标准；运转无超温、超压和其他超额定负荷现象。

2）运转正常：设备的零部件齐全，磨损、腐蚀程度不超过规定的技术标准；操纵和控制系统，计量仪器、仪表、液压、气压、润滑和冷却系统，工作正常可靠。

3）消耗原材料、燃料、油料、动能等正常，基本无漏油、漏水、漏气（汽）、漏电现象，外表清洁整齐。

4）安全防护、制动、联锁装置齐全，性能可靠。

第十四章　制备核燃料芯体

学习目标：通过学习掌握杂质元素对烧结芯体质量的影响、UO_2粉末冷压成型的理论、烧结芯体的结构和性能、设备的安装调试和验收知识。

第一节　杂质元素对烧结芯体质量的影响

学习目标：能掌握氟、碳和金属杂质在烧结过程中的行为及其对烧结芯体质量的影响。

在制造 UO_2 粉末和 UO_2 芯体的过程中，不可避免地要掺入少量杂质，如 C、F、Fe、Cr、Ni、Mo、Al、Si 等，它们在烧结过程中的行为以及对烧结芯体质量的影响如何，是烧结过程中应该研究的问题之一。

一、氟的影响

存在于二氧化铀粉末中的氟杂质在烧结过程中可以取代氧离子而占据晶格中的某些位置，趋向于降低铀离子的平均正电荷数，增大了铀离子半径，从而降低了铀离子的活性。因此，氟杂质的存在可以严重抑制烧结过程的进行，降低了二氧化铀粉末的烧结性。我们的实验表明，即使在氟含量偏低的情况下，芯体的烧结密度也随着 UO_2 粉末氟含量的增加而降低。

有研究指出，残留于粉末中的氟杂质可能以 $UO_{2-x} \cdot F_y$，也可能以 UF_4 的形式存在，它们在烧结过程中的去除必须靠水解反应来实现：

$$UO_{2-x} \times F_y + (x+y/2)H_2 \rightarrow UO_2 + xH_2O + yHF \uparrow \qquad (14-1)$$

$$UF_4 + 2H_2O \rightarrow UO_2 + 4HF \uparrow \qquad (14-2)$$

然而，当温度高于 600 ℃，4UF_4就开始烧结，关闭了坯块表面的排气孔，形成了一些大而不规则的闭气孔；而且，当温度升至 886 ℃时，UF_4 和 UO_2 还可以生成难于去除的低熔共晶，不但阻碍了芯体的晶粒长大，而且给进一步除氟造成困难。

因此，要严格控制原料 UO_2 粉末的氟含量。技术条件规定粉末中氟含量不得超过 150 $\mu g/g$ 的 UO_2，实际生产中远远低于这个值。对于氟含量偏高的粉末，生坯烧结时，要调整预烧结时间稍微长些；同时，加大 H_2 气流量。使二氧化铀坯块在发生明显烧结之前，实现有效的脱氟。

二、碳的影响

粉末中过高的碳含量，生坯成型中添加的有机化合物，都是坯块中碳的来源。这些碳在坯块预烧结时，在 H_2 气氛下可以绝大部分去除，但是，残留在坯块中的碳仍然可能在高温下与 UO_2 反应，生成 UC 和 CO。当继续烧结时，坯块密度达 10 g/cm^3 以上，孔隙发生闭合，CO 被封闭在芯体中形成闭合孔，会阻碍坯块烧结过程的进行。杂质碳

也能使 UO_2 部分地还原成金属铀,它的熔点低,存在于二氧化铀晶粒间界上,使芯体的耐辐照性能和抗水腐蚀性能恶化。残存碳也有抑制 UO_2 晶粒长大的作用,对获得大晶粒芯体不利。

三、金属杂质的影响

某些金属杂质在 UO_2 芯体中通常以合金的状态存在,曾在芯体的金相照片中观察到 Fe-Ni-Cr 合金的夹杂物,它们呈白色,以球状集结。对高杂质含量(总杂质含量为 3 200 ppm)的芯体金相检查表明,它们大多聚集在 UO_2 的晶粒间界,与同样条件烧结的不含金属杂质的芯体相比,它的晶粒直径显著变小。这类杂质还影响芯体核品位,也降低它抗水腐蚀的能力。

第二节　UO_2 粉末冷压成型的理论探讨

学习目标:能了解二氧化铀粉末冷压成型的理论;能掌握黄培云方程在陶瓷 UO2 粉末压制中的应用。

二氧化铀粉末冷压成型的理论研究同样是粉末冶金专家们非常感兴趣的课题。这种研究大都集中于压坯密度随压制压力的变化。

图 14-1 是两种典型的由 ADU 工艺制备的 UO_2 粉末压制特性曲线。如果单从两条曲线的数据拟合,可以看出它们都符合 $Y = AX^B$ 的形式。但是,压坯密度的这种变化,除了压力以外,和粉末体本身有什么关系?跟压制过程有什么关系?粉末冶金专家们希望找出一个关系式来明确其物理意义。

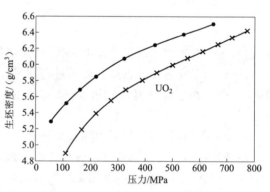

图 14-1　两种 UO_2 粉末压制特性曲线
•—32T9401;×—32T9506

一、R. P. Levey 方程

在美国的压水堆核燃料研究之初,R. P. Levey 等人于 1960 年发表了专题报告 Y-1340:《The Cold Pressing of Sinterable UO_2》。这篇报告总结了前人所做的工作,以著名的 Balshin 方程为基础,对等静压和模压所得到的大量实验数据进行了分析和讨论,得到了一个经验方程:

$$\rho = \rho_c + \frac{2D}{fLb}(\rho_c - \rho_t)\left[\frac{fL}{2D} + \frac{a + bp}{a\exp(fL/2D) + bp}\right] \quad (14\text{-}3)$$

式中:ρ——坯块平均密度;

　　ρ_c——材料的理论密度;

　　ρ_t——粉末的振实密度;

p——压力；

f——摩擦系数；

D——坯块直径；

L——坯块高度；

a，b——常数。

由这个经验方程可以看出，UO_2 粉末的冷压块密度不但与压力有关，而且与原始粉末的密度（理论密度和振实密度）、粉末与模壁的摩擦系数，以及坯块的高径比（L/D）相关。也就是说，受压下的坯块密度与压制条件和粉末自身的特性有关。

二、L. Giaquinto 方程及其简化

1967 年，L. Giaquinto 等发表的论文《The Pressing of "As received" Uranium Dioxide Powder》。他们认为，以往的成果主要是针对金属粉末和理想粉末，因此，其压制方程所包含参数的物理意义是值得怀疑的。

L. Giaquinto 等人的研究则是从 Coope 和 Eaton 的研究结果出发的。Coope 和 Eaton 有方程：

$$\frac{d(d_m - d)}{d_m(d - d_0)} = a_1 \exp(-K_1/p) + a_2 \exp(-K_2/p) \tag{14-4}$$

式中：d，d_m 和 d_0 为坯块密度、最大密度和起始密度；

a_1，a_2，K_1，K_2 为常数。

当将方程应用到 Al_2O_3、SiO_2、MgO、CaO 粉末的压制时，实验数据与经验方程有很好的吻合。Coope 和 Eaton 由此假设了一个两阶段的压制机制。指出对于硬脆性的陶瓷粉末压坯存在一个不高的最大密度。

L. Giaquinto 等考虑到陶瓷粉末在压力下会发生破碎，而且颗粒之间还存在着摩擦。因此，他们结合 Vergnon 在这方面所做的研究，即在 Coope 和 Eaton 方程里加进一个起始摩擦项和一个跟颗粒破碎相关的次要项，得到了它们的方程：

$$p\frac{d}{d - d_0} = \frac{d_m}{K_3(K_v \times \mu + K_f)(d_m - d_0)} + p\frac{d_m}{d_m - d_0} \tag{14-5}$$

式中：p——压力；

d，d_m，d_0——分别为坯块密度、最大密度和起始密度；

μ——摩擦系数；

K_3——比例常数；

K_v 和 K_f——摩擦因子和破碎因子。

L. Giaquinto 等对"市售"UO_2 粉末进行的压制实验结果与方程有非常好的吻合，从而证实了实际粉末在压制期间发生了摩擦和破碎的假设。据此，他们提出实际粉末在压制期间发生下述过程：① 团粒之间的拱桥破坏后，团粒重新配置到原始空隙中；② 达到断裂应力之后，团粒破碎；③ 亚团颗粒的相对运动（滑动或转动）和从新配置到粉末体内存在的孔隙中。这些过程几乎同时发生，而且伴随着坯块密度的增加，孔隙度的减少和粉末表面积的增大。

我们曾经研究过 L. Giaquinto 方程，认为他们对陶瓷粉末压制三个过程的表述合乎逻

辑。鉴于我们不必弄清方程中的 K_v 和 K_f 两个因子的实际值,令 $K = K_3(K_v \times \mu + K_f)$,并以 d_a 代替 d_0,则 L. Giaquinto 方程可以简化成下述形式:

$$p\frac{d}{d-d_a} = \frac{1}{K} \times \frac{d_m}{d_m - d_a} + p\frac{d_m}{d_m - d_a} \quad (14\text{-}6)$$

式中:p——压力;

$\quad\quad K$——常数;

$\quad\quad d, d_m, d_a$——压坯密度、最大密度和粉末松装密度。

用这个简化方程来处理 UO_2 粉末的压制特性曲线,结果表明,实验数据与方程有很好的相关关系(见图 14-2)。简化的 L. Giaquinto 方程仍然遵循三过程的压制模式。它指出,UO_2 粉末作为一种陶瓷粉末,在其压制过程中,压制压力是与压坯密度的变量相联系的,并且存在着压坯密度极大值。

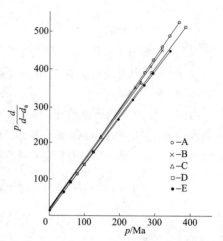

图 14-2　五种 UO_2 粉末压制特性符合 L. Giaquinto 方程情况

三、黄培云方程在陶瓷 UO_2 粉末压制中的应用

中国工程院院士、国际著名粉末冶金专家、我国粉末冶金学科的启蒙者和创始人之一的黄培云教授,1964 年提出了他的双对数压制方程:

$$\lg\ln\frac{(d_m - d_0)d}{(d_m - d)d_0} = n\lg p - \lg M \quad (14\text{-}7)$$

式中:p——压力;

$\quad\quad d, d_m$ 和 d_0——压坯密度,致密金属密度和粉末充填密度;

$\quad\quad n$——硬化指数的倒数;

$\quad\quad M$——压制模量。

1980 年,黄教授在上式的数学模型作了量纲分析之后,得到:

$$m\lg\ln\frac{(d_m - d_0)d}{(d_m - d)d_0} = \lg p - \lg M \quad (14\text{-}8)$$

式中:$m = 1/n$,为粉末体在压制过程中的硬化指数。

黄教授的理论贡献在于它指出了压制过程中实际存在的压制模量,并且指出了受压状态下的粉末自身发生的加工硬化。因此,其物理意义是十分明显的。

尽管用简化的 L. Giaquinto 方程可以描述二氧化铀粉末的压制特性曲线,但是,从方程本身而言,等式两边分别出现 $pd/(d-d_a)$ 和 $pd_m/(d_m - d_a)$ 项是令人费解的;用 $pd/d - d_a$ 对 p 作图,该图的纵坐标和横坐标都出现压力 p 这个因数并不好解释。这种情况表明,L. Giaquinto 的经验方程用作陶瓷粉末的压制特性的表述在物理意义上还不十分清晰。而用黄教授的方程来描述图 14-1 所示的两种二氧化铀粉末压制特性(图 14-3),就能够从粉末冶金的一般原理出发比较圆满地解释这两种二氧化铀粉末压制性相差的原因。

不难看出,用黄培云方程表达的两种粉末的压制特性曲线,其相关系数都大于 99%,但

是是两条相交的直线。32T9605 粉末由于
颗粒细，松装密度小，表现出比 32T9401 粉
末更差的压缩性。在图 14-3 中，表现为其
直线在 Y 轴上的截距（数值 A，即黄培云方
程中的 $\lg M$ 项）要大；图中直线的斜率（数
值 B，即黄培云方程中的硬化指数 m）都大
于 1 或远大于 1，说明它们作为陶瓷粉末的
硬脆性。32T9401 粉末的 m 值更大些，表
明这种粉末的颗粒大，松装密度高。而以
脆性断裂为压制特征的陶瓷 UO_2 粉末，较
大的颗粒更容易发生脆性断裂，断裂之后
的亚团颗粒继续进行重排和镶嵌，反而使
坯块具有更好的强度。

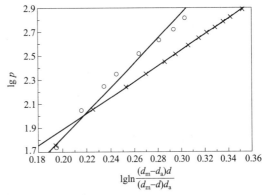

图 14-3　黄培云方程对两种 UO_2
粉末压制曲线的拟合
—○— 32T9401；—×— 32T9506

第三节　烧结芯体的结构、性能

学习目标：能掌握烧结芯体的结构和性能。

烧结的目的是要使压坯具有所要求的力学性能和物理性能。影响烧结芯体性能的因素
很多，主要是粉末的性状、成型的条件和烧结的条件。属于粉末性状的因素包括粉末的粒度
和粒度组成、颗粒形状、颗粒内的孔隙、松装密度、压缩比、流动性、纯度、夹杂物的分布以及
加工硬化程度等。属于成型条件的因素包括成型压力、加压速度、压坯形状、模具的设计和
精度、压制方法、粉末和模具的润滑状况等。属于烧结条件的因素包括加热速度、烧结温度、
烧结时间、烧结气氛、冷却速度以及烧结加压状况等等。本部分主要讨论烧结温度、烧结时
间等因素，并且讨论孔隙对烧结芯体性能的影响。

一、烧结过程中烧结芯体性能的变化

粉末压坯的强度主要靠粉末颗粒表面的凹凸与粉末颗粒在压制时的变形而发生的相互
咬合造成的。压坯中的颗粒间的接触主要是非晶性质或非金属性质的，而呈晶体性质或金
属性质的颗粒接触表面，最多只占总接触表面的 $10\%\sim20\%$。压坯中晶体结合的面积愈
大，其强度自然也就会愈高。

在烧结温度较低或烧结初期，首先是颗粒表面的氧化膜得到还原。此时，还原所得到的
金属原子活性很大，形成了金属的接触，并使金属接触面增大，从而使烧结体的密度增加。
烧结体的强度大体上与密度成正比例的增加。进一步提高烧结温度，颗粒间的孔隙将转变
为孤立的闭孔隙，从而使致密化过程减慢，密度也不如烧结初期那样显著增加。烧结温度的
升高，形状不规则的孔隙会逐步球化。是引起应力集中的缺口效应减弱，从而使烧结体的强
度得到进一步的提高。但是，烧结温度过高时，晶粒会发生显著长大，因而也会使烧结体的
强度有所降低。

烧结体的延伸率在烧结初期几乎是观察不出来的。但随着烧结温度的升高，烧结体的

延伸率也随之增加。这是由于随着烧结温度的升高和烧结时间的延长，可以使孔隙收缩并且球形化。烧结体的延伸率随强度的提高而增加，刚好与通常的铸锻材料相反。

硬度也是材质的一项重要指标。易塑性变形的金属，其烧结体的硬度与烧结温度的关系如图 14-4 所示。用低压成型的压坯，其粉末颗粒加工硬化不严重，故烧结体的硬度大体上与密度成比例增高。至于高压成型的压坯，在烧结过程中粉末颗粒内的加工硬化消除，再结晶过程发生，使烧结体的硬度在开始时发生急剧降低，进一步提高烧结温度，其硬度也随之增加，直至与退火金属的硬度接近。但是，纯金属粉末烧结体的硬度不会超过退火的铸锻金属硬度，这是由于烧结中不可避免地会有残余孔隙存在。

一般来说，要使烧结材料得到较高的抗拉强度、延伸率、冲击韧性和强度等力学性能，通常采用三种方法，即提高烧结密度、增加基体金属的强度和延性以及提高残余孔隙的球化程度。

烧结体的物理性能在使用过程中是非常重要的。主要的物理性能与烧结体的组织结构，特别是孔隙和晶粒大小有关。

图 14-5 为几种金属的导电性与烧结体密度的关系。而压坯的导电性是随烧结温度的提高而增大的。烧结体的密度低于某一数值时，传导性为零。由于连通孔隙对传导性的影响要较孤立孔隙为大，电子在一定范围内可以绕过孤立孔隙，而大量的连通孔隙却可以使金属烧结体成为"绝缘体"。在烧结过程中，烧结体的电阻率是变化最敏感的性能，它随粉末颗粒内部微细结构的变化，和随颗粒间的接触点或面的微细结构的变化而变化。图 14-6 为电解铜粉压坯在氢气、真空中烧结时，其电阻率的变化与温度的关系。由图 14-6 可见，电阻率的变化因烧结气氛的不同而显著不同。

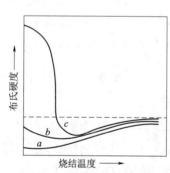

图 14-4　金属粉末烧结体的硬度与烧结温度的关系

　　　　a—压制压力 200 MPa（低压成型）；

　　b—压制压力 600~800 MPa（中压成型）；

　　　　c—压制压力 2 000 MPa（高压成型）

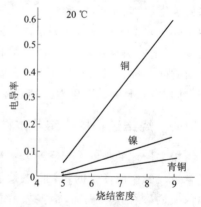

图 14-5　几种金属的导电性与
烧结体密度的关系

不管在空气、真空还是氢气中烧结，从室温到 90 ℃左右，电阻率是随烧结温度的升高而增大的。但温度进一步提高，电阻率就开始下降。在氢气气氛中，电阻率是分两阶段急剧下降的。烧结的最初阶段，电阻率的增大通常认为是与引起颗粒间接触点或面破坏的残余压制应力的消失有关，或者由于膨胀而使粉末颗粒松弛有关，也可能与通常电阻率随温度升高而增加的规律有关。温度继续升高电阻开始急剧下降。一般认为这是由于在还原性烧结气氛中,颗粒表面氧化物被还原,颗粒间拱桥的形成以及颗粒表面吸附气体的解吸而引起的;或者由于温度升高,颗粒间相互黏结面积增大之故。烧结体的热导率与密度的关系,和电导率相似(图 14-7)。

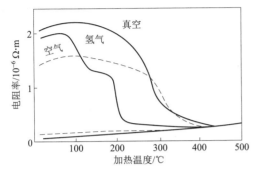

图 14-6　电解铜粉在氢气、真空中烧结时,
电阻率的变化与温度的关系

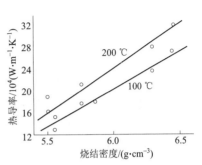

图 14-7　青铜(89%铜-11%锡)的烧结
密度对热导率的影响

二、孔隙度对烧结体性能的影响

用粉末冶金方法生产的材料,在大多数情况下都含有一定量的孔隙。孔隙的存在使得粉末冶金材料的性能与同质的铸锻材料相比有所差异。

1. 对力学性能的影响

粉末冶金材料除一部分由塑性金属制成的致密材料属于延性断裂外,其余大多数材料均具有脆性的断裂特征。按照孔隙对材料断裂影响机制的不同,可将粉末冶金材料分为两大类:第一类是具有高硬度和脆性的致密(低孔)材料与多孔材料,如硬质合金、淬火的粉末钢等;第二类是具有一定塑性的,由塑性金属制成的致密(低孔)材料与多孔材料,如烧结金属、多孔金属等。在脆性粉末冶金材料中,孔隙引起强烈的应力集中,使材料在较低的名义应力下断裂。而具有一定塑性的粉末冶金材料,孔隙并不引起相当大的应力集中,孔隙主要是削弱了材料承载的有效截面,存在着应力沿材料显微体积的不均匀分布。并且随着孔隙度的增加,材料的塑性降低。即使是由塑性金属制成的粉末冶金材料,当含有大量孔隙时,材料断口仍然没有宏观塑性变形的特征。所以一般孔隙度较高的材料,其断裂应力与同质的铸锻材料相比是相当低的。

粉末冶金脆性材料断裂,也可以认为是裂纹的形成与扩展的过程。当外力作用时,沿孔隙尖端所引起的应力集中可能形成微裂纹,促使应力集中更为剧烈,裂纹迅速扩展,引起材料断裂;或者由于孔隙和裂纹已存在于整个材料中,在外力作用下,使其迅速扩展和连接,从而引起材料的断裂。因此,孔隙和裂纹在粉末冶金材料中成为应力集中的断裂源。

图 14-8 表示一种含有椭圆形孔隙的板形试样中拉伸时的应力分布状态。垂直于椭圆长轴方向进行拉伸,其应力集中系数 k_t 对无限宽板来说可用下式计算:

$$k_t = 1 + \frac{2c}{b} = 1 + 2 \left(c/r\right)^{\frac{1}{2}} \tag{14-9}$$

式中:c——长半轴;

b——短半轴;

r——孔隙尖端的曲率半径。

对圆孔来说,$c=b$,则 $k_t=3$。通常对于弹性应力来说 $k_t=$ 最大应力 σ_{max}/名义应力 σ,所以,圆孔的最大应力只比名义应力大三倍;而对于狭长扁孔隙,由于 $c>b$,则 k_t 远大于3,因而引起剧烈的应力集中。

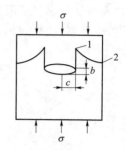

图14-8　在含有椭圆形孔隙的板形试样中拉伸时的应力分布状态

1—最大应力 σ_{max};

2—名义应力 σ

烧结铁的断裂机理研究表明,烧结材料的断裂,在很大程度上取决于孔隙度以及与孔隙有关的几何、物理参数。高孔隙度的烧结铁主要沿原始颗粒边界断裂。由于孔隙的非均匀分布,原始颗粒之间的联结很弱,容易发生理解和分离。低孔隙度的烧结铁主要是穿晶断裂,细小孔隙在切应力的作用下迅速长大,使裂纹扩展。中等孔隙度的烧结铁的断裂,则介于两者之间。

(1) 断裂韧性

材料的断裂起源于裂纹,又受裂纹扩展的控制。对具有中心缺口的薄板试样,断裂过程一般包括三个不同阶段:裂纹开始增长、裂纹慢增长时期以及灾难性的裂纹传播,导致完全断裂。在第三阶段中,这种迅速失稳扩展的裂纹不仅要具备一定的尺寸条件,而且还要具备一定的应力(应变)或能量条件。材料的断裂韧性常用 G_c 或 k_c 作为裂纹迅速扩展的判据。在某些烧结钢和粉末锻钢方面曾进行过不少断裂韧性研究。实验表明,其断裂韧性与所制材料的密度有关,随孔隙度的减少,断裂韧性增加。此外,试样中的夹杂物或氧化物的作用与孔隙一样,对断裂韧性的影响很大。这些夹杂物聚集在原始颗粒边界上,造成类似于孔隙的薄弱区,容易形成裂纹,降低断裂韧性值。夹杂物有两种基本类型:粗夹杂($>10\ \mu m$)主要分布在颗粒内部,有时也分布在颗粒边界;细夹杂(约 $1\ \mu m$)密集分布在颗粒边界上。从穿晶断裂的裂口,可看到粗夹杂物留下的凹窝;沿晶断裂时,可看到断口的凹窝是细小夹杂物形成的。这些断裂均与断面上凹窝之间的距离,即相当于夹杂物之间的间距有关。因此,可通过控制夹杂物之间的间距来改善断裂韧性。在粉末体致密化之前,通过各种处理来减少夹杂物的含量,可有效地增大夹杂物之间的间距;另外采用大横向流动的变形方式和两次锻造法,也可使夹杂物分散。

(2) 静态强度

静态强度包括抗拉、抗弯和抗压强度。它们不仅与孔隙度有关,而且还与孔隙的形状、大小和分布有关。粉末冶金材料的静态强度与孔隙度的关系可以用下式表示:

$$\sigma=k\sigma_0 f(\theta) \tag{14-10}$$

式中:σ——粉末冶金材料的强度;

σ_0——相应的致密材料强度;

k——常数;

$f(\theta)$——相对密度(孔隙度的函数)。

图14-9 为孔隙度和烧结温度对还原铁粉试样的抗拉强度的影响。烧结温度从 1 000 ℃提高到 1 300 ℃时,由于形成形状较为完整的孔隙,使得性能得到改善。不同方法制取的粉末,虽然性能变化的规律是相同的,但抗拉强度与烧结铁密度关系的斜率是不同的(图14-10)。

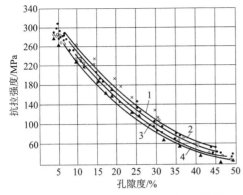

图 14-9　在不同温度下烧结铁粉试样的孔隙度对抗拉强度的影响

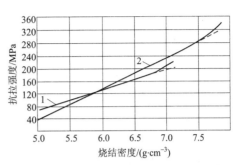

图 14-10　抗拉强度与烧结铁密度之间的关系
1—还原铁粉；2—涡旋铁粉图

粉末粒度对烧结试样的强度也有影响。图 14-11 为烧结铜粉试样的抗拉强度与粉末粒度的关系。使用粒度较粗的粉末会使强度下降。但是，在孔隙度小于 10％时，这种差别就会逐渐消失。

研究硬质合金抗弯强度发现。硬质合金的断裂都是从缺陷区开始的。很大程度上，硬质合金的抗弯强度取决于孔隙。即使在孔隙度低于

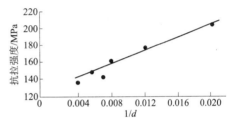

图 14-11　烧结铜试样的抗拉强度与粉末粒度的关系

标准要求的合金中，仍含有大量的微孔隙，因此降低孔隙度是提高硬质合金强度的重要途径。

多孔体是依靠外压缩力的作用而提高其密度的，因此，多孔体的抗拉强度比抗压强度低得多，并且粉末特性和烧结条件对抗压强度的影响是很小的。抗压强度与孔隙度的关系在一定条件下呈线性的关系。

（3）塑性

塑性包括延伸率和断面收缩率。粉末冶金材料由于有孔隙存在，有利于裂纹的形成和扩展，所以表现出低的拉伸塑性和高的脆性。如图 14-12 所示，延伸率强烈地依赖于试样密度。而且对孔隙形状很敏感。对孔隙周围的应力分析可知，较大的孔隙表现出相对较好的塑性。在实验的基础上，得出了烧结铁的延伸率和孔隙度之间的经验公式：

$$\delta=\delta_0(1-\theta)^n \tag{14-11}$$

$$\delta=\delta_0\theta-k_1\exp[-k_2\theta] \tag{14-12}$$

式中：δ_0——相应致密材料的延伸率；

n、k_1、k_2——常数。

在低孔隙范围内，公式计算结果与实验数据能很好地吻合。采用复压复烧的工艺，可以提高延伸率，这是由于孔隙在复压时

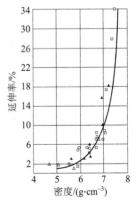

图 14-12　烧结铁的延伸率与密度的关系

变形,在复烧过程中引起孔隙的圆滑化合球化,从而使得对孔隙结构敏感的延伸率得到改善。

（4）动态性能

动态性能包括冲击韧性和疲劳强度,它们强烈地依赖于材料的塑性,从而也像塑性一样强烈地依赖于孔隙度。如图 14-13 所示,粉末冶金材料的冲击韧性与密度的关系服从于指数函数关系。由于冲击韧性对孔隙结构非常敏感,所以孔隙度为 15% ～20% 的粉末冶金材料,其冲击韧性是很低的,比相应的致密材料要低好几倍。粉末冶金材料的疲劳实验与致密材料一样,把疲劳周期为 10^7 次时的应力作为材料的疲劳强度。由疲劳断口的分析可以看出,在粉末烧结材料的疲劳实验中,首先从带锐角的孔隙开始产生微裂纹。当疲劳断裂扩展时,这些裂纹便相互连接起来,向变粗的主裂纹发展。孔隙起了断裂源的作用,这是烧结钢疲劳强度低的主要原因。

（5）硬度

硬度属于对孔隙形状不敏感的性能,主要取决于材料的孔隙度。宏观硬度随孔隙度的增高而降低,这是由于基体材料被孔隙度所削弱,测定硬度时,不能反映多孔金属基体的真实硬度。如用显微硬度测定,则可有目标的选择金属基体作为测定的对象,这样一般可以测得材料基体的真实硬度。

（6）弹性模量

弹性模量表征着晶格点阵中原子间的结合强度,是应力-应变曲线在弹性范围内直线段的斜率。如图 14-14 所示,烧结多孔铁的比例极限是很低的,其弹性模量随孔隙度的增高而降低。高孔隙高（>30%）烧结铁的弹性模量比铜还低。在给定应力下,弹性模量的降低意味着较大的弹性应变。

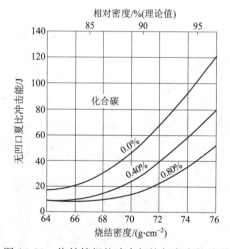

图 14-13 烧结镍钢的冲击韧性与密度的关系

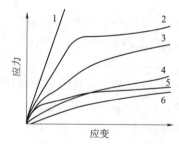

图 14-14 致密钢、铜和烧结铁的拉伸图开始部分
1—钢;2—10%孔隙烧结铁;3—20%孔隙烧结铁;
4—30%孔隙烧结铁;5—铜;6—35%孔隙烧结铁

2. 对物理性能的影响

在稳定的条件下,电、热、磁等现象都可以用完全相似的方法描述,即概括地用传导性来表示。电导率、热导率和磁导率和电容率等都属于传导性。

对于多相系统的传导性？，如果把孔隙当做孤立夹杂物，即孔隙的传导性等于零，可以得到：

$$\lambda = \lambda_0 \left(1 - \frac{3\theta}{2 + \theta} \right) \tag{14-13}$$

式中：λ_0——相应无孔材料的传导性；

　　　θ——夹杂物的体积。

图 14-15 可以看出烧结铁和烧结铜的电导率与孔隙度的关系，其计算值与实验数据能较好地相一致。孔隙形状对磁导率和电容率的影响很大。孔隙形状愈接近于球形，在颗粒表面凹凸部分的退磁场影响就愈小；同时孔隙阻碍磁畴壁的迁移，从而降低了最大磁导率。

多孔体的热容和饱和磁化强度均属于加和性能，服从于多相系统的加和计算法：

$$B_s = \sum_i B_{si} \theta_i \tag{14-14}$$

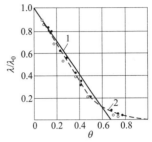

图 14-15　烧结铁和烧结铜电导率与
孔隙度的关系
1—计算值；2—实验值；
○—1 150～1 200 ℃烧结铁；
●—700～1 000 ℃烧结铜

式中：B_s——混合物的加和性能；

　　　B_{si}——混合物中组元的饱和磁化强度或其他性能；

　　　θ_i——混合物中组元的百分含量。

3. 对工艺性能的影响

为了提高烧结材料的力学、物理、化学性能和精度，以及生产所需要的线材、板材、带材、管材和零部件，对烧结后的材料或制品还可进行烧结后处理，包括浸透、复压复烧、精整、整形、锻造、压制、挤压、拉丝、机加工、焊接、热处理以及防蚀保护和外表的装饰处理（如电化学处理、氧化处理、磷化处理等表面处理）等。然而这些烧结后处理工艺都受到孔隙度的影响。

在烧结后处理的各种加热过程中，会发生再结晶与晶粒长大。如前所述，再结晶与晶粒长大会受烧结体内存在的空隙和第二相（如夹杂物等）以及晶界的影响。

应该指出，由于粉末冶金材料的晶粒可以满足超细化、等轴化和稳定化的要求，所以有可能在一定应变速率和温度下产生超塑性，从而可以大大改善材质的热加工性能，使难于变形的材料具有良好的压力加工性能。

当粉末冶金制品尺寸精度要求不超过 ± 0.025 mm 时，必须精整和整形。精整压力与制品的孔隙度和合金的组织结构有关。随孔隙度的增加，精整压力显著降低。

热处理可以有效地提高粉末冶金材质的性能。但是孔隙的存在，对其热处理的影响较大。在烧结钢中，晶粒细，氧化物夹杂含量高，特别是孔隙多，使烧结钢的导热性降低，淬火的临界冷却速度提高。因此，烧结钢的淬透性比同质的铸锻钢要低。淬火时，淬火液容易侵入孔隙引起材质的腐蚀。孔隙和夹杂的尖端也往往由于缺口效应而会引起淬火裂纹。

同样，由于孔隙的存在，对烧结钢的渗碳、碳氮共渗等热处理也 有影响。虽然，密度低时，由于渗碳气体可以通过开孔隙向试样中心扩散，因此具有较深的渗碳层厚度。这对于要求心部韧表面硬的材料来说，无疑是不利的。因此，一般要求渗碳的烧结钢密度应不低于 7 g/cm^3，或者可以用冷加工的方法来提高表面层密度。

此外,为了提高粉末冶金零部件的耐蚀性能、耐磨性能和表面质量,常进行电镀处理和涂层处理。大量孔隙的存在,对烧结零件的电镀工艺和效果影响很大。当零件的孔隙度不高时,其电镀方法与致密金属相同。但当孔隙度较高时,电解液进入孔隙会引起内部腐蚀,并且镀层表面不致密。因此,电镀多孔制品时需要采取封闭表面孔隙的措施。

第四节 设备的安装、调试和验收

学习目标:能掌握设备的安装、调试和验收知识。

一、设备安装

设备的安装应由具有能达到设备技术性能安装能力要求的专业队伍承担,对起重机械、锅炉、消防、特检等特种设备,应由具有安装资格、取得安装认可证书的单位承担。

设备安装的依据:① 设备图纸、设备安装使用说明书;② 设备安装工程施工及验收规范;③ 工程设计的要求及相关技术规定。

例 1 旋转压机安装确认的内容和要求

1) 文件及技术资料确认:使用说明书、产品合格证书、变频器使用说明书、开箱检查记录、设备使用说明书(操作规程、维护保养规程、常见故障及处理方法)是否齐全。

2) 安装环境确认:安装现场温度、湿度是否满足要求;地面是否坚实平整;是否有足够的空间满足生产和维修。

3) 设备材质确认:压机旋转工作台是否是不锈钢;阴模衬套是否是 GCr15,阴模内套是否是硬质合金。

4) 设备结构及安装要求:设备与药接触的部位是否便于清洗、无死角;设备在机座四角是否垫上防震垫,是否校正水平。

5) 仪表的检查与校验收:计量器具是否检定合格。

6) 电气安装:电源电压、电流是否满足要求;接地是否完好;电气安装是否符合安装规范。

二、设备调试试车的目的和依据

1. 设备调试试车的目的

设备调试试车的目的是验证设备设计的可行性和可靠性;设备安装的正确性,设备的各项技术性能与设计技术要求及国家有关规定的一致性。

2. 设备的调试试车依据

设备的调试试车依据可分为三类。

(1)机械设备

1)设计图纸、技术条件及有关技术规定。

2)国家建设部颁发的"安装施工及验收规范"中机械设备安装施工及验收规范(TJ 231);制冷设备安装施工及验收规范(GBJ 66);采暖与卫生工程施工及验收规范(GBJ 242);通风与空调工程施工及验收规范(GBJ 243)。

（2）电气设备

1）设计图纸、技术条件及有关技术规定。

2）国家建设部颁发的"安装施工及验收规范"中电气装置安装工程施工及验收规范（GBJ 232）。

（3）自控仪表

1）设计图纸、技术条件及有关技术规定。

2）工业自动化仪表工程施工及验收规范（GBJ 93）。

三、设备验收

1. 验收大纲

设备验收首先要编制验收大纲。验收大纲原则上由设备的使用或设计单位负责编制，编制的依据是设备技术条件，包括设备制造厂提供的设备技术条件或设计技术条件、国家的有关标准和合同及其附件中双方认可的补充技术条件。验收大纲的内容包括：设备配置检查表、设备空运转实验规范、设备负荷实验规范、技术规格参数和工作精度检验的项目要求和检验方法。

2. 验收标准

验收标准包括：

1）按验收大纲的内容和有关技术规范

2）按国家建设部颁布的"工程质量检验评定标准"中管道工程（TJ 302）、电气工程（TJ 303）、通用机械设备安装工程（TJ 305）、工业管道安装工程（TJ 307）、自动化仪表安装工程（TJ 308）。

例2　旋转压机空载试车的检查项目及验收标准：

1）按标准操作规程进行启动和停止操作，启动和停止正常、平稳；

2）中央润滑、涡轮润滑和喷雾润滑运行正常；

3）负压收尘有足够吸力；

4）料位仪检测可靠；

5）手轮盘动压机，运行正常；

6）点动压机，运行正常；

7）各报警连锁系统正常；

8）变频器速度调节调节作用明显，无失效、失控现象；

9）空载运转平稳，无异常震动、噪声、冲击和热变形；无漏油现象；

10）各连接、紧固件连接可靠、无松动；

11）各控制按钮灵敏有效；

12）指示灯、操作面板显示项目的准确；

13）开车停车控制上无错误信号，"总停"按钮操作有效；

14）机械安全防护装置可靠有效。

例3　旋转压机负载试车的验收标准：

1）真空上料机上料与压片机匹配，运行稳定可靠；

2）设备运行平稳、无异常噪声和振动,无热变形、漏油现象;

3）无不可调整的异常漏粉;

4）调整压机,生坯密度波动能控制在±0.05 g/cm³;

5）调整压机,生坯高度波动能控制在±1 mm;

6）当连续四块生坯不合格时,压机报警并停机;

7）生坯外观满足工艺要求;

8）调整、操作方便

例 4　Degussa 烧结炉冷态试车时的验收标准:

1）气密性实验合格,炉体及管道密封性满足要求;

2）料舟运行平稳、无异常噪声和振动,无起伏、卡堵现象;

3）冷却水压力、流量满足要求;

4）各安全联锁功能正常;

5）氮气、氢气管路无泄漏、压力和流量可调;压缩空气和氮气管路;

6）压缩空气压力满足要求,炉门开关动作流畅,关门后无气体泄漏;

7）天然气压力、流量可调,管路无泄漏;

8）点火器功能正常,尾气泄压阀能自动泄压;

例 5　Degussa 烧结炉热态试车时的验收标准:

1）温度可控,可按设定升温、降温速度升降温;

2）温度控制精度满足要求,在 1 700~1 760 ℃控温精度为±1 ℃;

3）氢气流量、压力可调,流量满足工艺要求;

4）氢气压力低时,可自动转氮;

5）天然气、氢气管路无泄漏、压力和流量可调;

6）压缩空气压力满足要求,炉门开关动作流畅,关门后无气体泄漏,无火焰冒出;

7）天然气压力、流量可调,管路无泄漏;

8）点火器功能正常,尾气泄压阀能自动泄压;

9）推舟时间可调,主推机可选择间隙推料或连续推料,间隙推料时,可设定电机运行时间和停止时间;

10）料舟运行平稳、无异常噪声和振动,无起伏、卡堵现象。

第十五章　生产管理

学习目标:通过学习掌握生产管理的基础知识、质量管理的基本知识和生产技术总结的编写。

第一节　生产管理基础知识

学习目标:能掌握生产管理的基础知识。

车间生产管理,即对车间生产活动的管理。车间生产管理的主要任务是按时完成企业经营计划规定的任务,具体地说就是要完成本车间承担的产品品种、质量、产量、成本和安全等指标。

一、车间生产组织

1. 车间生产过程的划分

工业企业的生产过程,按其所经过的各个阶段的地位和作用来分,可分为以下四个组成部分。

(1)基本生产过程

它是直接从事车间基本产品生产、实现车间基本生产过程的单位,如机械工业中的铸造、机加工、部件(总成)装配等生产过程。

(2)辅助生产过程

为基本生产提供辅助产品与劳务的部门,如维修和有关动能的输送等。

(3)生产技术准备过程

为基本生产和辅助生产提供产品设计、工艺设计、工艺准备设计及非标准设备设计等技术文件,负责新产品试制工作。

(4)生产服务过程

它是为基本生产过程和辅助生产过程服务的部门,通常包括原材料、成品、工具、夹具的供应和运输等工作。

2. 车间生产组织的基本要求

(1)生产过程的连续性

所谓连续性,具有两层含义:一是工作(生产)场地的连续性和不断性,能提高工作场地的利用率;二是作业者在工作过程中的连续性,可缩短产品的生产周期。

(2)生产环节的协调性

生产环节的协调性,即要求车间生产过程的各个工艺阶段、工序(或工作地)之间在生产能力上保持适当的比例。

（3）生产能力的适应性

应考虑由于产品品种不断更新换代和技术的不断发展进步,应进一步挖掘潜力,开展技术革新,以适应形势变化的要求。

3. 车间生产过程的空间组织

（1）生产专业化的原则和形式

生产专业化的原则决定着企业的分工协作关系和工艺流向、原材料、在制品等在车间内的运转路线和运输量。其主要原则和形式有三种:

1）工艺专业化原则和工艺专业化车间;

2）对象专业化原则和对象专业化车间;

3）综合原则及相应的车间。

（2）车间内生产单位的组成

车间内的生产单位是指车间内的工段、班组。从生产过程的性质看,工段（班组）又分为生产工段（班组）和辅助工段（班组）。

生产工段完成生产产品的过程,通常按产品零件或工种来设置;辅助工段完成辅助生产过程,往往按辅助工种来设置。

4. 车间生产过程的时间组织

车间生产过程中,必须合理分配劳动时间,以减少时间的消耗,提高生产过程的连续性,降低单位产品的时间消耗;同时要在原有生产条件、操作者和设备负荷允许范围内,尽量缩短生产周期。

5. 车间流水生产线的组织

其特征是:

1）工作场地专业化程度高,流水线上固定生产一种或几种产品。

2）生产节奏明显,并按一定的速度进行。

3）各工序的工作场地（设备）数量同各工序时间的比例相一致。

4）工艺过程是封闭的,工作场地（设备）按工艺顺序排列成锁链形式,劳动对象在工序间作单向移动。

二、车间生产控制与调度

1. 车间在制品管理

所谓在制品管理。是指包括在制品的实物管理和在制品的财卡管理在内的管理。它们通常是通过作业统计。分车间和仓库进行管理的。

（1）在制品的管理和统计

在制品是指车间内尚未完工的正在加工、检验、运输和停放的物品。通常采用轮班任务报告管理。

（2）库存半成品的管理与统计

在成批和单件小批生产情况下,需在车间内设置半成品库。它是车间在制品转运的枢纽,可及时向车间管理部门反映情况,提供信息。

2．车间生产作业的统计、考核和分析

（1）车间生产作业统计的方法

1）建立车间作业统计组织。车间（工段）、班组，应有作业统计人员；

2）做好资料的收集、整理和统计分析工作；

3）正确运用数字。数据要有可比性，统计数字时要做到准确、及时、全面。

（2）车间生产的原始记录

原始记录也叫原始凭证，它是通过一定的形式和要求。用数字或文字对生产活动作出的最初和最直接的记录。

（3）专业统计的考核和分析

包括期量完成情况的考核和分析、品种完成情况的考核和分析、产品完成情况的考核和分析。

三、精益生产管理

1．精益生产管理的内涵

精益生产（Lea Production，LP）方式是日本的丰田英二和大野耐一首创的，是适用于现代制造企业的组织管理方法。这种生产方式是以整体优化的观点，科学、合理地组织与配置企业拥有的生产要素，清除生产过程和一切不产生附加价值的劳动和资源，以"人"为中心，以"简化"为手段，以"尽善尽美"为最终目标，使企业适应市场的应变能力增强。

2．精益生产的基本特征和思维特点

（1）精益生产的基本特征

第一，以市场需求为依据，最大限度地满足市场多元化的需要。

第二，产品开发采用并行工程方法，确保质量、成本和用户要求，缩短产品开发周期。

第三，按销售合同组织多品种小批量生产。

第四，生产过程变上道工序推动下道工序生产为下道工序要求拉动上道工序生产。

第五，以"人"为中心，充分调动人的积极性，普遍推行多机操作、多工序管理，提高劳动生产率。

第六，追求无废品、零库存，降低生产成本。

第七，消除一切影响工作的"松弛点"，以最佳工作环境、条件和最佳工作态度，从事最佳工作，从而全面追求"尽善尽美"。

（2）精益生产的思维特点

精益生产方式是在丰田生产方式的基础上发展起来的，它把丰田生产方式的思维从制造领域扩展到产品开发、协作配套、销售服务、财务管理等各个领域，贯穿于企业生产经营活动的全过程，使其内涵更全面、丰富，对现代机械、汽车工业生产方式的变革有重要的指导意义。

3．精益生产的主要做法——准时化生产方式（JIT）

准时生产方式起源于日本丰田汽车公司。它的基本思想是："只在需要的时刻，生产需要的数量和完美质量的产品和零部件，以杜绝超量生产，消除无效劳动和浪费。"这也是 Just In Time（JIT）一词的含义。

（1）JIT 生产方式的目标及其基本方法

企业的经营目标是利润，而降低成本则是生产管理子系统的目标。福特时代采用的是单一品种的规模生产，以批量规模来降低成本。但是，在多品种、中小批量生产的情况下，这样的方法是不行的。因此 JIT 生产方式力图通过"彻底排除浪费"来达到这一目标。

第一，适时、适量生产。

第二，弹性配置作业人数。

第三，质量保证。

JIT 的核心是适时适应生产，为此，JIT 采取了以下具体方法：

一是生产同步化，即工序间不设仓库，前一工序加工结束后，立即转到下一工序去，各工序几乎平行生产。而后工序只在需要的时刻到前工序领取需要的数量，前工序只补充生产被领走的数量和品种。因此，生产同步化通过"后工序领取"这样的方法来实现。

二是生产均衡化，即总装配线向前工序领取零部件时，应均衡地使用各种零部件，混合生产各种产品。

三是采用"看板"这种极其重要的管理工具。

（2）看板管理

看板管理就是在木板或卡片上标明零件名称、数量和前后工序等事项，用以指挥生产、控制加工件的数量和流向。看板管理是一种生产现场物流控制系统。现以丰田汽车公司典型的第一层次外协配套企业——日本小系制作所(以下简称小系)的看板管理方式为例介绍如下：

小系的用户主要是丰田汽车公司，所以小系的生产计划与丰田同步编制，每年 10 月份编制次年的年度生产计划，作业计划每月编制，生产指令更改每天进行，通过增加或减少"看板"来实现。月度作业计划提前 6 天确定，但有 20％的变动量。

在计划实施中，小系主要采用三条措施来保证生产的衔接：

1）将生产装配线全部改成 U 形，每条线 5～6 台设备，由 1～2 个工人操作，如遇产品变更只需在装配线内调换模具，更换也有"看板"指示，多数模具装配在可移动的工位器具上，由班长送到工位，1～2 min 便可完成换模；

2）加强与用户联系，派专人密切注视总装厂的市场、产品变化，与丰田同步做好生产技术准备工作；

3）保持少量的储备量，总装车间是 0.5 d，部件车间是 0.5～1 d，外协厂是 2～3 d，以保证丰田汽车总装厂库存为零。

第二节　质量管理知识

学习目标：能掌握质量管理的基本知识。

质量管理是在质量方面指挥和控制组织的协调的活动。通常包括制定质量方针、质量目标以及质量策划、质量控制、质量保证和质量改进。

一、质量控制

质量控制是指为了达到质量要求所采取的作业技术和活动。质量控制应贯穿于质量形成的全过程,其主要内容有:确定控制对象;制定控制计划和标准;实施控制计划,并在实施过程中进行连续监视、评价和验证;纠正不符合设计和操作程序的现象;排除质量形成过程中的不良因素,使其恢复正常状态。过程决定结果,在本章将重点讨论生产过程质量控制。

生产过程质量控制是指对影响过程质量的所有因素,包括工艺参数、人员、设备、材料、加工和测试方法、环境加以控制。

生产过程质量控制的具体内容一般包括以下几个方面。

1. 生产准备控制

制定能满足产品设计规定要求的、可操作的工艺、检验文件,制定劳动定额与物资消耗定额,制定物料贮运控制方案,配备与培训人员。确定关键过程、特殊过程并制定工序质量控制方案。

2. 设备控制

对设备(生产设备、工艺装备)的配置、鉴定、使用、维修、备件供应、改造进行全寿命周期管理,保证设备满足生产要求处于完好状态,对重点设备必要时进行设备能力确认。

3. 工艺纪律控制

按有关技术、管理文件、法规、标准进行生产加工和测试、检验。

4. 人员控制

按培训规定,操作人员培训上岗,对特殊工种、特殊工作、关键过程和特殊过程的作业人员,应按规定进行资格培训考核、持证上岗。

5. 物料控制

检验、实验文件规定控制来料检验实验、过程检验实验和最终检验实验,保证合格物料与产品才能投产、转工序及出厂。

6. 环境控制

按照安全与文明生产的有关文件、法规、标准的规定,保持生产现场整洁有序、物流畅通、操作方便安全,工业生产物排放符合环保要求。

7. 关键、特殊过程控制

编制作业指导书或配备特殊设施,对关键过程、特殊过程实施过程能力确认、参数控制等特殊的监控措施。

二、质量改进

质量改进就是通过采取各项有效措施提高产品、体系或过程满足质量要求的能力,使质量达到一个新的水平、新的高度。

质量改进活动应遵循一定科学程序进行——PDCA 循环,遵循策划、实施、检查、处置四个阶段。这四个阶段不断循环下去,保持持续改进,故称之为 PDCA 循环,如图 15-1所示。

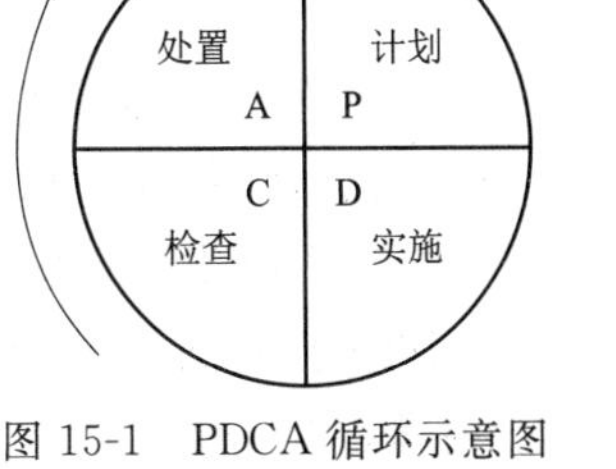

1. 开展 PDCA 循环的具体内容

计划阶段:包括制订方针、目标、计划书、管理项目等;实

图 15-1　PDCA 循环示意图

施阶段:按计划实地去做,去落实具体对策;检查阶段:对策实施后,把握对策的效果;处置阶段:总结成功的经验,实施标准化,以后就按标准进行。对于没有解决的问题,转入下一轮 PDCA 循环解决,为制订下一轮改进计划提供资料。

2. 开展 PDCA 循环的特点

四个阶段一个也不能少。大环套小环,在某一阶段也会存在制定实施计划、落实计划、检查计划的实施进度和处理的小 PDCA 循环。每循环一次,产品质量、工序质量和工作质量就提高一步,PDCA 循环是不断上升的循环。

3. 质量改进的步骤、内容及注意事项

质量改进的步骤本身就是一个 PDCA 循环。这四个阶段具体可分作七个步骤来实施:明确问题;调查现状;分析问题原因;拟定对策并实施;确认效果;防止再发生和标准化;总结。

(1) 明确问题

1) 活动内容:

① 明确所要解决的问题为什么比其他问题重要。

② 问题的背景是什么,到目前为止的情况是怎样的。

③ 将不尽如人意的结果用具体的语言表现出来,有什么损失,并具体说明希望改进到什么程度。

④ 选定题目和目标值。如果有必要,将子题目也决定下来。

⑤ 正式选定任务负责人。

⑥ 对改进活动的费用做出预算。

⑦ 拟定改进活动的时间表。

2) 注意事项:

① 在我们周围有着大小数不清的问题,由于人力、物力、财力和时间的限制,在选择要解决的问题时不得不决定其优先顺序。为确认最主要的问题,应该最大限度地灵活运用现有的数据,并且从众多的问题中选择一个作为题目时,必须说明其理由。

② 解决问题的必要性必须向有关人员说明清楚,否则会影响解决问题的有效性,甚至半途而废,劳而无功。

③ 设定目标值的根据必须充分,不合理的目标值是无法实现的,合理的目标值是经济上合理,技术上可行的。若需要解决的问题包括若干具体问题时,可分解成几个子课题。

④ 要明确解决问题的期限。预计的效果再明显,不拟定具体的时间往往会被拖延,被后来出现的那些所谓"更重要、更紧急"的问题代替。

(2) 调查现状

1) 活动内容:

① 为抓住问题的特征,需要调查四个要点,即:时间、地点、种类、特征。

② 为找出结果的波动,要从各种不同角度进行调查。

③ 去现场收集数据中没有包含的信息。

2) 注意事项:从不同角度调查问题方能完全理解和把握问题的全貌,而这似乎与"选题"的内容相似,容易混淆。实际上,选题的目的是认识问题的重要性,而现状把握的目的是找出引起问题的要因。两个步骤使用的材料有时是相同的,但目的却大相径庭。

① 解决问题的突破口就在问题内部。例如:质量特性值的波动太大,必然在影响因素中存在大的波动,这两个波动之间必然存在关系,这是把握问题主要影响原因的有效方法。而观察问题的最佳角度随问题的不同而不同,不管什么问题,以下四点是必须调查清楚的,即:时间、地点、种类、特征。

a. 关于时间。早晨、中午、晚上,不合格品率有何差异? 星期一到星期六,每天的合格品率都相同吗? 当然还可以以星期、月、季节、季度、年等不同角度观察结果。

b. 从导致产品不合格的部位出发。从部件的上部、侧面或下部零件的不合格情况来考虑。

c. 对种类的不同进行调查。同一个工厂生产的不同产品,其不合格品率有无差异? 与过去生产过的同类产品相比,其不合格品率有无差异? 关于种类还可以从生产标准、等级;是成人用还是儿童用;男用还是女用;内销还是外销等不同角度进行考虑,充分体现分层原则。

d. 可从特征考虑。以产品不合格品项目——气孔为例:发现气孔时,其形状是圆的、椭圆、带角的还是其他形状? 是个别气孔、分散气孔、还是连续状气孔等等。出现上述气孔的原因是什么?

② 不管什么问题,以上4点是必须调查的,但并不充分,另外,结果波动的特征也必须把握。

③ 一般来说,解决问题应尽量依照数据进行,其他信息(如:记忆、想象)只能供参考。在没有数据的情况下,就应充分发挥其他信息的作用。

调查者应深入现场,而不仅仅是纸上谈兵。在现场可以获得许多数据中未包含的信息。它们往往像化学反应中的触媒一样,给解决问题带来启发,从而寻找到突破口。

(3) 分析问题原因

1) 活动内容

① 设立假说(选择可能的原因):

a. 为了搜集关于可能的原因的全部信息,应画出因果图(包括所有认为可能有关的因素)。

b. 运用掌握现状阶段掌握的信息,消去所有已明确认为无关的因素,用剩下的因素重新绘制因果图。

c. 在绘出的图中,标出认为可能性较大的主要原因。

② 验证假说(从已设定因素中找出主要原因):

a. 搜集新的数据或证据,制订计划来确认可能性较大的原因对问题有多大影响。

b. 综合全部调查到的信息,决定主要影响原因。

c. 如条件允许的话,可以有意识地将问题再现一次。

2) 注意事项

到了这一阶段,就必须科学地确定原因了。在许多事例中,问题的原因是通过问题解决者们的讨论,或是由某人来决定的,这样得出的结论往往是错误的,这些错误几乎都是没有经过或是漏掉了验证假说的阶段。考虑原因时,通常要通过讨论其理由,并应用数据来验证假说的正确性,这时很容易出现将"假说的建立"和"假说的验证"混为一谈的错误。验证假说时,不能用建立假说的材料,需要新的材料来证明。重新收集验证假说的数据要有计划、有根据地进行,必须遵照统计手法的顺序验证。

① 因果图是建立假说的有效工具。图中所有因素都被假设为导致问题的原因,图中最终包括的因素必须是主要的、能够得到确认的。

a. 图中各影响因素应尽可能写得具体。如果用抽象的语言表达,由于抽象的定义是从各种各样的实例中集约出来的,因此,图的数目就可能变得过于庞大。例如:因果图中的结果代表着某一类缺陷,图中的要因就成为引起这一类缺陷的原因集合体,图中将混杂各种因素很难分析。因此,结果项表现得越具体,因果图就越有效。

b. 对所有认为可能的原因都进行调查是低效率的,必须根据数据,削减影响因素的数目。可利用"掌握现状"阶段中分析过的信息,将与结果波动元关的因素舍去。要始终记住:因果图最终画得越小(影响因素少),往往越有效。

c. 并不是说重新画过的因果图中,所有因素引起不良品出现的可能性都是相同的。可能的话,应根据"掌握现状"阶段得到的信息进一步进行分析,根据它们可能性的大小排列重要度。

② 验证假说必须根据重新实验和调查所获得的数据有计划地进行:

a. 验证假说就是核实原因与结果间是否存在关系、是否密切。常使用排列图、相关及回归分析、方差分析。通过大家讨论由多数意见决定是一种民主的方法,但不见得科学,最后调查表明全员一致同意了的意见结果往往是错误的。未进行数据解析就拟定对策的情况并不少见。估计有效的方案都试一下,如果结果不错就认为问题解决了。这种用结果反过来推断原因判断是否正确的做法,与我们主张的顺序完全相反,其结果必然是大量的运行错误。即便问题碰巧解决了,措施也是有的,但由于问题的原因与纠正措施无法一一对应,大多数情况下无法发现主要原因。

b. 导致产品缺陷出现的主要原因可能是一个或几个,其他原因也或多或少会对不合格品的出现产生影响。然而,对所有影响因素都采取措施是不现实的,也没必要,应首先对主要因素采取对策。所以,判断主要影响原因是重要的。

c. 利用缺陷的再现性实验(实验)来验证影响原因要慎重进行。某一产品中采用了非标准件而产生不合格品,不能因此断定非标准件就是不合格品的原因。再现了的缺陷还必须与"掌握现状"时查明的缺陷一致,具有同样的特征。有意识的再现缺陷是验证假设的有效手段,但要考虑到人力、时间、经济性等多方面的制约因素。

(4) 拟定对策并实施

1) 活动内容:

① 必须将现象的排除(应急措施)与原因的排除(防止再发生措施)严格区分开;

② 采取对策后,尽量不要引起其他质量问题(副作用),如果产生了副作用,应考虑换一种对策或消除副作用;

③ 先准备好若干对策方案,调查各自利弊,选择参加者都能接受的方案。

2) 注意事项

① 对策有两种,一种是解决现象(结果),另一种是消除引起结果的原因,防止再发生。生产出不合格品后,返修得再好也不能防止不合格品的再次出现,解决不合格品出现的根本方法是除去产生问题的根本原因,防止再产生不合格品。因此,一定要严格区分这两种不同性质的对策。

②　采取对策后,常会引起别的问题,就像药品的副作用一样。为此,必须从多种角度对措施、对策进行彻底而广泛的评价。

③　采取对策时,有关人员必须通力合作。采取对策往往要带来许多工序的调整和变化,如果可能,应多方听取有关人员的意见和想法。当同时存在几个经济合理、技术可行的方案时,通过民主讨论决定不失为一个良好的选择。

（5）确认效果

1）活动内容：

①　使用同一种图表将对策实施前后的不合格品率进行比较。

②　将效果换算成金额,并与目标值比较。

③　如果有其他效果,不管大小都可列举出来。

2）注意事项：

①　本阶段应确认在何种程度上做到了防止不合格品的再发生。比较用的图表必须前后一致,如果现状分析用的是排列图,确认效果时也必须用排列图。

②　对于企业经营者来说,不合格品率的降低换算成金额是重要的。通过对前后不合格品损失金额的比较,会让企业经营者认识到该项工作的重要性。

③　采取对策后没有出现预期结果时,应确认是否严格按照计划实施了对策,如果是,就意味着对策失败,重新回到"掌握现状"阶段。没有达到预期效果时,应该考虑以下两种情况：

a. 是否按计划实施了,实施方面的问题往往有：

——对改进的必要性认识不足。

——对计划的传达或理解有误。

——没有经过必要的教育培训。

——实施过程中的领导、组织、协调不够。

——资源不足。

b. 计划是否有问题,计划的问题往往是：

——现状把握有误。

——计划阶段的信息有误和（或）知识不够,导致对策有误。

——对实施效果的测算有误。

——没有把握实际拥有的能力。

（6）防止再发生和标准化

1）活动内容：

①　为改进工作,应再次确认 5W1H 的内容,即 What(什么)、Why〈为什么〉、Who(谁)、Where(哪里)、When(何时做)、How(如何做),并将其标准化。

②　进行有关标准的准备及传达。

③　实施教育培训。

④　建立保证严格遵守标准的质量责任制。

2）注意事项：为不再出现不合格品,纠正措施必须标准化。其主要原因是：

①　没有标准,不合格品问题渐渐会回到原来的状况。

②　没有明确的标准,新来的职工在作业中很容易出现以前同样的问题。标准化工作并

不是制定几个标准就算完成了,必须使标准成为职工思考习惯的一部分。

(7)总结

1)活动内容:

① 找出遗留问题。

② 考虑解决这些问题下一步该怎么做。

③ 总结本次降低不合格品率的过程中,哪些问题得到顺利解决,哪些尚未解决。

2)注意事项:

① 要将不合格品减少为零是不可能的,但通过改进,不断降低不合格品率却是可能的。同时也不提倡盯住一个尽善尽美的目标,长期地就一个题目开展活动。开始时就定下一个期限,到时候进行总结,哪些完成了,哪些未完成,完成到什么程度,及时总结经验和教训,然后进入下一轮的质量改进活动中去。

② 应制订解决遗留问题的下一步行动方案和初步计划。

4. 质量改进的方法

常见的质量改进的方法有以下几种:头脑风暴法、系统图、过程决策程序图(PDPC 法)、网络图、矩阵图、亲和图、流程图。

三、不合格品控制

1. 控制不合格品的目的

不合格品是指企业的物资、生产的半成品、进入市场的最终产品的某一项或几项特性不符合标准、规定或合同约定的要求。

不合格品控制的目的是:确保不合格产品不投入生产、不转入下一道工序、不交付;防止不合格品的非预期使用。

2. 不合格品控制工作内容

(1)标识

一旦发现不合格品,要及时作出标识。

(2)记录

做好不合格品的记录,记录不合格品的范围。如生产时间、地点、产品和批次(放行单号)、零部件号、生产设备等。

(3)评价

对不合格品进行分级分类评审,一般可分为轻度不合格、严重不合格两级,可分为不合格原材料、外购物资,不合格半成品,不合格成品(包括顾客退货)三类。轻度不合格一般可由检验员判断后,由检验部门负责人评审;严重不合格由主管质量的领导主持,分别由供应(必要时)、生产、销售三个主管部门会同质量管理、检验、技术各部门参加组成不合格品评审小组分别对外购物资、半成品、成品的不合格品评审,必要时征得顾客同意,评审记录要传递、报告并保存。

(4)隔离

可行时应隔离不合格品,给以标识,防止误用。在核燃料元件生产中,发现不合格品,必须进行隔离。

(5)处置

不合格品可采取以下处置措施：

1）返工。即对不合格品采取措施，使其满足规定要求。

2）返修。即对不合格品采取措施，使其虽不符合规定要求，但能满足预期的使用要求。

3）让步接收。不合格品不经返修，而由有关人员授权批准或由企业向顾客申请让步接收，书面认可或放行（应有严格审批手续，也不能作为以后类似产品让步接收的先例）。核燃料元件生产厂采用办理不符合项的形式进行处理。

4）降级、拒收或报废。

返工或返修后的产品都应按规定重新检验。

当在交付或开始使用后发现产品不合格，应采取与不合格影响相适应的措施。

四、纠正和预防措施

1. 概念

应区别纠正、纠正措施和预防措施三者的含义。

"纠正"是指：消除现有的不合格所进行的处置（是不合格控制的内容之一）；"纠正措施"的定义是："为消除已发现的不合格或其他不期望情况的原因所采取的措施"；"预防措施"的定义是："为消除潜在的不合格或其他不期望情况的原因所采取的措施"。

从上述定义中，可见纠正措施和预防措施是指对存在的或潜在的不合格原因进行调查分析，采取措施防止问题再发生或预防发生的全部活动，是一种质量管理体系自我完善的机制，而纠正仅是不合格的处置，并不着重找问题原因，不着重防止问题发生或再发生。

2. 纠正（预防）措施的控制工作

应该按 PDCA 四阶段七步骤的质量管理工作程序进行。

首先是采取纠正，解决当前不合格的处置问题，满足顾客（或工序）的要求，然后是调查问题原因，确定纠正（预防）措施，对纠正（预防）措施的有效执行加以控制，并对实施效果跟踪验证。最后进入总结（处置）阶段，将成功的纠正（预防）措施纳入质量文件规范化，防止问题再发生（或防止发生），遗留的问题留待下一个 PDCA 循环进行。

第三节　生产技术总结的编写内容、方法及要求

学习目标：能掌握生产技术总结的编写内容、方法和要求。

一、生产技术总结的编写内容

主要包括：生产起始及结束日期，产品批次，投入及产出数量，各种废品缺陷的类型及数量，返修品的返修类型及数量；设备运行情况；人员状态；原材料验收情况等。通过数据分析对工艺过程的状态进行评价，并进行总结评价，提出改进措施或观察意见等。

二、生产技术总结的编写方法

充分利用分层法、质量曲线图、因果图、控制图或直方图、饼图、散布图、排列图等进行直观分析。还可采用各种百分率的计算公式，对一些关键数据可采用方差分析、假设检验、回

归分析等分析方法进行分析。总结中对主要的技术指标有影响因素的分析,那些因素控制较好,那些应加强控制与监督。

三、生产技术总结的编写要求

总结中应对生产过程中关键件或重要件的产品质量特性水平、变化趋势进行分析;对不符合项、质量事件、废品及返修品对其产生原因及解决措施进行分析和总结;对不符合项、质量事件、废品及返修品产生原因、是否存在系统性、采取的预防措施是否有效等进行分析并得出结论。

对于质量事件、不符合项等应对其影响范围、对产品整体质量水平的影响等进行评价。

第十六章　培训和考核

学习目标：通过学习掌握培训教学的基础知识和技师论文的写作。

第一节　培训教学基础知识

学习目标：能掌握培训教学的基础知识。

作为一名技师，应将自己的操作技能传授给广大员工。为什么要进行培训？如何进行培训？这是作为培训者必须掌握的内容。首先，应明确培训的目的，了解员工的弱项（那些操作技能缺乏）；设计培训内容，培训者还应熟悉培训需要遵循的原则；为使培训效果显著，培训者还应掌握培训的技巧、方法。

一、培训工作的目标

培训工作的目标包括：

1）通过对员工的培训能够达成员工对公司文化、价值观、发展战略的了解和认同；

2）达成对公司规章制度、岗位职责、工作要领的掌握；

3）提高员工的知识水平，增强员工工作能力，改善工作绩效；

4）端正工作态度，提高员工的工作热情和合作精神，建立良好的工作环境和工作气氛；

5）配合员工个人和企业发展的需要，对具有潜在能力的员工，通过有计划的人力开发使员工个人的事业发展与企业的发展相结合。

二、培训内容的五个层次

1. 知识培训

知识培训的主要任务是对参训者所拥有的知识进行更新。其主要目标是要解决"知"的问题。

2. 技能培训

技能培训的主要任务是对参训者所具有的能力加以补充。其主要目标是要解决"会"的问题。

3. 思维培训

思维培训的主要任务是使参训者固有的思维定势得以创新。其主要目标是要解决"创"的问题。

4. 观念培训

观念培训的主要任务是使参训者持有的与外界环境不相适应的观念得到改变。其主要目标是要解决"适"的问题。

5. 心理培训

心理培训的主要任务是开发参训者的潜能。其主要目的是通过心理的调整，引导他们利用自己的"显能"去开发自己的潜能。其主要目标是解决"悟"的问题。

三、培训工作应遵循的原则

企业培训的成功实施要遵守培训的基本原则。尽管培训的形式和内容各异，但各类培训坚持的原则基本一致，主要有以下几个原则：

1. 战略原则

员工培训是生产经营活动中的一个环节。我们在组织培训时，要从企业发展战略的角度去思考问题，避免发生"为培训而培训"的情况。

2. 长期性原则

员工培训需要企业投入大量的人力、物力，这对企业的当前工作可能会造成一定的影响。有的员工培训项目有立竿见影的效果，但有的培训要在一段时间以后才能反映到员工工作绩效或企业经济效益上，尤其是管理人员和员工观念的培训。因此，要正确认识智力投资和人才开发的长期性和持续性，要用"以人为本"的经营管理理念来搞好员工培训。企业要摈弃急功近利的态度，坚持培训的长期性和持续性。

3. 按需施教原则

公司从普通员工到最高决策者，所从事的工作不同，创造的绩效不同，能力和应当达到的工作标准也不相同。所以，员工培训工作应充分考虑他们各自的特点，做到因材施教。也就是说，要针对员工的不同文化水平、不同的职务、不同要求以及其他差异，区别对待。

4. 学以致用原则

在培训中，应千方百计创造实践的条件。培训的最终目的就是要把工作干得更好。因此，不仅仅依靠简单的课堂教学，更要为接受培训的员工提供实践或操作的机会，使他们通过实践，真正地掌握要领，在无压力的情况下达到操作的技能标准，较快地提高工作能力。

5. 投入产出原则

员工培训是企业的一种投资行为，和其他投资一样，我们也要从投入产出的角度来考虑问题。员工培训投资属于智力投资，它的投资收益应高于实物投资收益、但这种投资的投入产出衡量有其特殊性，培训投资成本不仅包括可以明确计算出来的会计成本，还应将机会成本纳入进去。培训产出不能纯粹以传统的经济核算方式来评价，它包括潜在的或发展的因素，另外还有社会的因素。

6. 培训的方式和方法多样性原则

公司从普通员工到最高决策者，所从事的工作不同，创造的业绩不同，能力和应达到的工作标准也不同。因此，不同的员工通过培训所要获取的知识也就有所不同。

7. 个人发展与企业发展相结合的原则

通过培训，促进员工个人职业的发展。员工在培训中所学习和掌握的知识、能力和技能应有利于个人职业的发展。作为一项培训的基本原则，它同时也是调动员工参加培训积极性的有效法宝。员工在接受培训的同时，将感受到组织对他们的重视，这样有利于提高自我价值的认识,也有利于增加职业发展的机会,同时也促进了企业的发展。

8. 全员培训与重点培训相结合的原则

企业培训的对象应包括企业所有的员工,这样才能全面提高企业的员工素质。全员培训也不是说对所有员工平均分摊培训资金。在全员培训的基础之上,我们还要强调重点培训,主要是对企业生产骨干,培训力度应稍大,因为这些人员对生产任务的完成起着关键作用。

9. 反馈与强化培训效果的原则

在培训过程中,要注意对培训效果的反馈和结果的强化。反馈的作用在于巩固学习技能、及时纠正错误和偏差,反馈的信息越及时、准确,培训的效果就越好。强化是结合反馈对接受培训人员的奖励或惩罚。这种强化不仅应在培训结束后马上进行,如奖励接受培训效果好并取得优异成绩的人员;还应在培训之后的上岗工作中对培训的效果给予强化,如奖励那些由于培训带来的工作能力的提高并取得明显绩效的员工。一般来说,受人贬斥而发奋总不如受人赞扬更能自强自信,更能燃起奋发向上的热情。

四、在职培训方法

在职培训是指员工在日常的工作环境中一边工作一边接受的培训。这种培训可以是正式的,也可以是非正式的。如果是正式培训,培训者会遵循一些书面的程序和规则进行培训;如果是非正式培训,培训者通常没有书面的程序和规则材料,他们按照自己的方式辅导员工。有时候在职培训甚至没有培训者,员工一边干一边摸索相关的知识和技能。

以师傅带徒弟的培训方法就是一种在职培训。在生产任务较繁重,人员紧张的情况下,在职培训是一种较为实用、效果较为明显的方法,也是最常使用、最值得推广的一种方法,应大力提倡。一般情况下,培训者按照下列步骤开展在职培训,培训效果较明显。

1. 解释工作程序

在职培训一开始是向员工解释该项工作。这种解释要"宏观",其中包括为什么需要这一特定的工作或工作程序;它是如何影响其他工作的;这一工作如果出现差错会造成什么后果。这一步的目的是让员工在掌握具体工作前对整个过程有一个了解。

2. 示范工作程序

给员工演示整个工作过程。如果培训者在示范一项有形任务,如燃料棒组装、骨架组装或拉棒操作,一定要慢慢做示范,让员工有机会记住每一步。要保证培训者的演示适合于员工的观察角度。例如,如果培训者是面对着员工演示,员工学到的操作就是反方向的。如果工作过程很复杂,应该每次只演示一步。到底培训者的演示是从第一步开始还是从最后一步开始,取决于员工要掌握的技能是什么。

新员工还需要掌握一些无形的工作程序,这些工作程序也要通过演示进行培训。例如,培训者也许要演示一下如何进行格架定位或格架的安装方位。

3. 让员工提问,并回答他们的问题

演示结束后,要鼓励员工提问。根据问题,培训者可以重新演示一遍,并鼓励员工在演示过程中进一步提问。

4. 让员工自己动手做

让员工试着自己动手做。请员工解释自己在干什么和为什么要这样做,这可以帮助培训者确认员工是否真的理解了工作过程。如果员工很吃力或有点灰心,可以帮他一把,若有必要,也可以再演示一遍。

5. 给员工反馈和必要的练习机会

继续观察员工的工作,并提出反馈意见,直到培训者们双方都对员工的操作过程感到满意为止。让员工清楚知道自己什么地方有进步,什么地方做得好,并给他足够的时间练习,直至他有信心独自完成工作而无需指导。教会员工在整个过程中检查自己的工作质量,让他们感到自己有责任提高工作质量。

当在职培训结束,员工对新技能实践了一段时间后,要回过头来再看看员工干得怎么样。他们是否有什么困难?是否找到了改进工作程序和工作质量的方法?是否需要进一步的培训或帮助?

尽管"逆向"教学——换句话说,就是先教最后一步,再慢慢追溯到第一步的教学方式——违反了人们的直观感受,但有时却容易教会复杂的技能。例如,教小孩系鞋带,培训者可以替他把其他工作都做了、只剩下最后一步("把两个环拉紧")。指导孩子学会这最后一步,等他学会了,再回头教倒数第二步("用绳系个环,然后把两个坏拉紧"),依此类推。在上作场所中,用这种办法传授复杂技能也会有效。

第二节　技师论文写作与答辩要点

学习目标:能掌握技师论文的写作及答辩要点。

一、论文写作

1. 论文定义

论文是讨论和研究某种问题的文章,是一个人从事某一专业(工种)的学识、技术和能力的基本反映,也是个人劳动成果、经验和智慧的升华。

论文由论点、论据、引证、论证、结论等几个部分构成。

(1) 论点

论述中的确定性意见及支持意见的理由。

(2) 论据

证明论题判断的依据。

(3) 引证

引用前人事例或著作作为明证、根据、证据。

(4) 论证

1) 用论据证明论题真实性的论述过程。

2) 根据个人的了解或理解证明。

(5) 结论

从一定的前提推论得到的结果,对事物作出的总结性判断。

2. 怎样撰写技术论文

(1) 技术论文的一般格式和具体要求

论文是按一定格式撰写的。内容一般分为:题目,作者姓名和工作单位,摘要,前言,实践方法(包括其理论依据),实践过程,参考文献等。具体要求如下:

1) 数据可靠

必须是经过反复验证,确定证明正确、准确可用的数据。

2) 论点明确

论述中的确定性意见及支持意见的理由要充分。

3) 引证有力

证明论题判断的论据在引证时要充分,有说服力,经得起推敲,经得起验证。

4) 论证严密

引用论据或个人了解、理解证明时要严密,使人口服心服。

5) 判断准确

做结论时对事物作出的总结性判断要准确,有概括性、科学性、严密性、总结性。

6) 实事求是

文字陈述简练,不夸张臆造,不弄虚作假,论文全文的长短根据内容需要而定,一般在三四千字以内。

(2) 论文命题的选择

论文命题的标题应做到贴切、鲜明、简短。写好论文关键在如何命题。就同一工种而言,其技术复杂程度,难易、深浅各不相同,专业技术各不相同,因此不能用一种模式、一种定义来表达各不相同的专业技术情况。选择命题不是刻意地寻找,去研究那些尚未开发的领域,而是把生产实践中解决的生产问题、工作问题通过筛选总结整理出来,上升为理论,以达到指导今后生产和工作的目的。命题是论文的精髓所在,是论文方向性、选择性、关键性、成功性的关键和体现,命题方向选择失误往往导致论文的失败。因此在写论文之前,一定要反复思考、反复构思,确定自己想写的命题内容,命题确定后再选择命题的标题。所以,命题不能单纯理解为给论文的标题命名。

(3) 命题内容的选择

命题内容选择是命题的基础,同样是论文成败的关键。选择内容应针对自己的工作和专业扬长避短地进行选择;在工艺改进、质量攻关、技术改进方面,在学习、消化推广和应用国内外先进技术方面,在防止和排除重大隐患方面,在大型和高精尖设备的安装、调试、操作、维修和保养方面以及成绩显著、贡献突出、确有推广价值的技术成果,虽不是创造发明,但为企业及社会创造了直接或间接经济效益的项目都可以写。从中选择自己最擅长、最突出的某一方面作为自己命题的内容,然后再从中选择最具代表性的某一项进行整理、浓缩,作为自己命题内容的基础材料。

(4) 摘要

是论文内容基本思想的浓缩,简要阐明论文的论点、论据、方法、成果和结论,要求完整、准确和简练,其本身是完整的短文,能独立使用,字数一般两三百字为好,至多不超过 500 字。

(5) 前言

是论文的开场白,主要说明本课题研究的目的、相关的前人成果和知识空白、理论依据和实践方法、设备基础和预期目标等。切忌自封水平,客套空话,政治口号和商业宣传。

(6)正文

是论文的主体,包括论点、论据、引证、论证、实践方法(包括其理论依据)、实践过程及参考文献、实际成果等。写好这部分文章要有材料、有内容,文字简明精练,通俗易懂,准确地表达必要的理论和实践成果。在写作中表达数据的图、表要经过精心挑选;论文中凡引用他人的文章、数据、论点、材料等,均应按出现顺序依次列出参考文献,并准确无误。

(7)结论

是整篇论文的归结,它不应是前文已经分别作的研究、实践成果的简单重复,而应该提到更深层次的理论高度进行概括,文字组织要有说服力,要突出科学性、严密性,使论文有完善的结尾。

(8)论文的修改定稿

论文完稿后应反复推敲,反复修改,精益求精。论文的体裁不强求统一,但要突出重点。论文的内容和表达方式不需要面面俱到,但通篇体例应统一,所用的各种符号、代号、图样均应符合国家标准规定,对外文符号应书写清楚,大小写、正斜体易搞混时应加标注。

(9)论文撰写应注意的几个问题

1)要明确读者对象。要解决"为谁写"、"写什么"、"给谁看"的问题。要考虑生产和社会需要,结合当前我国的有关技术政策、产业政策,考虑自己的经验和能力。若是为工人师傅写出的,应尽量结合生产实际写得通俗一些,深入浅出,易看、易懂。

2)要充分占有资料。巧妇难为无米之炊,要写好技术论文,一定要掌握足够的资料,包括自己的经验总结和国内外资料;要对资料进行充分的分析、比较,加以消化,分清哪些是有用的,哪些是无用的,并根据选择的课题和命题拟出较详细的撰写提纲,包括主次的分类、段落的分节、重点的选择、图表的设计拟定、顺序的排列等。

3)要仔细校阅。初稿完稿后,不能算定稿,论文必然存在不少问题,如论文格式、表述方式、图的画法、公式的表述、名词术语、字体标点、技术内容、文字表达及文章结构等方面要进行反复推敲与修改,使文字表达符合我国的语言习惯,文字精练,逻辑关系明确。除自审外,最好请有关专家审阅,按所提的意见再修改一次,以消除差错,进一步提高论文质量,达到精益求精的目的。

二、论文的答辩

1)专业技术工种专家组须由5~7名各专业技术工种的专家、技师、高级技师、工程师、高级工程师组成。

2)答辩时先由答辩者宣读论文,然后由专家组进行提问考核,时间约为30分钟。

3)对具体论文(工作总结)主要从论文项目的难度、项目的实用性、项目经济效果、项目的科学性进行评估。

4)答辩时对论文中提出的结构、原理、定义、原则、公式推导、方法等知识论证的正确性主要通过提问方式来考核。

5)对本工种的专业工艺知识主要考核其熟悉深浅程度并予以确认。

第五部分 核燃料元件生产工高级技师技能

第十七章 制备核燃料芯体基础知识

学习目标:通过学习粉末冶金工艺学的基础知识、热处理的基础知识、机械气路及液压控制原理、数控机床的组成及工作原理和可编程序控制器的应用等内容,掌握高级技师核燃料元件生产工的相关理论知识。

第一节 粉末冶金工艺学理论知识

学习目标:能掌握粉末冶金工艺学的基础知识。

粉末冶金是一种制取金属粉末,以及采用成型和烧结工艺将金属粉末(或金属粉末与非金属粉末的混合物)制成制品的工艺技术。由于粉末冶金的生产工艺与陶瓷的生产工艺在形式上类似,这种工艺方法又被称为金属陶瓷法。

粉末冶金工艺的基本工序是:① 原料粉末的制取和准备(粉末可以是纯金属或它的合金、非金属、金属与非金属的化合物以及其他各种化合物);② 将金属粉末制成所需形状的坯块;③ 将坯块在物料主要组元熔点以下的温度进行烧结,使制品具有最终的物理、化学和力学性能。

粉末的一个重要特点是它的表面与体积之比大。粉末冶金学就是研究金属粉末的加工过程,包括粉末的制造,粉末的特征以及金属粉末转变成为有用工程部件的过程。这个过程改变了粉末的形状、性能以及它的组织结构而成为最终的产品。图 17-1 是粉末冶金工艺主要阶段的示意图。

粉末冶金技术的历史很长久。早在公元前3000 年,埃及人就已经使用了铁粉。公元 300年,印度德里铁柱是用大约 6.5 t 还原铁粉制成的。在 18 世纪,粉末冶金技术才开始得到了真正的有价值的应用。在俄罗斯和英国,为了生产白

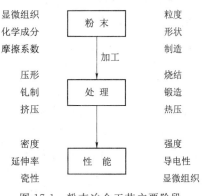

图 17-1 粉末冶金工艺主要阶段

金实验室装置的需要,发展了化学沉淀粉末和新的固结方法,避免了采用高温的工艺路线,克服了当时在高温处理方面的困难。近代粉末冶金技术是从库利奇为爱迪生研制钨灯丝开始,它的发展过程如表 17-1 所示。

表 17-1　近代粉末冶金技术的发展过程

粉末冶金材料和制品	出现年份
钨	1909
难熔化合物	1900—1914
电触头材料	1917—1920
钨-钴硬质合金	1923—1925
烧结摩擦材料	1929
多孔青铜轴承	1921—1930
多孔铁轴承	1936
机械零件	1936—1946
烧结铝	1946
金属陶瓷(碳化钛-镍)	1949
粉末高速钢	1968
粉末超合金	1969

近代粉末冶金技术的发展中有三个重要标志:一是克服了难熔金属(如钨、钼等)熔铸过程中产生的困难,如电灯钨丝和硬质合金的出现;二是多孔含油轴承的研制成功,继之是机械零件的发展,发挥了粉末冶金少、无切屑的特点;三是向新材料、新工艺发展。

粉末冶金技术已得到愈来愈广泛地应用,这是基于粉末冶金本身的特点所决定的。首先,粉末冶金在生产零部件时成本低。汽车制造业是粉末冶金的一个大的应用领域,它涉及零部件的生产率、公差和自动化等方面。粉末冶金方法与铸造方法相对照,精密度和成本这两方面是非常有竞争力的。铸造中的一些问题,如偏析、机加工量大等用粉末冶金方法则可能被避免,或者减少。用粉末冶金生产制品时,金属的总损耗只有 1%~5%。其次,有些独特的性能或者显微组织无可非议地只能由粉末冶金方法来实现。例如,多孔材料、氧化物弥散强化合金、陶瓷和硬质合金等。另外,这种方法也有可能来制取高纯度的材料而不给材料带来污染。最后,一些材料用其他工艺来制取是十分困难的,例如,活性金属、高熔点金属等。这些材料在普通工艺过程中,随着温度的升高,材料的显微组织及结构受到明显的损害,而粉末冶金工艺却可避免它,这也是粉末冶金技术具有吸引力的地方。

一般说来,粉末冶金方法的经济效果只有在大规模生产时才能表现出来。因为粉末成型所需用的模具制作加工比较困难,而且较为昂贵。但是,有时为了使材料或制品具有某些独特的性能,也可以进行小批量生产。

粉末冶金工艺的不足之处是粉末成本较高,制品的大小和形状受到一定的限制,烧结件的韧性较差等等。但是,随着粉末冶金技术的发展,新工艺不断地出现与完善,这些不足正被逐步克服中。

粉末冶金材料和制品的应用范围十分广泛。从普通机械制造到精密仪器;从五金工具到大型机械;从电子工业到电机制造;从采矿到化工;从民用工业到军事工业;从一般技术到尖端高科技,都有粉末冶金用武之地。可以说,现在几乎没有一个工业部门不在使用着粉末冶金材料或制品。

在粉末冶金材料和制品的今后发展上,有 5 个方面值得注意:

1) 具有代表性的铁基合金,其大体积的精密制品,高质量的结构零部件。

2) 制造具有均匀显微组织结构的、加工困难而完全致密的高性能合金。

3) 用增强致密化过程来制造一般含有混合相组成的特殊合金。

4) 非均匀材料、非晶态、微晶或者亚稳合金。

5) 加工独特的和非一般形状或成分的复合零部件。

第二节　热处理基础知识

学习目标:能掌握热处理的基础知识。

一、钢的热处理

随着工农业生产和科学技术的发展,对材料的性能要求越来越高。目前提高钢材性能的主要途径有两种:一是在钢中特意加入一些合金元素,即用合金化的措施来提高钢材的性能;二是对钢进行热处理。

热处理是指将金属材料在固态下施以不同的加热、保温和冷却,以改变其组织,从而获得所需性能的一种工艺。

通过热处理可以充分发挥钢材的潜力,提高钢件的使用性能,减轻钢件的重量,节约餐料,降低成本,还能延长工件的使用寿命。因此,热处理是一种强化钢材的重要工艺,它在机械制造工业中占有十分重要的地位。例如:现代机床工业中,有 60%～70% 的工件要经过热处理;汽车、火车工业中,有 70%～80% 的工件要经过热处理;而共动轴承、工器具和模具几乎是 100% 要进行热处理。

根据加热和冷却方法的不同,热处理方法大致分类如图 17-2 所示。

热处理方法虽然很多,但任何一种热处理工艺都是由加热、保温和冷却三个阶段所组成的。图 17-3 就是最基本的热处理工艺曲线。

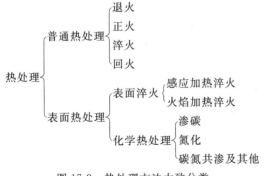

图 17-2　热处理方法大致分类

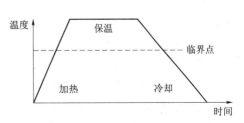

图 17-3　热处理工艺曲线

1. 钢的退火和正火

退火是使钢件的组织细化、成分均匀、应力消除、硬度均匀适当,改善钢件的机械性能和切削加工性,为随后的机械加工和淬火作准备的热处理工艺。根据钢的成分、退火的工艺和目的不同,退火常分为:完全退火、等温退火、扩散退火、球化退火和去应力退火等几种。表17-2列出了30钢铸态和完全退火后性能比较。

表 17-2 30 钢铸态和完全退火后性能比较

状 态	铁素体晶粒尺寸/mm³	抗拉强度		可 塑 性	
		δ_b/(MN/m²)	δ_s/(MN/m²)	δ/%	μ/%
铸造状态	7.5×10^{-5}	473	230	14.6	17.0
850 ℃退火后	1.4×10^{-5}	510	280	22.5	29.0

正火就是将钢加热到临界点温度以上,进行完全奥氏体化,然后在空气中冷却的热处理工艺。而退火往往在水中冷却。由于正火与退火后钢的组织上存在差异,反映在性能上也有所不同,表17-3为45钢退火、正火状态的机械性能比较。可以看出正火后的强度、硬度、韧性都比退火后的高,且塑性也并不降低。

表 17-3 45 钢退火、正火状态的机械性能

状 态	抗拉强度	塑 性		
	δ_b/(MN/m²)	δ/%	a/(J/cm²)	HB
退火	650~700	15~20	40~60	≈180
正火	700~800	15~20	50~80	≈220

退火和正火的主要目的大致可归纳为如下几点:

1) 降低钢件硬度,以利于随后的切削加工。经适当的退火和正火处理后,一般钢件的硬度在 HB 160~230 之间,这是最适于切削加工的硬度。

2) 消除残余应力,以稳定钢件尺寸并防止其变形和开裂。

3) 细化晶粒、改善组织,以提高钢的机械性能。

4) 为最终热处理(淬火、回火)做好组织上的准备。

2. 钢的淬火和回火

将钢加热到临界点以上,保温一段时间使之全部或部分奥氏体化后,再以大于临界冷却速度的冷却速度冷却到室温,获得马氏体组织,这样的热处理操作称为淬火。淬火的目的主要是为了获得马氏体组织,它是强化钢材最重要的热处理方法。

目前常用的淬火冷却介质有水、油及盐或碱的水溶液。常用的淬火方法有单液淬火法、双液淬火法、预冷淬火法、分级淬火法、等温淬火法和局部淬火法。

将淬火钢重新加热到临界点温度以下某一温度,保温一定时间,然后以一定的冷却方法冷却到室温的热处理工艺,称为回火。它是紧接淬火的一道热处理工序。

回火根据工件性能要求的不同,按回火温度范围,可将回火分为低温回火(150~250 ℃)、中温回火(350~500 ℃)和高温回火(500~650 ℃)。

回火的目的有如下几点：

1）获得工件所需的组织，以改善性能。在通常情况下，钢淬火组织为淬火马氏体和少量残余奥氏体，它具有高的强度与硬度，但塑性与韧性却明显下降。为了满足各种工件的不同性能的要求，就必须配以适当回火来改变淬火组织，以调整和改善钢的性能。

2）稳定工件尺寸。淬火马氏体和残余奥氏体都是不稳定的组织，它们具有自发地向稳定组织转变的趋势，因而将引起工件的形状与尺寸的改变。通过回火使淬火组织转变为稳定组织，从而保证工件在使用过程中不在发生形状和尺寸的改变。

3）消除淬火内应力。工件在淬火后存在着很大的内应力，如不及时通过回火消除，会引起工件进一步的变形甚至开裂。

因此，钢在淬火后一般都要进行回火处理，回火决定了钢在使用状态的组织和性能，也可以说决定了工件的使用性能和寿命。

3. 钢的冷处理

冷处理是将淬火钢继续冷至室温以下，使在室温尚未转变的残余奥氏体继续转变为马氏体的一种热处理操作。冷处理的目的是尽量减少淬火钢中的残余奥氏体。通常淬火都是使钢冷却到室温，对于 M_f 低于室温的钢，淬火组织中还存在着一定数量的残余奥氏体。这些残余奥氏体是不稳定组织，在室温下长期使用过程中将会发生马氏体转变，使工件尺寸变化。对于某些精度很高的量具如块规，某些精密零件如油泵油嘴和精密轴承，其尺寸稳定性要求很高。因此，必须把钢中残余奥氏体量减少到最低限度，以保证工件在使用过程中不致因尺寸变化超过精度而失效。

二、合金模具钢的热处理

模具钢是用于制造冷冲模和压铸模等模具的钢种。根据模具的使用特点可分两大类：一是在冷态下使金属成型的冷作模具钢，二是在热态下使金属成型的热作模具钢。由于各种模具的工作条件和性能要求的不同，其各自用钢及热处理的方法亦不同。

三、典型热处理工序位置

例 1　齿轮类零件加工线路

下料→锻造→正火→机械粗、半精加工（内孔及端面留磨量）→浸碳（孔防浸）淬火、低温回火→喷丸→校正花键孔→磨齿。

例 2　机床主轴加工路线（图 17-4）

下料→锻造→正火→机械粗加工→调质→机械半精加工（除花键外）→局部淬火、回火（锥孔及外锥体）→粗磨（外圆、外锥体及锥孔）→铣花键→花键高频淬火、回火→精磨（外圆、外锥体及锥孔）。

四、常用钢的普通热处理方法、特点及应用

常用钢的普通热处理方法、特点及应用如表 17-4 所示。

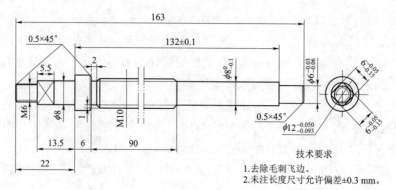

图 17-4 机床主轴加工路线

表 17-4 常用钢的普通热处理方法、特点及应用

名 称	方 法		特 点	应 用
退火(焖火)	将钢加热到 A_{c_1} 或 A_{c_3} 以上(发生相变)或 A_{c_1} 以下(不发生相变),保温后,缓冷,通过相变获得珠光体型组织,或不发生相变,以消除应力、降低硬度为目的的热处理方法		发生相变的退火组织,亚共析钢转变为铁素体+珠光体;共析钢转变为珠光体;过共析钢转变为珠光体+二次渗碳体。退火后的钢,一般硬度较低,便于切削加工	降低硬度,便于加工;细化晶粒,改善组织,提高机械性能,消除内应力,为下一道工序作准备,提高钢的塑性和韧性,便于冷冲、拉、压、拔加工。由于目的不同,退火工艺可主要有完全退火、不完全退火、球化退火及低温退火等。见下列各种退火
	完全退火	将钢加热到 A_{c_3} 以上 $30\sim50$ ℃,并保温一定时间后,随炉缓慢冷却	加热到 A_{c_3} 以上,经保温能获得单一的奥氏体,再经缓冷,使奥氏体转变为珠光体和铁素体	主要用于亚共析组织的各种碳钢(含碳量<0.8%)和合金钢的锻、轧、铸件。它不能用于过共析钢。它主要能细化晶粒、消除内应力、降低硬度、便于切削
	不完全退火	将钢加热到 A_{c_1} 以上 $30\sim50$ ℃,并保温一定时间后,再缓冷	使部分珠光体发生重结晶相变成奥氏体(完全退火是全部),缓冷后获得片层间距较大的珠光体片层的厚度随冷却速度减慢而加厚	主要用于过共析钢,消除锻、轧后工件的内应力,提高韧性,降低硬度为主要目的,它只是在锻造后,没有或消除了网状浸碳体以后放可采用。由于加热温度较低,效率高,所以应用广
	球化退火	将钢加热到 A_{c_1} 以上 $10\sim30$ ℃,并保温一定时间后,以 $20\sim30$ ℃/h 的缓冷速度,冷至 500 ℃左右,再出炉冷却	是将珠光体中的片状浸碳体球化组织为珠光体和球状浸碳体。组织均匀且可减少淬火时的热变形和开裂倾向,硬度也降低,便于切削加工	主要用于过共析组织碳钢(含碳量>0.8%)及合金工具钢。对于形状复杂、淬火时要求变形小、工作中受力复杂的工具、模具及轴承用钢都必须用球化退火,并严格控制球化级别。球化困难的钢,可连续重复球化退火几次
	低温退火	将钢加热到 $500\sim600$ ℃(A_{c1} 以下),保温一定时间后,随炉缓慢冷却到 $200\sim300$ ℃出炉	由于退火温度低于 A_{c1},钢在退火全过程中无相变,内应力主要是在保温后冷却过程中被消耗的,次退火也称去应力退火或称软化退火、高温回火	主要用于消除铸、锻、热轧、冷拉、冷拔、冷冲压件切削加工后产生的内应力。对于要求变形小的重要零件,在淬火和浸氮后,经常要进行这种退火

续表

名　称	方　法		特　点	应　用
正火	与退火相似,是将钢加热到 A_{c_3} 或 A_{c_m} 以上 30~50 ℃,保温一定时间后,然后再以稍快于退火冷却温度(如水冷、风冷等)冷却		正火后虽然也是珠光体型组织,但因冷却速度稍快于退火速度,其珠光体组织要更细,所以正火后的钢强度、硬度均比退火后的高,且含碳量越高,用这两种方法处理后的强度、硬度差别越大	正火目的同退火。只是具体应用范围不同。对性能要求一般的结构件,用正火作最终热处理,提高其机械性能;对大、重型钢件,形状复杂及截面有突变的钢件,用正火代替淬火,可避免淬火开裂及变形等缺陷
淬火	将钢加热到 A_{c_3} 或 A_{c_m} 相变温度以上,保温一定时间后,然后用快速冷却的一种热处理方法。淬火方法主要有单液、双液、分级、等温淬火		淬火一般是为了获得高硬度的马氏体组织,对不锈钢、耐磨合金钢是为了获得单一均匀的奥氏体组织,以分别提高它们的耐蚀性和耐磨性	淬火的目的:是为了提高钢件的硬度和耐磨性,有时可提高耐蚀性;淬火+中温或高温回火,可获得良好的综合力学性能;根据零件材料、形状、尺寸和要求的力学性能不同,可选择不同的淬火方式
	单液淬火	将钢件加热到淬火温度后,浸入一种淬火介质中,直到工件冷到室温	优点是操作简单,缺点是工件产生较大的内应力,引起较大的变形,甚至发生裂纹	适用形状简单的零件,对碳钢零件,直径>5 mm 的用水冷却;直径<5 mm 可以在油中冷却,合金钢只能采用油冷
	双液淬火	将加热好的工件先用水冷,冷至 200~300 ℃时从水中取出,再放在油或空气中冷却的方法	可减少内应力,变形和开裂,但缺点是不能很好地减小表面温差影响	主要适用于碳钢的中型零件和合金钢大型零件
	分级淬火	将钢件加热到淬火温度保温后,取出放入温度稍高或稍低于 200~300 ℃冷却剂中停留一段时间,待零件表面温度基本相同时,再取出空冷的方法	此法主要是使马氏体的转变在空气冷却中进行,可降低内应力,变形和开裂,同时也减小了零件表里的温差,降低了热应力,比双液淬火易操作,便于热校直	此法多用于形状复杂,尺寸较小的碳钢和合金钢工件,对淬透性较低的碳素钢,其直径或厚度小于 10 mm 的工件也可采用
	等温淬火	将钢件加热到淬火温度后,取出放入温度稍高于 200~300 ℃冷却剂中保温足够时间,使其发生下贝氏体转变后,再进行空冷的方法	一般工件经此法淬火后,不再回火就可直接使用,因而避免了回火脆性;下贝氏体的比容小于马氏体,减少了内应力,变形和开裂;此法可得到硬度相同,强度和冲击韧性高的下贝氏体组织	此法由于变形小,所以适用于精密零件的淬火如:冷冲模 轴承 精密齿轮等。受等温槽的限制,不适用于尺寸大的工件,常用于弹簧的处理,可大大提高弹簧的疲劳强度

名　称	方　法	特　点	应　用
回火	将淬火后的钢件重新加热到 Ac1 以下的某一温度,保温一段时间后,置于空气或水中冷却的热处理方法。根据加热温度不同,回火可分为低温,中温和高温回火	淬火后的钢件,其结构组织是处于亚稳定状态的马氏体和二次浸碳体,回火就是将其状态稳定的热处理方法。故回火总是在淬火之后进行,随着回火温度的提高,钢的硬度,强度下降,而塑性,韧性提高	回火的目的,是为了消除淬火时因冷却快产生的内应力,降低脆性,以减小工件的变形和开裂;调整工件硬度,提高塑性和韧性;稳定工件尺寸。 主要用于工具,模具和轴承,浸碳及表面淬火的零件;弹簧,锻模及要求高强度的工件;在交变载荷下工作的零件
	低温回火 加热温度较低,一般在 150～250 ℃	回火后的钢件组织为回火马氏体,淬火产生的内应力不能彻底消除,因而要适当延长保温时间	主要目的是减少内应力,降低脆性,保持淬火后钢件的硬度和高耐磨性
	中温回火 加热温度在 350～450 ℃	可获得极细珠光体组织,此温度范围内回火必须快冷,以避免回火脆性	主要目的是保持钢件的一定韧性条件下,提高弹性和屈服强度。用于弹簧,锻模及要求高强度的工件
	高温回火 加热温度在 500～680 ℃,又叫调质处理	可获得细珠光体组织,此处理后的钢件具有强度,硬度,韧性均较好的机械性能,并可使某些具有二次硬化的合金钢二次硬化。缺点是工艺复杂,在提高塑性,韧性的同时,硬度有所下降	它广泛用于各种较为重要的结构件,特别是在交变载荷下工作的零件。如连杆,螺栓,齿轮和轴等

五、冷作模具的热处理

常见的冷作模具的热处理的工艺流程如下:

下料→锻造→球化退火→机械加工→去应力退火→淬火、低温回火→磨模面。

模具是压制成型的重要工装,成型工件的尺寸形状、表面质量往往是靠模具来保证。成型工件的质量很大程度上取决于成型设备的工作状态和工装模具的加工精度,因此,选择性能优良的成型设备和设计使用适合产品的高精度模具是保证产品质量的重要前提。

从 20 世纪 60 年代研制压水堆燃料开始,粉末冶金的专家们就已经意识到脆性陶瓷粉末难于成型这一点,而基于燃料的核反应性等原因,通常并不在 UO_2 粉末中添加增塑剂之类的东西。UO_2 坯块的脱模是两种介质的摩擦过程,为了适应大批量生产和提高模具的使用周期,用于 UO_2 粉末成型的模具材料大多采用耐磨性极好的碳化钨基硬质合金,少数情况下,为了制造形状复杂的坯块端面和为了在坯块端面作出某种标示,或为了返修冲模端面的几何形状,才采用工具钢材料,但即使如此,冲模在热处理方面也是非常讲究,HRC 通常在 60 以上。而阴模几乎都采用工具钢内衬硬质合金材料。

第三节　机械、气路及液压控制原理

学习目标：能掌握机械传动知识；气动基本回路知识；液压系统的使用、维护和故障分析。

一、机械传动知识

在工业生产中，机械传动是一种最基本的传动方式。分析一台机器，无论是机床、内燃机、钻探机、洗衣机等，其工作过程实际上包括多种机构的零部件的运动过程。例如：经常应用摩擦轮、带轮、链轮、齿轮、螺杆和蜗杆等零件，组成各种形式的传动装置来传递能量。机械传动的一般分为摩擦轮传动、带传动、齿轮传动等多种形式。具体的传动工作原理可查阅相关书籍。

二、气动基本回路

气压传动简称气动，是指以压缩空气为工作介质来传递动力和控制信号，控制和驱动各种机械和设备，以实现生产过程机械化、自动化的一门技术。气压转动的优点包括：空气随处可取，节省了购买、贮存、运输介质的费用和麻烦；用后的空气直接排入大气，对环境无污染，处理方便，不必设置回收管路；因空气黏度小，在管内流动阻力小；压力损失小，便于集中供气和远距离输送；即使有泄漏，也不污染环境；与液压相比，气动反应快，动作迅速，维护简单，管路不易堵塞；气动元件结构简单、制造容易，适于标准化、系列化、通用化；气动系统对工作环境适应性好，特别在易燃、易爆等恶劣工作环境中工作时，安全可靠性优于液压、电子和电气系统；空气具有可压缩性，使气动系统能够实现过载自动保护，也便于贮气罐贮存能量，以备急需；排气时气体因膨胀而温度降低，因而气动设备可以自动降温，长期运行也不会发生过热现象。气压转动的缺点包括：由于空气的可压缩性大，气压传动系统的速度稳定性差，给系统的速度和位置控制精度带来很大的影响；气压传动系统的噪声大，尤其是排气时，需要加消音器。

气动系统与液压系统一样，无论简单还是复杂，均由一些具有不同功能的气动基本回路所组成。但由于工作介质与液压油不同，因此气动回路与液压回路相比较，有其自己的特点，如气动回路由空气压缩机集中供气，不设排气管道，空气没有润滑性，气动元件的安装位置对其性能影响大等。充分认识这些特点，熟悉气动回路的组成、性能和用途，对分析和应用气动控制系统都是大有用处的。

典型的气压传动系统由气压发生装置、执行元件、控制元件和辅助元件四部分组成。气压发生装置，是获得压缩空气的能源装置，包括空气压缩机和气源净化设备。空气压缩机将原动机供给的机械能转化为空气的压力能；而气源净化设备用以降低压缩空气的温度，除去压缩空气中的水分、油分以及污染杂质等。执行元件，是以压缩空气为工作介质，并将压缩空气的压力能转变为机械能的能量转换装置。包括气缸，气马达等。控制元件，是用来控制压缩空气流的压力、流量和流动方向等，以便使执行机构完成预定运动规律的元件。包括各种阀门、逻辑元件、射流元件、转换器和传感器等。辅助元件是使压缩空气净化、润滑、消声以及元件间连接所需的一些装置。包括分水滤气器、油雾器、消声器以及各种管路附件等。

1. 压力控制回路

压力控制回路是使回路中的压力保持在一定范围内,或使回路得到高、低不同的两种压力。压力控制回路包括一次压力、二次压力、定压力控制回路。

(1)一次压力控制回路

一次压力控制回路用来控制贮气罐内的压力,使它不超过规定的压力。

(2)二次压力控制回路

二次压力控制回路主要用于对气控系统压力源压力的控制。

(3)定压力控制回路

定压力控制回路主要用于在气动控制中当要求在一个特定的压力下切换操作状态时,通常采用顺序阀控制,只有当压力计指示的压力达到要求时,才有可能通过顺序阀控制使汽缸从末端位置返回。

2. 速度控制回路

速度控制回路用来调节汽缸的运动速度或实现汽缸的缓冲等。由于目前使用的气动系统的功率较小,故调速方法主要是节流调速。

速度控制回路包括:单作用缸的速度控制回路;双作用缸的速度控制回路;气—液联动速度控制回路;气—液增压的调速回路。

3. 同步回路

气压传动中的同步回路与液压传动中的同步回路基本相同。

4. 往复动作回路

气动控制系统中,常采用各种形式的往复动作回路,以提高系统的自动化的程度。

5. 安全保护回路

在生产中,为保护操作者的人身安全和设备的正常工作,常采用安全保护回路。

6. 气动逻辑基本回路

气动逻辑基本回路是把气动回路按照基本逻辑关系组合而成的回路。把气控信号按照基本逻辑关系可组成"是"、"非"、"或"、"与"等基本逻辑回路。用这些逻辑基本回路的目的是进行信号变换,便于对气控系统的分析和设计。

三、液压系统的使用、维护和故障分析

随着液压技术的发展,液压设备在各工业部门中得到越来越广泛的应用。液压系统的工作性能一般是可靠的,但如果使用不当,也会出现各种故障,影响液压设备的正常运行。要使液压设备经常处于良好的工作状态,正确地使用、维护并及时地排除故障,是十分重要的。

1. 液压系统的安装

安装液压系统时,应注意以下事项:

1)安装前检查各油管是否完好无损并进行清洗。对液压元件要用煤油或柴油进行清洗,自制重要元件应进行密封和耐压实验。实验压力可取工作压力的两倍或最高压力的 1.5 倍。

2)各油管接头处要装紧和密封良好。吸油管不得漏气,回油管应插入油面以下。一般液压泵的吸油高度小于 500 mm。

3）电磁阀的回油、减压阀和顺序阀等的泄油与回油管相连通时不应有背压，否则应单设回油管。

4）溢流阀的回油管口与液压泵的吸油管口不能靠得太近，以免吸入温度较高的油液。

5）方向阀一般应保持轴线水平安装；蓄能器应保持轴线竖直安装。

6）液压阀输入轴和电机驱动轴的同轴度偏差应小于 0.1 mm。

7）安装时不得损坏密封件，因此需清除被密封零件的尖角，避免使用锐利的工具。

8）液压元件安装固定时，用力要适当，防止拧紧力过大使元件变形而造成漏油或使某些零件不能走动。

9）系统全部管道应进行两次安装，即一次试装后拆卸管路，用 20％的硫酸或盐酸进行酸洗，再用 10％的苏打水中和 15 min，最后再用温水冲洗，待干燥后涂油进行二次安装。

10）系统安装后，应对内部进行清洗。清洗采用清洗油，油温在 50～80 ℃。清洗时在回路上设置过滤器，开始使液压泵间歇运转，然后长时间运转 8～12 h，清洗到过滤器的滤芯不再有杂质时为止。

2. 液压系统的调试

在调试前，首先应弄懂液压系统的工作原理，熟悉系统的各种操作和调节手柄的位置及旋向等，在检查各液压元件的连接是否可靠，液压泵的转向、进出油口是否正确，油箱中是否有足够的油液等。检查无问题时，然后可进行空载试车。

试车时应先启动液压泵，检查在卸荷状态下的运转。正常后，即可使在工作状态下运转。液压泵运转正常后，可调节压力控制元件。首先调整系统压力，在调整溢流阀时，从压力为零开始，逐步提高压力使其达到规定压力值。然后调整各回路的压力阀，主回油路的安全溢流阀的调定压力，一般大于所需压力的 10％～20％；快速行程泵的压力阀的调定压力，一般大于压力的 10％～20％。压力继电器的调定压力一般应低于供油压力的 0.3～0.5 MPa；卸荷压力一般应小于 0.1～0.2 MPa，如果用它供给控制油路或润滑油路时，则压力应保持在 0.3～0.6 MPa。流量控制阀的调整，应逐步关小流量阀，检查执行元件能否达到规定的最低速度及平稳性，然后按其工作要求的速度来调整。其后调整自动工作循环和顺序动作，检查各动作的协调性和顺序动作的正确性，检查启动、换向和速度换接的平稳性。同时还应检查各液压元件及管路是否泄漏及其他异常现象。

空载试车正常后，即可进行负载试车。为避免设备损坏事故，一般应先低负载试车，如正常，则可在额定负载下试车。负载试车时，应检查系统是否能完成预定的工作要求，运转性能是否良好，有无振动、噪声、爬行和油液温升等不正常现象。最后检查过滤器的滤芯，如无异常设备即可投入正式使用。

3. 液压系统的使用

（1）保持油液清洁

油箱在灌油前应进行清洗，加油使油液要用 120 目的滤网过滤，油箱应加密封顶盖。在室外或高温地方工作，应防止油箱外露部分的金属有凝结水进入油箱。及时更换变质密封件，采用抗氧化有良好稳定性的液压油。油液要定期检查更换，注意油液质量变化，若有呈乳白色或油中杂质较多，则应及时更换液压油。一般半年或一年更换一次。

（2）随时清除液压系统中的气体，以防止系统产生爬行和引起油液变质应当经常检查油箱中油面高度,保持油箱中有足够的油量。在工作中油液耗损后要及时补充。吸油管和回油管在最低油面时也保持在油面以下,两者要用隔板隔开。及时清洗入口过滤器,防止吸油阻力增大而把溶解在油中的气体分离出来。及时更换不良密封件,经常检查管接头及液压元件的连接处并及时将松动的螺母拧紧。发现有空气进入系统,应按正确操作方法利用排气装置将空气排除。

(3)系统油温要保持适当

一般液压设备油箱中油温在 $35 \sim 60$ ℃范围内合适,为防止系统油温过高,首先应经常注意保持油箱中的正确油位,使油液有足够的循环冷却条件。其次在保证系统在正常工作的条件下,液压泵的供油压力和背压阀的压力应尽量调低些,以减少能量损耗。还应正确选择系统中所用油液的黏度,油液变质时应及时更换,经常保持油液的洁净。

(4)其他

液压泵初次启动时,应向泵内灌油,这样既容易打出油来,又可防止损坏液压泵。低温启动时,可将泵开、停数次,使油温逐渐升高。系统若长时间不运转,应将各调节旋钮放松,以免弹簧产生永久变形而影响元件性能。

4. 液压系统的维护保养

在液压系统工作时,经常性的维护保养工作是十分重要的,其具体项目、检修周期及检修方法如表 17-5 所示。

表 17-5　液压系统检修周期及检修方法

检修项目	周　期	检修方法
泵的声音异常	1次/日	听检。检查油中混入空气,滤网堵塞及异常磨损等
油温	1次/日	测试后与规定温度比较
联轴器声音	1次/日	听检。检查异常磨损及同轴度变化
泵的吸入真空度	1次/3月	靠近吸油管处装接真空表,并检查过滤器是否堵塞
泵壳温度	1次/3月	检查内部机件磨损,轴承是否烧坏
每个周期压力值	1次/6月	检查各压力阀、方向阀和执行元件的泄漏及堵塞
液压机运动速度	1次/6月	若明显降低,检查泵的流量和各元件的泄漏
油封漏油	1次/6月	检查各元件、管道、泵和缸等的密封处是否漏油
联轴器磨损	1次/1年	检查磨损情况
校正压力计、温度计和计时计	1次/1年	与标准仪表比较校正

5. 液压系统常见故障及排除方法

现将液压系统常见故障及排除方法列于表 17-6 至表 17-8,可供参考。

表 17-6　溢流阀的故障及排除

故　障	原　因	排除方法
压力不稳定,压力波动	弹簧弯曲、弹簧太软	更换弹簧
	锥阀(球阀)与阀座接触不好	修理阀座
	滑阀拉毛或弯曲变形	修磨滑阀或更换滑阀
	油液不清洁,堵塞阻尼孔	清洗滑阀

续表

故　障	原　因	排除方法
溢流阀振动	螺母松动	拧紧螺母
	压力弹簧变形	更换弹簧
	滑阀配合过紧	修理滑阀
调整无效	弹簧断裂或漏装	更换弹簧或补偿
调整无效	滑阀卡死	检查,修理
	锥阀漏装	检查补装
	阻尼孔堵塞	检查清洗
	进出油口接反	检查更正

表 17-7　系统产生噪声的原因及其排除方法

故　障	原　因	排除方法
液压泵吸空引起连续不断的嗡嗡声并伴随杂声	液压泵本身或其进油管密封不良、漏气	拧紧泵的连接螺栓及管路各管螺母
	油箱油量不足	将油箱油量加到油标处
	液压泵进油管口过滤器堵塞	清洗过滤器
	油箱不透空气	清洗空气滤清器
	油液黏度过大	油液黏度应合适
液压故障造成杂声	轴向间隙因磨损而增大,输油量不足	修磨轴向间隙
	泵内轴承、叶片等元件损坏或精度变差	拆开检修并更换已损坏零件
控制阀处发出有规律或无规律的吱喻、吱喻的刺耳噪声	调压弹簧永久变形、扭曲或损坏	更换弹簧
	阀座磨损、密封不良	修理阀座
	阀座拉毛、变形、移动不灵活甚至卡死	修理阀芯、去毛刺,使阀芯移动灵活
	阻尼小孔被堵塞	清洗、疏通阻尼孔
	阀芯与阀孔配合间隙大,高、低压油互通	研磨阀孔、重配新阀芯
	阀开口小、流速高、产生空洞现象	应尽量减少进、出口压差
机械振动引起噪声	液压泵与电机安装不同轴	重新安装或更新柔性联轴器
	油管振动或互相撞击	适当加设支承管夹
	电动机轴承磨损严重	更换电动机轴承
液压冲击声	液压缸装置失灵	进行检修和调整
	背压阀调整压力变动	进行检修和调整
	电液换向阀端的单向节流阀故障	调节节流螺钉、检修单向阀

表 17-8　系统运转不起来或压力提不高的原因及其排除方法

故　障	原　因	排除方法
液压泵电动机	电动机线接反	调换电动机接线
	电动机功率不足,转速不够高	检查电压、电流大小,采取措施

续表

故　障	原　因	排除方法
液压泵	泵进、出油口接反	调换吸、压油管位置
	泵轴向、径向间隙大	检修液压泵
	泵体缺陷造成高、低压腔互通	更换液压泵
	叶片泵叶片与定子内面接触不良或卡死	检修叶片及修理定子内表面
	柱塞泵柱塞卡死在开口位置	检修柱塞泵
控制阀	压力阀主阀芯或锥阀芯卡死在开口位置	清洗、检修压力阀，使阀芯移动灵活
控制阀	压力阀弹簧断裂或永久变形	更换弹簧
	某阀泄漏严重以致高、低压油路连通	检修阀，更换已损坏的密封件
	控制阀阻尼孔被堵塞	清洗、疏通阻尼孔
	控制阀的油口接反或接错	检查并纠正接错的管路
液压油	黏度过高，吸不进油或吸不足油	用指定黏度的液压油
	黏度过低，泄漏太多	用指定黏度的液压油

第四节　数控机床

学习目标：能掌握数控机床的特点、组成和基本工作原理。

随着数控技术的发展，现在几乎各种金属切削机床都已数控化，车床、磨床、钻床等机床的数控化近几年在国内发展非常迅速。

一、数控机床的特点

1. 柔性高

柔性就是灵活、通用、万能，可以适应加工不同形状的零件。数控机床对零件的加工是按照编制的加工程序来加工的，由于数控机床的几个轴可以联动，通过编程可以加工形状复杂的零件，而且要改变加工零件时，只需要改变加工程序即可，而不需要像仿形机床那样需要重新制造凸轮及靠模等。

2. 精度高

数控机床加工是由计算机控制的，故在加工过程中避免了人为误差。又由于机床的传动系统和结构都具有较高的精度和刚度，因此数控机床的重复精度高，在正常情况下可获得较高的加工精度和稳定的加工质量。

3. 效率高

数控机床刚度及功率大，且是自动加工的，每个工序都能选择较有利的切削用量，有效地节省了机动时间，数控机床具有自动换刀、自动不停车变速和快速空行程等机能，使辅助时间大为减少。在数控机床上加工零件时，一般只作首件检验及过程中检验，大大减少了停机检验时间。单件零件加工时间较短,是普通机床效率的 3～4 倍甚至几十倍。

4. 劳动强度低

数控机床加工零件是按编制的加工程序自动完成的,工人一般只需操作键盘、装卸零件、零件检验及观察机床运行,所以工人的劳动强度大为减轻。

二、数控机床的组成

数控机床组成包括以下几部分。

1. 主机

主机是数控机床的本体,主要由各种机械部件组成。包括底座床身、主轴箱、进给机构等。

2. 数控装置

数控装置是数控机床的控制核心,现在一般由一台专用计算机构成。

3. 驱动装置

驱动装置是数控机床执行机构的驱动部件,包括主轴电动机、进给伺服电动机等。

4. 辅助装置

辅助装置是数控机床的一些配套部件,如自动排屑部件,自动对刀部件等。

三、数控机床的基本工作原理

数控机床就是用电子计算机数字化指令控制机床各运动部件的动作,从而实现机床加工过程的自动化。数控机床基本工作原理框图如图 17-5 所示。

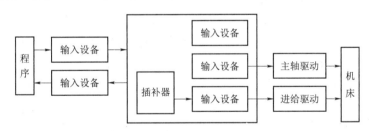

图 17-5　数控机床基本工作原理框图

加工程序可通过输入设备存储于数控装置(CNC 计算机数字控制系统)内的存储器,在需要的时候也可将存储器内的加工程序通过输出设备把加工程序存储在外部存储介质上,以长期保存。

数控装置是数控机床的控制系统,它采集和控制着机床所有的运动状态和运动量。数控装置是由中央处理单元(CPU)、只读存储器(ROM)、随机存储器(RAM)、相应的总线和各种接口电路所构成的专用计算机。

驱动装置接受数控装置输出的进给指令,严格按照指令驱动电动机转动,经滚珠丝杆驱动机床的溜板运动,加工出符合图样要求的工件,所以驱动装置的精度和动态响应是影响数控机床的加工精度、表面质量与生产效率的重要因素之一。目前驱动装置的电动机有异步电动机、直流伺服电动机、交流伺服电动机等。

机床的运动量是数控系统直接控制的，运动状态则是由数控系统内的可编程控制器 PLC 控制，各运动状态由动作的检测开关检测送至数控系统的接口，经 PLC 逻辑处理后输出控制信号，经放大后控制动作执行器件。

第五节　可编程序控制器的应用

学习目标：能了解可编程控制器；能掌握可编程序控制器的基本结构和分类；能掌握可编程序控制器的编程和应用。

一、可编程序控制器概述

可编程序控制器（简称 PC 或 PLC），是采用计算机技术的新型工业控制装置。自 1969 年第一台 PLC 机问世以来，30 年来获得了巨大发展。

1. 可编程序控制器的发展

20 世纪 60 年代后期，全世界的工业、科技进入了大发展的繁荣时期。许多发达的工业国家一方面向高科技领域继续迈进，一方面力求将高科技的成果应用到传统的技术中去，可编程序控制器就是这一时代的产物。它是以自动化技术、计算机技术、通信技术和继电器控制技术为一体的新一代工业自动控制设备。传统的继电器——接触器控制技术在工业控制中起着十分重要的作用，但是这种固定接线等距离控制方式有三个主要缺点：

1）电器触点寿命短，可靠性差。

2）程序固定接死，难以变换。

3）复杂的控制系统设计难度大，周期长。

随着工业自动化规模的发展，生产过程可变性节奏的加快，这种控制方式所固有的弱点越来越明显。为此各工业国相继研制过各种新的控制装置，这些控制器在一定程度上改进了工业控制设备的性能，但其固有的缺点并没有从根本上解决。

第一台可编程序控制器诞生在美国，是由美国数字设备公司研制的。继美国之后，德国、日本、瑞士、法国、英国等国家相继制成了各种 PLC。20 世纪 70 年代中期出现了微处理器并被应用到可编程序控制器后，使 PLC 的功能日趋完善。特别是它的小型化、高可靠性和低价格，使它在现代工业控制中崭露头角。到 20 世纪 80 年代初，PLC 应用已在工业控制领域中占主导地位。外国专家预言，PLC 技术将在工业自动化的三大支柱中跃居首位。

目前比较著名的生产厂家有：美国的 AB 公司、GE 电气公司、GM 公司、TI 仪器公司和西屋电气公司等；德国的西门子公司、BBC 公司等；日本的立石公司、三菱公司和日立公司。

我国 PLC 研制起步较迟，采取了自行研制和引进消化相结合的方法。国内生产 PLC 较早的厂家有上海起重电器厂、广州南洋电器厂、天津自动化仪表厂、北京椿树电子仪表厂、无锡华光电子有限公司等。这些新型控制器在冶金、化工、石油、机械、食品等行业中作为单机或多机自动控制系统投入运行以来，产生了良好的技术效果和经济效益。

2. 可编程序控制器的功能及特点

PLC 可用于单台机电设备的控制，也可以用于生产流水线的控制，使用者可以根据生产过程和工艺要求设计控制程序，然后将程序通过编程器送入 PLC。程序投入运行后，

PLC 就在现场输入信号(按钮、行程开头、光电开关或其他传感器)的作用下,按照预先送入的程序控制现场的执行机构(接触器、电磁阀等)按一定规律动作。

(1) PLC 的主要功能

近年来,PLC 把自动化技术、计算机技术、通信技术融为一体,它能完成以下功能:

1) 条件控制(逻辑控制)。

2) 定时控制。

3) 计数控制。

4) 步进控制。

5) A/D 和 D/A AD/DA 转换。

6) 数据处理。

7) 通信联网。

8) 监控。

(2) PLC 的特点

1) 通用性强:PLC 是通过软件来实现控制的。同一台 PLC 可用于不同的控制对象,只需改变软件就可以实现不同的控制要求。

2) 可靠性高:PLC 采用了屏蔽、滤波、隔离等抗干扰措施,在恶劣的工作环境下,客观存在的平均无故障时间可达 5 万～10 万小时甚至更高。PLC 还具有完善的自诊断能力,检查判断故障迅速方便,因而便于维修。

3) 功能强:现代的 PLC 不仅具有逻辑运算、计时、计数、步进等功能,而且还能完成 A/D、D/A 转换、数字运算和数据处理以及通信联网、生产过程监控等。因此,它既可以开关量控制,又可以模拟量控制;既可单机控制,又可一条生产线控制;既可机群控制,又可多条生产线控制;既可现场控制,又可远距离控制;既可控制简单系统,又可控制复杂系统。

4) 接线简单:PLC 接线只需将输入信号的设备(按钮、开头等)与 PLC 的输入端子连接,将接受输出信号执行控制任务的执行元件(接触器、电磁阀等)与 PLC 输出端子连接。接线简单工作量少。

5) 编程简单、使用方便:PLC 采用面向控制过程、面向问题的"自然语言"编程,容易掌握。程序改变时也容易修改,灵活方便。

6) 体积小、重量轻、功耗低:由于 PLC 采用半导体集成电路,其体积小、重量轻、功耗低。

当然,PLC 也并非十全十美,其缺点是:

1) 价格还比较高。

2) 工作速度较计算机慢,输出对输入的响应有滞后现象。

3) 使用中、高档 PLC,要求使用者有相当的计算机知识。

3. 可编程序控制器的应用场合

1) 逻辑控制(开关量控制)。

2) 模拟量控制(D/A、A/D)。

3) 数字控制(CNC 技术)。

4) 机器人控制。

5) 多级控制系统。

6) 多条生产线控制。

二、可编程序控制器的基本结构

PLC 一般由中央处理器(CPU)、存储器、输入/输出组件、编程器及电源五部分组成。

1. PLC 的基本结构

PLC 的基本结构框图如图 17-6 所示。下面简单介绍各部分的作用。

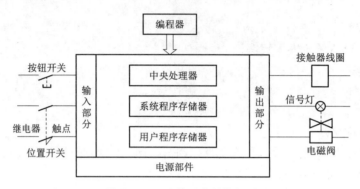

图 17-6　PLC 的基本结构框图

(1) 存储器

存储器用来存储数据或程序

根据程序的作用不同,PLC 的存储器分为系统程序存储器和用户程序存储器两种。

系统程序存储器主要存储系统管理和监控程序,并能对用户程序做编译(翻译)处理。这一程序由制造厂家提供,用户不可改变。

用户程序存储器用来存放由用户根据生产工艺流程与要求自己编制的程序,用户可以通过编程器输入或增删。

(2) 中央处理器

中央处理器简称 CPU,是 PLC 的"大脑",其主要用途是处理和运行用户程序,并对内部工作进行自动检测,如有差错,能立即停止运行。

(3) 电源部件

电源部件将交流电源转换成供 PLC 的中央处理器、存储器等电子电路工作所需的直流电源,使 PLC 正常工作。为了保证 PLC 正常工作,目前大部分采用开关式稳压电源供电,停电时采用锂电池供电。

(4) 输入、输出部件

输入/输出部件是与被控设备连接的部件用户设备需要输入 PLC 的各种控制信号,如位置开关、操作按钮、传感器信号等,通过输入部件将它送至 CPU 处理,然后再通过输出部件去驱动负载(接触器、电磁铁)工作。

(5) 编程器

编程器主要是用来使用户输入、检查、修改、调试程序,它也可以监视 PLC 的工作情况。

2. 可编程序控制器的基本工作原理

PLC 可看做一个执行逻辑功能的工业控制装置。其中中央处理器是用来完成逻辑运算功能的,存储器用来保持逻辑功能,因此我们将图 17-6 画成类似于继电器接触器控制的等效电路图,如图 17-7 所示。PLC 的等效电路可分为三部分:

(1) 输入部分

这部分的作用是收集被控设备的信息或操作命令。例如一个 PLC 有 8 点输入,那么它相当于有 8 个微型输入继电器,它在 PLC 内部与输入端子相连,并提供 PLC 编程时使用的许多常开和常闭触点。

(2) 内部控制电路

这部分控制电路由用户根据控制要求编制的程序所组成,其作用是按用户程序的控制要求对输入信息进行运算处理,判断哪些信号需要输出,并将得到的结果输出给负载。

PLC 内部有许多类型的器件,如定时器、计数器、辅助断电器等均为软继电器。

(3) 输出部分

这部分的作用是驱动外部负载。输出端子是 PLC 向外部负载输出信号的端子。如果一个 PLC 的输出点为 8 点,则可控制 8 个负载。如图中的 KM1、KM2、HL1、HL2 所示。

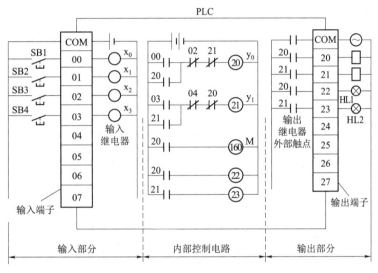

图 17-7　PLC 的等效电路图

现以简单的三相笼型异步电动机正反转起停控制电路为例,来看 PLC 构成控制系统的基本过程,以加深对上述等效电路的理解。当按下 SB1 时,$00(x_0)$ 线圈得电,00 常开触点闭合,使 $20(y_0)$ 线圈得电工作,20 常开触点闭合使 KM1 线圈形成回路得电工作,KM1 主触点闭合,电动机正向启动工作,同理 20 另一对常开触点闭合驱动 22,使 HL1 灯亮,表示电动机正向工作正常;20 的另一对触点闭合使 20 线圈自锁;20 的一对常闭触点断开,互锁 21 线圈。当按下 SB2 时,20 线圈失电,20 常开复位使 KM1 失电,电动机停转。反向启动工作同理可得。

三、可编程序控制器的分类

PLC 的产品很多,一般按以下两种情况进行分类。

1. 根据 I/O 点数、容量和功能分类

如按 I/O 的点数分类,一般分为三种类型:

(1) 小型机

小型机的 I/O 点数小于 128 点,存储容量在 2 K 字(1 K＝1 024 存储单元)以下,具有逻辑、计时、计数等功能。

(2) 中型机

中型机的 I/O 点数在 128～512 点之间,用户程序存储容量在 2～8 K 之间,它具有逻辑、算术运算、数据传送、数据通信、模拟量输入输出等功能。

(3) 大型机

大型机的 I/O 点数大于 512 点,存储容量在 8 K 或 8 K 以上,客观存在除具有中型机具的功能外,还具有监控、记录、打印、联网通信等功能。

2. 根据结构形状分类

按结构形状分类,PLC 可分为整体式和模块式两种。

(1) 整体式

整体式结构的 PLC 是将中央处理器、电源部件、存储器、输入和输出部件集中配置在一起,结构紧凑、体积小、重量轻、价格低,如图 17-8 所示。

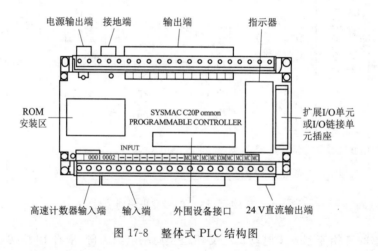

图 17-8　整体式 PLC 结构图

(2) 模块式(积木式)

模块式的 PLC 是将中央处理器、电源部件、输入输出部件分成各处模块。使用时可将这些模块分别插入机架底板的插座上,配置灵活、方便,便于扩展,可根据生产实际的控制要求配置各种不同的模块,构成不同的系统,它的最大优点是其中某部分坏了,只要更换一块就可继续工作。模块式 PLC 的结构如图 17-9 所示。

四、可编程序控制器的编程指导

1. 可编程序控制器的语言表达方式

PLC 的语言表达方式一般有四种形式。

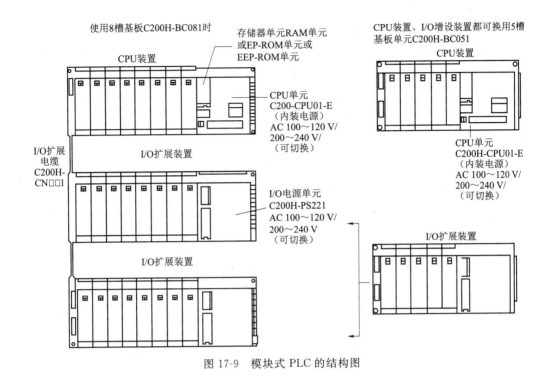

图 17-9 模块式 PLC 的结构图

（1）梯形图语言

梯形图语言是一种图形语言,它沿用继电器的触点、线圈、串并联等术语和图形符号,并增加一些继电器控制系统没有的符号,作出的一种图称为梯形图,如图 17-10(a)所示为电动机起停控制的梯形图。

（2）指令表（程序）

指令表就是助记符语言,它用来表示 PLC 的各种功能。通常一条指令由指令助记符和操作数(器件号)两部分组成。它类似于计算机的汇编语言。程序如图 17-10(b)所示。

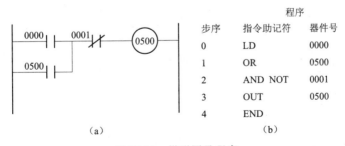

图 17-10 梯形图及程序

(a) 梯形图;(b) 程序

（3）逻辑功能图

逻辑功能图是采用半导体逻辑门电路组成的功能图,即都是用"与"、"或"、"非"逻辑电路组成,如图 17-11 所示。

（4）高级语言

在大型 PLC 中，为了完成具有数据处理、PID 调节等较为复杂的控制，往往也采用类似于 BASIC、PASCAL 等计算机程序语言，这样就使得 PLC 具有更强的功能。

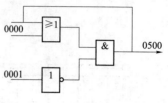

图 17-11　逻辑功能图

目前生产的各种类型 PLC，基本上同时具有两种（前两种）或两种以上的编程语言，虽然厂家、型号不同，其梯形图、指令有差异，使用符号也不完全一样，但它们编程的原理和方法是一致的。

2. 可编程序控制器的编程规则

1）各种软继电器的触点可以无限使用。

2）梯形图每一行都是从左边母线开始，线圈接在右边母线（即以线圈结束）。

3）线圈不能直接接在母线上。

4）在一个程序中，同一编号的线圈不允许重复使用。

5）在梯形图中没有实际的电流流动，但梯形图要求符合顺序执行（从左到右、自上到下），如不符合顺序执行的电路不能直接编程，应重新组合后再编制。

6）梯形图中串联和并联触点数，从原理上讲没有限制，但编程器受屏幕尺寸的限制，如 GP-80 图形编程器，每行串、并联触点不得大于 11 个。

7）串联触点多的电路排在梯形图的上面，并联触点多的电路排在梯形图的左面。

8）每个程序结束都要写入 END 语句。

3. 可编程序控制器的通道分配

PLC 机型种类较多，在此以 OMRON 公司的 C200H 的 PLC 机型为例。

它的内部器件通道分配如表 17-9 所示，下面作一简单介绍。

表 17-9　C200H 内部器件通道分配

区	通　道
I/O（输入/输出）	000～027（对 I/O 没有用的通道中以当工作位通道）
IR（工作位即内部辅助断电器）	030～250
SR（特殊继电器）	251～255
TR（暂存断电器）	TR0～TR7（是位，没有通道，只有 8 位）
HR（保持断电器）	HR00～HR99
AR（辅助断电器）	AR00～AR27
LR（链接断电器）	LR00～LR63
TC（定时器，计数器）	TM000～TM511
DM（数据存储器）	DM0000～DM0999（读/写）
	DM1000～DM1999（只读）

（1）输入输出继电器

输入输出继电器的通道号为 000～027，它们是与 I/O 点对应的，并可混合使用。它们的编号是机架号、槽号和该槽装的 I/O 单元的单号组合。例如扩展母板为 01 号机架（CPU 母板为 00 点），则该输入继电器为 01100。C200H 机最多可有 480 个 I/O 继电器。

（2）内部辅助继电器 IR

内部辅助继电器的通道号为 030～250，有 230 个通道供使用，继电器编号为 03000～25015。内部继电器可作中间继电器用，也可供特殊单元使用。

（3）保持继电器 HR

保持继电器通道号为 HR00～HR99，有 100 个通道，继电器编号为 HR0000～HR9915。

（4）辅助记忆继电器 AR

辅助记忆继电器具有掉电保持功能，它的通道号为 AR00～AR27，有 28 个通道，继电器编号为 AR0000～AR2715。

（5）特殊继电器 SR

特殊继电器编号为 25100～25507。

（6）暂存继电器 TR

客观存在没有通道，只有 8 个位，即 TR0～TR7。

（7）链接继电器 LR

用于通信作为 PLC 之间前换数据的存储区，有 64 个通道，每个通道有 16 个继电器，则继电器编号为 LR0000～LR6315。

（8）定时器/计数器

T/C 有 512 个，它们的编号为 TIM/CNT000～511。但 T 与 C 不能重复使用同一个编号。

4．C200H 的指令系统

C200H 有丰富的指令，共有 145 条，它的指令分为基本指令和功能指令。基本指令共有 12 条，在编程器键盘上都找到对应的指令键。基本指令的梯形图符号、助记符表示以及它们的功能如表 17-10 所示。

表 17-10　基本指令

符　号	助记符	功　能	操作数
⊣ ⊢	LD　　B	在每个行或块的起点使用常开触点	B；IR
⊣／⊢	LD NOT　B	在每个行或块的起点使用常闭触点	SR
⊣ ⊢	AND　　B	常开触点串联	HR
⊣／⊢	AND NOT　B	常闭触点串联	AR
⊣ ⊢	OR　　B	常开触点并联	LR
⊣／⊢	OR NOT　B	常闭触点并联	TC
	AND LD　　－	两程序块串联	－
	OR LD　　－	两程序块并联	－

续表

符 号	助记符	功 能	操作数
—(B)	OUT | B	逻辑输出	B:IR SR HR AR LR
—(B)⁄	OUT NOT | B	反相逻辑输出	
—(TIM)	TIM | N SV	定时器	SV:IR HR AR LR DM * DM ♯
CP ┌CNT┐ N R └SV┘	CNT | N SV	计数器	N:TC

需要说明的是:

1) 所有指令及操作码键入后,均要按 WR/TE 键,否则程序不能写入存储器。

2) ANDLD 指令用于两个程序块的串联,ORLD 指令用于两个程序块的并联,两条指令后面都没有操作数。

3) TIM 指令后需要指定计数器地址,然后按 WRITE 键,再输入设定值,最后按 WRITE 键完成这条指令的输入。

4) CNT 指令同 TIM 一样方法输入。如设定值是常数,一律要使用 ♯ 键。

5. 基本指令的编程方法

(1) LD、LD NOT、OUT 指令

LD——常开触点与母线连接指令。

LD NOT——常闭触点与母线连接指令。

OUT——线圈驱动指令。

下面给出梯形图编制程序,如图 17-12 所示。根据梯形图编制程序,在编程时,OUT 指令用于驱动输出继电器、内部辅助继电器、暂存继电器等,但不能用于驱动输入继电器。根据梯形图编制程序如下:

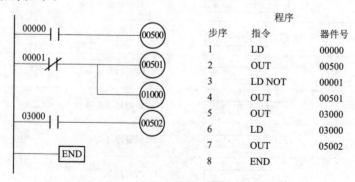

程序		
步序	指令	器件号
1	LD	00000
2	OUT	00500
3	LD NOT	00001
4	OUT	00501
5	OUT	03000
6	LD	03000
7	OUT	05002
8	END	

图 17-12 梯形图编制程序(一)

（2）AND、AND NOT 指令

AND——串联常开触点指令。

AND NOT——串联常闭触点指令。

根据图 17-13 所示梯形图编制程序如下：

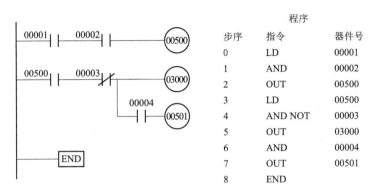

	程序		
步序	指令	器件号	
0	LD	00001	
1	AND	00002	
2	OUT	00500	
3	LD	00500	
4	AND NOT	00003	
5	OUT	03000	
6	AND	00004	
7	OUT	00501	
8	END		

图 17-13　梯形图编制程序（二）

（3）OR、OR NOT 指令

OR——并联常开触点指令。

OR NOT——并联常闭触点命令。

根据图 17-14 所示梯形图编制程序如下：

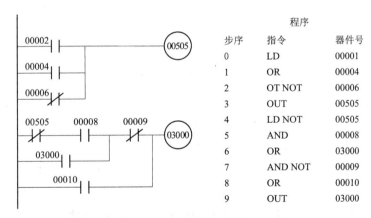

	程序		
步序	指令	器件号	
0	LD	00001	
1	OR	00004	
2	OT NOT	00006	
3	OUT	00505	
4	LD NOT	00505	
5	AND	00008	
6	OR	03000	
7	AND NOT	00009	
8	OR	00010	
9	OUT	03000	

图 17-14　梯形图编制程序（三）

（4）OR LD、AND LD 指令

OR LD——电路块并联连接指令。

AND LD——电路块串联连接指令。

图 17-15 给出了电路块的串、并联梯形图，根据梯形图编制程序如下：

（5）TIM 指令

TIM 指令实现导通延时操作的定时指令，当定时器的输入变为 ON（接通）时，定时器开始定时，时间设定值不断减 1，当经过设定时间后，当前值变为 0000，定时器为 ON。当定时器的输入为 OFF（切断）或电源断电时定时器复位，当前值恢复为初始设定值。

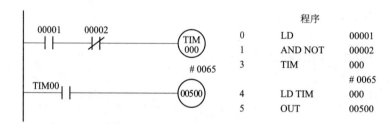

程序		
步序	指令	器件号
0	LD	00005
1	AND	00006
2	LD NOT	00007
3	AND	00008
4	OR LD	
5	LD	00001
6	AND	00002
7	OR LD	
8	LD	00009
9	OR	00010
10	AND KD	
11	OUT	00510
12	LD	00510
13	OR	03010
14	AND NOT	00011
15	OUT	03010

图 17-15　梯形图编制程序(四)

定时器的编号为 000~511,设定值单位为 0.1 s,范围 0~9 999。

根据图 17-16 所示梯形图编制程序如下:

程序		
0	LD	00001
1	AND NOT	00002
3	TIM	000
		# 0065
4	LD TIM	000
5	OUT	00500

图 17-16　梯形图编制程序(五)

(6) CNT 指令

CNT 指令为预置计数器,完成减计数操作。当计数输入端信号从 OFF 变为 ON 时,计数值减 1,当计数当前值为 0000 时,计数器为 ON。当计数复位端为 ON 时,计数器为 OFF,当前值返回到初始设定值。当电源断电时,计数器当前值保持不变,计数器不复位。这与定时器不同。

注意:当计数输入(CP)和复位输入(R)同时来到时,复位优行输入(CP)。

根据图 17-17 所示梯形图编制程序如下:

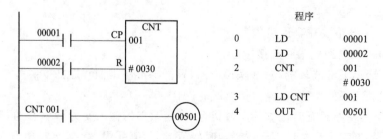

程序		
0	LD	00001
1	LD	00002
2	CNT	001
		# 0030
3	LD CNT	001
4	OUT	00501

图 17-17　梯形图编制程序(六)

五、可编程序控制器的应用

下面通过三相异步电动机的 Y-△ 启动控制的简单实例,来说明可编程序控制器的应用设计。

如图 17-18 所示为一个控制三相交流异步电动机的控制电路。在启动时,首先使 KM、KMY 线圈工作,使电动机的定子线组接成 Y 形。电动机启动 3 s 后,通过 KT 时间继电器切断 KMY,使 KM△ 工作,使电动机的定子绕组接成 △ 形,从而实现 Y-△ 转换的功能。

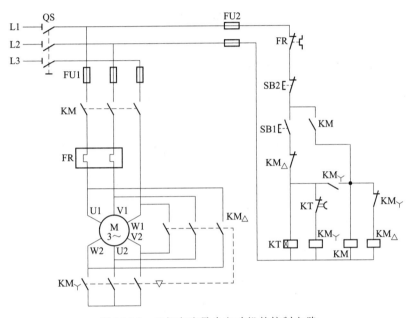

图 17-18　三相交流异步电动机的控制电路

1. I/O 分配表

根据图 17-18 电路,首先找出电路中的输入与输出信号,然后分别将 PLC 的对应通道号标出。

输入		输出		中间元件	
J-C	PLC	J-C	PLC	J-C	PLC
SB1	0000	KM	0500	KT	T1M00
SB2	0001	KMY	0501		
FR	0002	KM△	502		

2. 设计梯形图

根据 J-C 图与 I/O 分配情况作出梯形图,如图 17-19 所示。

3. 编制程序

上述梯形图要直接编程较困难,所以将梯形图重新整理,得到如下梯形图,如图 17-20 所示。编制程序如下:

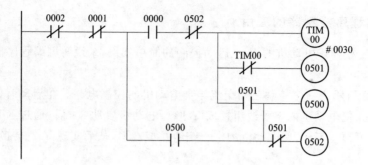

图 17-19 Y-△降压启动电路的梯形图

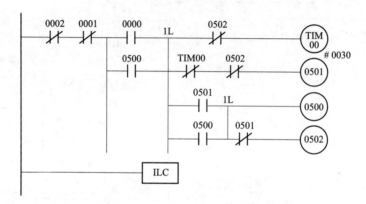

图 17-20 整理 Y-△ 降压启动电路梯形图

程序

LD NOT	0002	LD NOT	0501
AND NOT	0001	OUT	0502
LD	0000	ILC	
OR	0500	ILC	
AND LD			
IL			
LD NOT	0502		
TIM	00		
	#0030		
LD NO	TIM00		
AND NOT	0502		
OUT	0501		
LD	0501		
OK	0500		
IL			
OUT	0500		

4. 现场接线图

根据 I/O 分配表及选用的 PLC 机型作出 I/O 现场接线图，如图 17-21 所示。

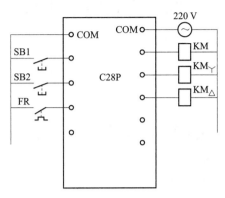

图 17-21　I/O 现场接线图

第十八章　制备核燃料芯体

学习目标:通过学习掌握高温烧结设备的设计基础知识、国内外芯体加工的技术动态、设备修理的基础知识、机床的数控化改造和制造工艺过程控制知识。

第一节　高温烧结设备的设计基础知识

学习目标:能掌握高温烧结设备的设计基础知识。

一、传热基础知识

热量从空间一物体向另一物体,或同一物体的一部分向另一部分的传递过程,称为传热或热交换。传热过程只有存在温度差时才会发生。热量总是从温度高的部分向温度低的部分传递。

热量传递的方式是复杂的,通常将其分为三种基本形式,即传导传热、对流放热和辐射换热。传导传热是通过物体直接接触而发生的热量传递过程。辐射换热是指不相接触的两物体间,以辐射波的形式传播热量的过程。只要大于绝对零度,物体总是将自身热能的一部分以辐射波的形式,向周围辐射。同时,物体也将部分吸收从其他物体辐射来的这种热能。对流放热现象是流体(气体或液体)与固体表面之间接触时发生的热量传递过程。

二、炉用材料

电阻炉所用的材料有金属材料,耐火、隔热材料和电热体材料。

1. 金属材料

电阻炉中有许多结构件,例如推送式电阻炉的导轨、装料盘等。这些结构件通常都是由耐热钢制成。

2. 耐火材料

耐火材料分为普通耐火材料、轻质耐火材料和特种耐火材料三类。

耐火材料的性能参数包括:

(1) 温度

指耐火度和荷重软化温度。耐火度指耐火材料的标准三角锥试样在高温下,仅仅由自重而软化弯到一定角度的温度。耐火材料的使用温度不允许超过耐火度,耐火度也不能作为使用温度的上限。荷重软化温度指耐火材料制品在每平方厘米面积上承受一定荷重,以一定速度升温,达到一定变形量的温度。荷重软化温度一般可作为烧成制品使用温度的上限。

(2) 抗蚀性

指耐火材料在高温下抵抗炉气或与之接触的材料的化学侵蚀性能。

（3）抗热震性

表示耐火材料抵抗温度急剧变化，不发生破裂或剥落的能力，用反复加热，冷却而不损坏的次数衡量。

（4）重烧线变化

是指耐火制品烧结后重新加热至高温时不能恢复的长度变化，即残余收缩或残余膨胀。

（5）透气性

在压力差为 1 mmHg 下，每小时通过面积为 1 m²、厚为 1 m 的制品的空气量，称为制品的透气系数。

（6）高温绝缘性能

指耐火材料制品在高温下保证电热体或热电偶间不产生漏电的绝缘性能。

在选择耐火材料时，还要考虑其热膨胀性和热容量，尽可能选用绝热性好、体积密度小的耐火材料。

3．隔热材料

为减少蓄热和热损耗，炉体采用隔热材料。根据使用温度，隔热材料可分为高温、中温和低温三种隔热材料。高温隔热材料的工件温度高于 1 200 ℃，通常选用轻质耐火制品作高温隔热材料，它们的气孔体积小且分布均匀，有足够的强度。

4．电热体材料

通过电流而发热的导体，称之为电热体。普通电热体分为金属和非金属两类。金属电热体又分为合金和纯金属两种。其中合金电热体应用较广，价格低廉；纯金属电热体的使用温度也比合金电热体高，但价格贵。非金属电热体的使用温度介于纯金属与合金电热体之间，价格也较低廉，但质硬而脆，常常做成棒状元件。

三、高温烧结设备的设计

高温烧结设备的设计，主要以空气电阻炉设计为基础，掌握空气电阻炉设计步骤与计算原理后，就可以进行其他炉子的设计，下面以空气电阻炉为例，全面论述电阻炉设计的步骤。

1．空气电阻炉的分类

空气电阻炉按作业方式分为间歇作业和连续作业式炉。间歇作业式炉只有炉体和电气控制系统两部分，而连续作业式炉除有炉体和电气控制系统外，还有传动机构、进出料机构等辅助系统。

2．炉膛与炉衬的设计

炉膛是指加热体包围的空间腔体。大部分空气加热炉的炉膛，是由炉顶、炉墙、炉底耐火材料层所构成的。炉顶、炉墙和隔热层统称为炉衬。在有些炉子中，炉膛是由整体的耐火材料制成，如刚玉管等这种炉膛称为整体炉膛，由特种异形耐火砖组合成的炉膛称为组合式炉膛。

（1）炉膛尺寸的确定

炉膛尺寸大小应根据被加热工件或盛料器所需要的空间予以确定。对于间歇作业式炉，炉膛底面积按炉子一次装料量计算。对于连续作业炉，炉膛通道长度按电炉的生产率计算。

(2) 炉衬厚度设计

炉衬厚度直接影响炉子的外壳温度和热损耗。如炉衬太薄,炉壳外表面的温度必然太高,不仅热损耗大,而且劳动条件恶劣;如炉衬太厚,不仅增加电炉的体积重量,增高蓄热损失和热惰性,同时造价也高。所以,应合理选择炉衬厚度。一般炉底的炉衬厚度比炉墙要厚些。对于炉温较高或功率较大的电炉,隔热层厚度应取大值。

3. 功率分配

为了使炉膛温度均匀,并符合工艺要求,应将炉子的全部功率作适当分配,即将电热体合理地布置在炉膛内。连续作业式电阻炉因工件在进料端需要吸收大量的热,而在冷却端又会放出大量的热,所以应按炉子的加热规范将其分成功率不同的几个温区,然后,分别计算各个温区的热损耗和工件吸收或放出的热量,从而确定各区所需的功率。

4. 加热器的设计要求

在设计加热器时应根据具体用途与工作条件(使用温度、保护气体、作业方式等),进行下列综合考虑。

1) 正确选用电热体材料。

2) 合理选择电热体表面负荷,使其工作可靠,寿命长。

3) 应保证其电阻值,使其在额定电压、预定升温时间内能够产生足够的功率。

4) 加热器的结构与电热体的布局应合理,须满足该炉型的温区范围、温度精度及其控制等方面的要求。

5) 应避免承受机械力与圈间短路,否则会产生局部过热而烧毁电热体。

6) 应便于生产、使用和维修。

第二节　国内外芯体加工的技术动态

学习目标:能了解国内外芯体加工的技术动态。

一、反应堆对二氧化铀芯体的基本要求

在水-水动力反应堆中最广泛使用陶瓷二氧化铀芯体燃料。这是因为二氧化铀除导热性略差以外,比其他核燃料具有一些更突出的优点:

1) 熔点达$(2\,865\pm15)$ ℃,高温稳定性好;

2) 辐照条件下包容裂变气体的能力强;

3) 抗腐蚀,特别是抗水腐蚀性好;

4) 辐照下良好的尺寸稳定性;

5) 与包壳材料的相容性特别好。

然而,从反应堆运行条件出发,要求核燃料具有一定的基本功能。反应堆对二氧化铀芯体的基本要求是:

1. 产生热量

二氧化铀是反应堆热功率的来源,毫无疑问对芯体的核性能有要求。它包括:

1) 同位素含量。主要指提供裂变中子的^{235}U的含量及有害放射性核素^{234}U和^{236}U等

的含量。

2）铀总量和各种杂质元素的含量,并且要根据这些杂质元素的含量来计算总中子吸收宏观截面。

3）芯体的几何尺寸。

2. 传递释放的热量

鉴于导热性是二氧化铀燃料的弱点,为了有效地导出裂变产生的热能,要求芯体有合适的。

1）几何密度;

2）微观结构;

3）几何形状和表面状态;

4）热稳定性;

5）化学计量比。

3. 包容裂变气体

主要考虑芯体的微观结构,特别是:

1）孔隙尺寸及其分布;

2）晶粒大小。

4. 与包壳最小的相互作用

芯体与包壳的相互作用(PCI)包括机械相互作用和化学相互作用两个方面。

从机械相互作用出发,要求芯体具有良好的:

1）几何尺寸、形状和表面状况;

2）热稳定性;

3）微观结构。

从化学相互作用而言,要求芯体下述性能:

1）杂质元素及含量;

2）总气体含量;

3）水分和总氢含量。

5. 辐照条件下的稳定性

辐照条件下二氧化铀芯体的稳定性用堆外的热稳定性实验结果来评价。与此相关的性能有:

1）微观结构;

2）化学计量比;

3）杂质元素与含量。

二、高燃耗二氧化铀芯体的设计考虑

压水堆燃料组件至今已有 40 来年的发展历史。从美国西屋公司设计的用于美国杨基罗反应堆的燃料组件开始,经过六代改进,到 1980 年左右已经基本定型,燃耗由 15 000 MWd/tU 的批平均卸料燃耗值增加到 33 000 MWd/tU。而近十几年以来,以西屋为代表的燃料组件改进继续进行,1992 年发展的 Performance＋燃料组件设计平均卸料燃耗已达 55 000 MWd/tU,

最高棒燃耗可达 75 000 MWd/tU,循环长度达 18~24 个月。

燃料的深燃耗是燃料性能优良的重要标志,也是反应堆改进燃料策略的重要途径。为了满足高燃耗的要求,对芯体的设计考虑如下几个方面。

1) 提高二氧化铀芯体^{235}U 的富集度。将目前采用的 3.2%^{235}U 富集度提高到 3.7%,有的甚至达到 4.5%;

2) 采用可燃毒物(如 $Gd_2O_3-UO_2$)芯体,以抑制初始装料过高的中子注量率峰,提高堆的反应性;

3) 采用空心二氧化铀芯体,防止了过高的燃料中心温度并有利于燃料棒容纳裂变气体的体积和能力;

4) 采用双层芯体。一种双层芯体是中间为低富集度材料,外套是高富集度材料,这样可以降低芯体中心温度和传热梯度,进而减少肿胀和开裂;另一种双层芯体,内部是大于 30 μm 晶粒的二氧化铀,外层是 1~30 μm 晶粒的二氧化铀,据说可以减少肿胀和裂变气体释放;

5) 采用 MOX 燃料。$(U,Pu)O_2$ 燃料解决了钚的回收利用,且由于 PuO_2 的塑性好,可以改善辐照过程中因环脊效应产生的包壳变形;

6) 采用氧化物弥散沉积燃料。日本在 UO_2 中弥散 Mn、Sr、Ca、Nb 等氧化物,烧结沉积成二氧化铀芯体,据说有利于减少肿胀和裂变气体释放。

然而,最重要的措施是提高二氧化铀芯体的内在质量,控制其微观结构,使之适应于高燃耗下反应堆的运行要求。

高燃耗要求燃料元件在反应堆运行工况下有更高的可靠性,实现最低的元件破损率。

20 世纪 70 年代的最初几年,曾经发生过燃料元件破损率高的情况。当时,元件棒的破损率达到 0.1%~1%,有的甚至超过 1%;而组件的破损率曾经高达 30%组件/堆率。曾把压水堆燃料元件破损分为七类,而其中的三类(氢化、PCI、包壳倒塌)直接与二氧化铀燃料的性能有关。

随着核电站的发展,燃料元件出现过氢脆、密实化、燃料芯体与包壳的相互作用等破损形式,为了解决这些问题,在二氧化铀芯体制备方面相应地开展了一系列研究工作。为了降低芯体的密实化,研究了高密度芯体的制备工艺;为了提高芯体的抗蠕变能力,研究了大晶粒芯体的制备工艺;为了降低芯体与包壳管的相互机械作用,制备"软芯体",在芯体添加增塑剂烧结,在芯体表面镀铜和涂石墨,改进燃料芯体的形状和结构。

第三节 设备修理

学习目标:能掌握设备修理的基础知识。

一、设备修理的必要性

设备在使用过程中,由于摩擦、振动、疲劳、热应力、腐蚀等因素,而引起精度降低、厚度减薄、强度下降,甚至几何形状改变或损坏,一般称有形损耗。设备在闲置、停用状态下,由于腐蚀、老化而使工作能力受到损失,这也属有形损耗。设备的有形损耗反映了设备的使用价值的降低,为了消除这种损耗,可以进行修理,或采用设备更新的办法来补偿,要花一定的经济代价,才能使设备恢复原有性能和价值,或者获得新的、更好的性能和价值。

　　由于科学技术进步,不断出现更完善和效率更高的新型设备,使原有设备在技术上、经济上呈现一定的老化状态,降低了原有设备的价值;同时也由于科学技术的进步,使劳动生产率不断提高,制造成本不断降低,从而也降低了原有设备的价值,这种价值的降低现象,称为无形损耗。

　　为了适应"四化"的需要,保证企业的扩大再生产和为国家创造更多物质财富,对原有设备的损耗必须不断进行补偿。对设备进行更新、改造,就是进行补偿的一种方式。根据我国情况,认为这种补偿方式应包括设备的技术革新、设备更新和技术改造等内容。

1. 设备的技术革新

　　是把科学技术的新成果应用于现有设备上,改变现有设备的技术面貌,以提高设备的能力等技术性能。其特点是在现有设备的基础上进行革新或改造,一般是结合设备的各种级别的修理来实现的,投资比较省,但其经济效果是显著的。如上海某化工厂的两台乙炔发生器,原设计能力行为 $500 \ m^3/h$,经过两次大修结合改造,取消排渣斗,将挡板由二层改为五层,并作了其他一些改革,这样聚氯乙烯生产能力由原来的 6 000 t/a 提高到 37 000 t/a,提高了 5 倍,而乙炔发生器未增加,外形尺寸未改变。

2. 设备的更新

　　是以比较经济和比较完善的设备,来替换物质上不能继续使用,或经济上不宜继续使用的设备。其特点是以质量好、效能高、耗能小的新设备取代陈旧落后的老设备。如沈阳水泵厂和沈阳水泵研究所研制生产出一批节电水泵,供大庆油田更新现有的 200 台陈旧的注水泵,运行一年可节约电 3.6 亿度,节省电费 1 800 万元,而更新这些水泵的费用只需 1 300 万元,即运行九个月节约的电费,即可偿还投资费。说明搞好设备更新,可以为国家增加更多的财政收入,促进经济的发展。

3. 设备的技术改造

　　我们认为"对现代企业的技术改造",就是采用具有世界先进水平的现代技术来代替原来还相当普遍存在的落后技术,包括有对工艺生产技术的改造和装备改造两部分内容,而工艺生产技术的改造的绝大部分内容还是设备;如基本建设投资的 60% 以上用于购置设备,而技措费用或老厂的技术改造项目中,购置设备的费用一般占总投资的 80% 以上。所以设备工作者要重视技术改造,广义来讲,技术改造应包括设备革新和设备更新的全部内容,不过更广泛,可以是一台设备的技术改造,也可以是一个生产工序、一个车间,甚至一个生产系统,包括建构筑物、传导设备等的整体的技术改选。例如上海天原化工厂的心脏设备——电解槽,经过六次技术改造,现在一台电解槽,可抵原来的 150～200 台的生产能力,烧碱产量从 1949 年到 1979 年,三十年增长了 152 倍。再如沈阳化工工厂,是 1938 年建的老厂,通过革新、改造,1981 年的烧破产量比 1949 年增长了 50 倍左右,年全员劳动生产率增长了约53 倍,上缴利税为国家通过基建、技术措施等渠道投资总额的 13 倍多。

　　前者属于一种设备的技术改造,后者则属于一个企业的技术改造。

二、改造中设备的选择

1. 设备的选择原则

设备的选择,是每个企业经营中的一个重要问题。合理地选购设备,可以使企业以有限的设备投资获得最大的生产经济效益。这是设备管理的首要环节,为了讨论方便,我们结合更新问题,在本节来进行讨论。

选择设备的目的,是为生产选择最优的技术装备,也就是选择技术上先进、经济上合理的最优设备。

一般说来,技术先进和经济合理是统一的。这是因为,技术上先进总是有具体表现的,如表现为设备的生产效率高、能够保证产品质量等。但是由于各种原因,有时两者表现出一定矛盾。例如,某台设备效率比较高,但能源消耗量大。这样,从全面衡量经济效果不一定适宜。再如,某些自动化水平和效率都很高的先进设备,在生产的批量还不够大的情况下使用,往往会带来设备负荷不足的矛盾,选择机器设备时。必须全面考虑技术和经济效果。下面列举几个因素,供在选择设备时作参考。

(1)生产性

达里是指设备的生产效率。选择设备时,总是力求选择那些以最小的输入获得最大输出的设备。目前,在提高设备生产率方面的主要趋向有以下三个方面。

设备的大型化:这是提高设备生产率的重要途径。设备大型化可以进行大批量生产,劳动生产率高,节省制造设备的钢材,节省投资,产品成本低,有利于采用新技术,有利于实现自动化。是不是设备越大越好?设备大型化受到一些技术经济因素的限制。大型化的设备,产量大,相应地原材料、产品和废料的吞吐量也大,同时要受到运输能力的影响,受到市场和销售的制约。而且,在现有的工艺条件下,有些设备的大型化,不能显著地提高技术经济指标;设备大型化使生产高度集中,环境保护工作量比较大。

设备高速化:高速化表现在生产、加工速度、化学反应、运算速度的加快等方面,它可以大大提高设备生产率。但是,也带来了一些技术经济上的新问题。主要是:随着运转速度的加快,驱动设备的能源消耗量相应增加,有时能源消耗量的增长速度,甚至超过转速的提高;由于速度快,对于设备的材质、附件、工具的质量要求也相应提高;速度快,零部件磨损、腐蚀快,消耗量大;由于速度快,不安全因素也增大,要求自动控制,而自动控制装置的投资较多等。因此,设备的高速化,有时并不一定带来更好的经济效果。

设备的自动化:自动化的经济效果是很显著的。而且由于装置控制的自动化设备(如机械手、机器人),还可以打破人的生理限制,在高温、剧毒、深冷、高压、真空、放射性条件下进行生产和科研。因此,设备的自动化,是生产现代化的重要标志。但是,这类设备的价格昂贵,投资费用大;生产效率高,一般要求大批量生产;维修工作繁重,要求有较强的维修力量;能源消耗量大;要求较高的管理水平。这说明,采用自动化的设备需要具备一定的技术条件。

(2)可靠性

可靠性是表示一个系统、一台设备在规定的时间内、在规定的使用条件下、无故障地发挥规定机能的程度。所谓规定条件:是指工艺条件、能源条件、介质条件及转速等,规定时间是指设备的寿命周期、运行间隔期、修理间隔期等,规定的机能是指额定出力,如压缩机的打气量、氨合成塔的氨合成量、热交换器的换热量等。人们总是希望设备能够无故障的连续工作,以达到生产更多的产品的目的,现代工业,由于设备大型化、单机化、高性能化、连续化与自动化的水平越来越高,则设备的停产损失也越大,因此,产品的质量、产量及生产的总经济效益对设备的依赖性越来越大,所以对设备的可靠性要求也越来越高。一个系统、一台设备的可靠性愈高,则故障率愈低,经济效益愈高,这是衡量设备性能的一个重要方面。

同时,就设备的寿命周期而论,随着科学技术的发展,新工艺、新材料的出现,以及摩擦学和防腐技术的发展,设备的使用寿命可以大大延长,这样,每年分摊的设备折旧费就愈少。当然,在决定设备折旧时,要同时考虑到设备的无形磨损。

(3) 维修性(或叫可修性、易修性)

维修性影响设备维护和修理的工作量和费用。维修性好的设备,一般是指设备结构简单,零部件组合合理;维修的零部件可迅速拆卸,易于检查,易于操作,实现了通用化和标维化,零件互换性强等。一般说来,设备越是复杂、精密,维护和修理的难度也越大,要求具有相适应的维护和修理的专门知识和技术,对设备的润滑油品、备品配件等器材的要求也高。因此在选择设备时,要考虑到设备生产厂提供有关资料、技术、器材的可能性和持续时间。

(4) 节能性

这里是指设备对能源利用的性能。节能性好的设备,表现为热效率高、能源利用率高、能源消耗量少。一般以机器设备单位开动时间的能源消耗量来表示,如小时耗电量、耗气(汽)量;也有以单位产品的能源消耗量来表示,如合成氨装置,是以每吨合成氨耗电量来表示,而汽车以公升/百公里的耗油量来表示。能源使用消耗过程中,被利用的次数越多,其利用率就越高。在选购设备时,切不可采购那些"煤老虎"、"油老虎"、"电老虎"设备。

(5) 耐蚀性

各种化工生产,都离不开酸、碱、盐类的介质,对生产设备基本上都有腐蚀性,仅严重程度有所不同。因此,机械设备应具有一定的防腐蚀性能。诚然,制造一种完全不腐蚀的设备是不可能,经济上也是不合理的。所以要在经济实用的前提下,尽量降低腐蚀速度,延长设备的使用寿命。这需要从设备选材、结构设计和表面处理等方面采取相应措施,以保证生产工艺的需要。

(6) 成套性

这是指各类设备之间及主附机之间要配套。如果设备数量很多,但是设备之间不配套、不平衡;不仅机器的功能不能充分发挥,而且经济上可能造成很大浪费。设备配套,就是要求各种设备在性能、能力方面互相配套。设备的配套包括单机配套、机组配套和项目配套。单机配套,是指一台机器中各种随机工具、附件、部件要配套,这对万能性设备更为重要。机组配套,是指一套机器的主机、辅机、控制设备之间,以及与其他设备配套,这对于连续化生产的设备,特别是化工生产装置显得更重要。项目配套,是指一个新建项目中的各种机器设备的成组配套,如工艺设备、动力设备和其他辅助生产设备的配套。

(7) 通用性

这里讲的通用性,主要指一种型号的机械设备的适用面要广,即要强调设备的标准化、系列化、通用化。就一个企业来说,同类型设备的机型越少,数量越多,对于设备的备用、检修、备件储备等管理都是十分有利的。目前有不少设备,虽然型号一样,或一个厂的不同年份的产品,出于某些零件尺寸略有差异,就给设备检修、备件储备带来很多困难和不必要的资金积压,并增大了检修费用。不少化工专用设备,目前还采用带图加工的办法,是很不合理的,一是不能批量生产,成本较高,质量不易保证;二是备品储备增加;三是工艺改变,不利于设备的充分利用。事实说明化工专用设备实行标准化、系列化是完全可能的。如化肥厂国内已基本形成系列,大部分设备已标准化、系列化。再如玻璃设备,全国已统一标准,形成了系列,便于组织生产,便于使用厂选用和订购。其他化工专用设备,如反应釜(也有称反应锅、反应罐等)、贮罐等,目前都有标准设计,各厂在新设备设计或老设备更新改造时,应尽量套用标准设计,而不要另起"炉灶"。一来可节省设计费用,减少不必要的重复劳动;二来对推动标准化、系列化、通用化有益,对改善企业管理有利。

以上是选择机器设备要考虑的主要因素。对于这些因素要统筹兼顾,全面地权衡利弊。

2. 修理和保养

(1) 目的和要求

工程机械的修理和保养必须贯彻"养修并重、预防为主"的方针,严格遵守机械的保养规程和检修制度,做到定期保养、计划修理,使机械经常处于良好的技术状态。

为了贯彻"养修并重、预防为主"的方针,要求机械保管单位和有关部门切实做好以下工作:

1) 建立和健全机械管理制度,特别是以岗位责任制为中心的使用负责制和各项统计报表制度(如运转日志,交接班记录,事故报告,保养记录等),掌握机械的实际状态,以便制订保养、修理计划。

2) 加强定期保养,做到对号入座(指保养周期、保养作业范围和机械本身对号),班包机组,定位分工,漏报不漏修,一包到底,三检一交。

3) 加强例行保养,认真对机械进行清洁、扭紧、调整、润滑、防腐等作业。

4) 加强机械使用的计划性。经批准或按规定列入计划修理的机械,在未经技术鉴定,未确定机械正常技术状态的情况下,不得因为使用或调配不当而延期修理,带病运转。

(2) 修理要求

为了提高修理质量,缩短停产时间,降低修理成本,要求承修单位加强全面管理,做好下列工作。

1) 加强工艺管理:承修单位应根据条件制定合理和先进的修理工艺,积极做好旧件修复工作。在保证质量的前提下,应努力设法降低修理成本。逐步实现专业修理,以加速修理进度,保证修理质量。有条件的专业修理厂,应积极推行总成互换修理法,以缩短停产时间。

2) 加强质量检查:严格执行进厂、工序、出厂三级检验制度。特别是工序的检验,应实行专职人员和群众性自检、互检相结合。以自检为主,人人把关,做到不合格的材料、配件不使用,不合格的总成不装配,不合格的机械不出厂。

3) 降低成本:承修单位要贯彻执行经济核算制度。实行工时定额和材料、配件消耗限额;进厂修理的机械,根据解体检查施修项目,编制材料、配料预算,严格控制用料;大力开展和推广"焊、补、镀、喷、铆、镶、配、涨、缩、铰、黏、改"十二字诀修旧方法,修旧利废。

4) 加强技术资料管理:机械修理竣工后,承修单位应负责将修理情况,主要部件更换情况、修理尺寸、规格等详细记入履历簿内;有关图纸、实验报告、验收记录等技术资料均应附入,作为以后各次保养、修理的依据。

三、分类

1. 修理分类

按修理性质分维修、大修、特修三种形式。

1) 维修:指一般零星修理,通常无预订计划,根据机况临时确定某一部件的更换或修理,维修有时可与定期保养结合进行。

2）大修：是全面恢复机况的修理。机械虽经定期保养，但由于运转中的正常磨损，材料的使用寿命限制等情况，在运转一定时期后，各主要总成均已逐步超限，靠定期保养及维修已无法保持机况时，则需进行大修。大修时应全部解体、清洗、检查、修理可修复的零件或更换损坏的零件，达到恢复机况。

3）特修：是指正常大修以外的事故维修或死机复活修理。修复的技术标准应符合大修技术标准，修理的具体内容根据送修时的实际情况确定。

2．保养分类

保养的种类，根据基建工作的特点，划分为：

1）例行保养：机械在每班作业前、后，以及运转中的检查、保养。例行保养由操作人员按规定的检查项目进行。

2）定期保养：按规定的运转间隔周期进行的保养。一班内燃机械实行一、二、三级保养制，其他机械实行一、二级保养制。一级保养由操作人员负责；二、三级保养均由操作者配合专业保养单位进行。

3）停放保养：指机械临时停放超过一周时，每周进行一次的检查保养，按例保规定进行。一般由保管人员负责。

4）封存保养：指机械封存期内保养，一般每月一次，具体内容同停放保养。一般由封存期间保管人负责。

5）走合期保养：指机械走合期内及走合完毕后进行的保养。

6）换季保养：指入夏、入冬前进行的保养，主要是更换油料、采取防寒、降温措施，可结合定期保养进行。

7）工地转移前保养：指一项工程任务完成后，虽未达到规定的定期保养时间，但为了使机械到新工点后能迅速投入使用所进行的全面的检查、维修、保养。具体作业内容可按二级或三级保养内容适当增加（如外表重新喷漆，易锈蚀部位涂抹黄油等）。

四、设备的拆卸与装配

1．拆卸的基本原则

机械拆卸时，为了防止零件损坏、提高工效和为下一段工作创造良好条件，应遵守下列原则：

（1）拆卸前必须搞清机械各部分的构造和作用原理

机械设备种类和型号繁多，新型结构不断出现。在未搞清其构造和作用原理以前不得盲目拆卸，否则可能造成零件损坏或其他事故。

（2）从实际出发，按需拆卸

拆卸是为了检查和修理，如果对机械的个别部分不经拆卸即可判断其状况确系良好而不需修理，则这一部分可不拆卸。这样，可以节约劳力，避免零件在拆装过程中损坏和降低装配精度。但不拆的部分，必须能确保一个修理间隔期，另一方面，对于需要拆卸的零件，则一定要拆，切不可因图省事而马虎了事，以致使机械的修理质量不能得到保证。

（3）应按正确的拆卸顺序进行

1）在拆卸之前要进行外部清洗（一般采用高压水冲洗）。

2）先拆卸外部附件，然后按总成、部件、零件的顺序拆卸。

（4）要使用合适的工具、设备

拆卸时所用的工具一定要与被拆卸的零件相适应。如拆卸螺纹连接件要选用尺寸相当的扳子；拆卸静配合件要用专用的拆卸工具或压力机；内燃机许多零件，都需有相应的拆卸工具。切忌乱锤、刮铲。以致造成零件变形或损坏；更不得用量具、钳子、扳手代替手锤而造成工具损坏。

（5）拆卸时应为装配做好准备

拆卸时对于非互换性零件应作记号或成对放置，以便装配时装回原位，保证装配精度。如活塞与缸套、轴承与轴颈等，在拆卸时均应遵守这一原则。拆卸后的零件应分类存放，以便查找，防止损坏、丢失和弄错。在工程机械修理中，因机型种类繁多，一般按总成、部件分类存放为好。

2. 装配的基本原则

装配工艺是决定修理质量的最重要环节，装配中必须做到以下几点。

1）被装配的零件本身必须达到规定的技术要求：为保证设备的修理质量，任何不合格的零件都不得装配，为此，零件在装配前必须经过严格检验。

2）必须选择正确的配合方法以满足配合精度的要求：机械修理的大量工作就是恢复相互配合零件的配合精度。工程机械修理中有不少零件是采取选配、修配或调整的方法来满足这一要求的，必须正确运用这些方法。

配合间隙必须考虑热膨胀的影响，对于由不同膨胀系数的材料构成的配合件，当装配时的环境温度与工作时的温度相差较大时，由此引起的间隙改变应进行补偿。

3）分析并检查装配的尺寸链精度，通过选配或调整以满足精度要求。

4）处理好机件的装配程序：装配程序一般是按先内后外、先难后易和先精密后一般的原则进行。

5）选择合适的装配方法和装配设备：如静配合采用相应的压力机装配，或对包容件进行加热和对被包容件进行冷缩。为避免损坏零件和提高工效，应积极采用专用工具。

6）注意零件的清洁和润滑：装配的零件必须经过彻底清洗。对动配合零件要在相对运动表面涂上清洁的相一致的润滑剂。

7）注意装配中的密封，防止"三漏"：要采用规定的密封结构和密封材料，不得任意采用代用品。要注意密封表面的质量和清洁，注意密封件的装配方法和装配紧度，对静密封可采用适当的密封胶。

8）注意锁紧安全装置。

9）装配过程中，要重视中间环节的质量检查。

第四节 机床数控化改造

学习目标：能掌握数控机床改造的一般步骤；能合理选择数控机床改造主要技术方案。

一、数控机床改造的一般步骤

将普通机床改造成为数控机床是一项技术性很强的工作，必须根据加工对象的要求和工厂的实际情况，制定出切合实际的技术改造方案。搞好机床的改造设计，其改造设计一般步骤如下。

（1）对加工对象进行工艺分析,确定工艺方案:被加工工件既是机床改造的依据,又是机床改造以后加工的对象。不同技术要求的工件,其加工方法不同,对机床的要求也不相同。

（2）分析改造机床,确定被改造机床类型:在确定机床改造方案时可根据制定的工艺方案初步选定改造机床的类型,然后对被选定的机床进行认真分析,了解被改造机床的技术规格、技术状况、各部件之间的联系尺寸等,分析机床能否适应改装要求以及经济性等,最终确定被改造机床的型号。

（3）拟定技术措施,制订改造方案:根据加工对象的要求和被改造机床的实际情况,拟定应该采取的技术措施。制定改造方案的过程中,应充分进行技术经济分析,力求使改造后的机床不仅能满足技术性能的要求,还能获得最佳的经济效应,使技术的先进性与经济的合理性较好地统一起来。

（4）进行机床改造的技术设计。

（5）绘制机床改造工作图。

（6）整机安装、调试。

二、数控机床改造主要技术方案的选择

技术方案的拟定是机床改造工作中最重要的一环,其方案的选择和确定不仅影响被改造的机床能否满足技术要求,且影响到改造效果和经济性。必须在认真调查研究的基础上,进行充分的论证,选择确定技术方案。以下就技术方案拟定过程中的几个问题作一般讨论。

1. 自动化程度

数控机床由于其在机床上的先进性和经济上的合理性,近年来已在国内外得到大力发展、各种新型的数控机床不断出现,但因全功能数控机床的控制系统、制造成本较高,目前主要适用于单件、小批量生产中加工精度较高、形状比较复杂的零件加工。随着经济型数控自动化功能的增加,在一定程度上,完全能替代全功能数控机床的工作。

2. 控制系统

经济型数控系统、具有结构简单、操作方便、价格便宜等优点,近年来已在数控机床改造当中得到广泛的应用。

3. 控制类型

通常控制系统按照有无检测反馈装置分为开环系统和闭环系统。其中开环系统无位置检测反馈装置,其加工精度由执行元件和传动机构来保证,定位精度一般为 $\pm 0.01\ mm$,少数可达 $\pm 0.005\ mm$。它的优点是系统结构简单,调试、维修方便,工作稳定可靠,成本较低,适用于精度一般的中小型机床,也是目前在数控改造中应用最为普遍的一种控制系统。

4. 伺服驱动系统

伺服驱动系统的选择和使用,不仅直接影响到改装后机床的工作性能,而且在机床改造费用中占较大比重,对机床改造成本往往起决定性作用。

目前,在数控机床中改造中常用的驱动器件是步进电动机、电脉冲电动机、直流伺服电

动机、交流伺服电动机等,这些驱动器件,配以适当的功率放大装置、组成伺服驱动系统。

步进电动机性能较好、价格便宜,所以各种步进电动机应用于数控机床改造中的经济型数控机床的开环系统和闭环系统中。

三、步进电动机的选择

在机床数控改造中,合理地选用步进电动机是比较复杂的问题,因此正确选用步进电动机是机床改造设计能否取得成功的关键。

首先根据步进电动机启动矩频特性和进行矩频特性初步选择步进电动机型号。这两种矩频特性的好坏主要表现在两个方面,一是在频率范围内,步进电动机所提供的转矩大小,二是随着频率的增加,转矩的变化是否平缓。把两种矩频特性比较好的步进电动机作为初选电动机。步进电动机型号选定后,一些参数也就随之确定,并根据步进电动机工作方式确定步距角和其他参数。

第五节　燃料元件制造工艺控制

学习目标:能掌握工艺实验及合格性鉴定知识;能掌握制造工艺过程控制知识。

一、工艺实验及合格性鉴定

产品的质量不能只靠检验来得到,只有通过大量的实验,以确定合适的操作步骤和工艺参数得到。在产品正式生产前,必须进行工艺合格性鉴定和产品合格性鉴定。

工艺合格性鉴定是以样品实验来证明某一工艺、设备、操作人员和相关规程具有满足规定要求的能力。产品合格性鉴定是以产品制造来证明某一生产线具有满足规定要求的能力。设备合格性鉴定是工艺和产品合格性鉴定的先决条件,只有5M1E(影响质量的6个因素,即人、机器、材料、方法、计量和环境)具备时,方可进行工艺和产品合格性鉴定。

燃料元件生产的质保文件中,包含工艺和产品合格性鉴定程序。该程序对合格性鉴定的组织与管理做了较详细的描述,其中包含合格性鉴定的过程。一般情况下,合格性鉴定的过程为以下几个方面。

1. 编制鉴定任务书

内容包括编制依据、鉴定项目、承担单位和完成时间等。

2. 预实验

对新产品、新工艺和新设备实施鉴定应进行预实验,其目的是估计应鉴定的参数范围及相关的经济效益。同时预实验报告是编制鉴定大纲的依据。

3. 编制鉴定大纲

由实施鉴定的单位负责编制。内容包括鉴定项目、适用文件、实验材料与设备、鉴定流通卡、鉴定参数、试样图、检测内容、取样计划等。

4. 实施合格性鉴定

在预实验的基础上,由实验单位按鉴定大纲进行,技术和质保部门应派人进行监督,设计和用户代表进行现场见证。

5. 结果分析

根据检测结果确定实验的结果是否满足规定要求。若满足技术要求,可编写合格性鉴定报告,若偏差严重应重新进行合格性鉴定。

6. 编写合格性鉴定报告

内容包括评价意见、流通卡、使用的真实参数、检验报告、不符合项处理报告等。

7. 合格性鉴定证书的签发

由授权负责人签发生效,内容包括鉴定的工艺、设备、有关的车间、特殊工种人员姓名、参数卡编号和版本、有效期、结论等。

二、制造工艺过程控制

燃料组件及相关组件是由许多零部件组成的,每个零部件的每一道加工工艺都会影响燃料元件的质量,因此燃料元件的每一道加工工艺都必须处于受控状态。

燃料元件的生产必须在工艺合格性鉴定和产品合格性鉴定完成后方能进行。但通过这两项鉴定并不等于各个生产工艺都处于受控状态,还必须制定一系列的质保措施。

1. 文件编制

(1) 规程编制

燃料元件正式批量生产前,必须编制好与生产工艺有关的各种规程,规定所需的资源、过程(包括操作步骤)、设备、工艺装备、技能和控制手段,以达到所要求的质量,在规程中要规定质量记录的格式和要求。

(2) 质量控制计划编制

为使所规定的质量要求在产品形成阶段得到合适的验证,质量保证部门要编制出质量控制计划,该计划中要给出制造和检验流程图、制造工序名称、检验项目、检验方法及控制方式,并标明见证点(WP)、停工待检点(HP)和报告点(RP)。

生产中,如发现文件中有不完善或错误的地方,按规定的质量保证程序予以解决,使各种文件不断完善,以确保产品质量。

技术和质保部门要随时监督和检查各种质保文件的执行情况,以确保各种程序和规程的有效实施。

2. 质量控制计划

在 HAD 003/10 中对燃料元件制造工艺控制作了原则性的规定。从进厂材料到生产出满足技术要求的燃料组件及相关组件,有许多中间产品,主要有 UO_2 粉末、UO_2 芯体、可燃毒物、上(下)管座、格架、轴肩螺钉、套筒螺钉、仪表管、导向管、燃料棒、骨架、星形架、阻流塞棒、控制棒等。制造单位必须按编制好的质量控制计划进行生产和检验。

3. 工艺过程控制中的统计技术

使用统计技术可以帮助了解产品性能的变化,从而有助于解决制造过程中出现的问题并提高效率。统计技术也有助于更好地利用所获得的数据进行决策。

在许多零部件的加工过程中,即使在稳定条件下,均可观察到变化。这种变化可通过产品和过程的可测量特性观察到。

统计技术可帮助测量、表述、分析、说明这类变化并将其形成模型,甚至在数据相对有限的情况下也可实现。这种数据的统计分析能为更好地理解变化的性质、程度和原因提供帮助,从而帮助发现问题、解决问题,甚至防止测量数据变化引起的质量事故,并促进持续改进。

在燃料元件制造过程中,一些重要零部件的重要性能数据都用了数理统计方法或控制图方法来进行处理。

第十九章　培训指导和管理

学习目标:通过学习掌握培训讲义的编制方法和科学实验研究方法。

第一节　培训讲义的编制方法

学习目标:能掌握培训课程的含义;能掌握培训课程设计的基本原则;能掌握培训课程设计的基本要素;能掌握培训课程设计的基本程序。

一、培训课程的含义

培训课程属于课程的范畴,在介绍培训课程之前,大家先了解一下什么是课程。

课程的含义有广义和狭义之分。广义的课程是指为实现教育目标而选择的教育内容的总和,例如对学校来说,包括学校所设的各门学科以及安排的各种有目的、有计划、有组织的课外活动。狭义的课程指的是针对某一门学科或某一个问题而设计的一两堂课。

构成课程的五个部分:

1) 对学生和环境的假定所组成的框架;

2) 宗旨和目标;

3) 内容或学科内容及其选择范围和顺序;

4) 执行的模式;

5) 课程评价。

培训课程是一个直接用于为社会、为企业、为社会成员服务的课程系统,它由以上五个部分组成。相对于一般课程来说,培训课程具有服务性、经营性、实践性、针对性、经验性、功利性及时效性等特性。培训课程的特性源于培训活动的本质属性,即培训属于一种教育活动,同时又是企业的一种生产行为。

二、培训课程设计的基本原则

培训课程设计是指一个培训项目在培训课程的组织形式和组织结构。

1. 符合现代社会和学习者的需求

根据课程设计的本质特征,培训课程设计首先要满足现代社会和现代人的需求,这是培训课程设计的基本依据。

这条基本原则涉及培训课程设计的资源依据问题。培训课程设计把学习者作为占主导地位的或唯一的课程设计依据,也就是以学习者的需要、兴趣、能力以及过去的经验作为课程要素决策的基础。

2. 培训课程设计要符合成人学习者的认知规律

这是培训课程设计的主要原则。由于成人学习方式与儿童相比较差异很大,这样在培训课程教学内容的编排、教学模式与方法的选择、老师的配备、教材的准备等方面都要和学校课程设计有所不同。例如成人学习目的性非常明确,他们参加培训的原因就是为了提高自己某一方面的技能或补充新知识,以满足工作的需要。因此,培训课程就要有一个明确目标,而且培训课程教学方法的选择要有利于培训学员的合作学习方式。

3. 用系统的方法和思想进行培训课程设计

培训课程本身就是一个系统,我们在设计培训课程时,要综合考虑各个要素之间的相互关系、各要素与系统之间的关系、系统与环境的关系。

按照系统理论,一个系统由输入、输出、转换和反馈四个部分组成,我们可以分析一下培训课程要素是如何组成一个系统的。输入主要是社会和学习者的需求分析,此外,一切可供选择的资源都可作为这个系统的输入条件。输出部分就是学习者的知识、能力或态度达到课程目标的设计要求。转换由教学内容、教学模式、教学策略及其组织等构成。这些要素的选择与合理配置,是使系统的运作达到输出指标的保证。反馈主要是课程的评价,它反向联系了输入与输出的关系,也就联系了各要素与系统之间的关系。它及时把系统运行的动向、信息送到系统的输入端,反馈调节的结果是使系统处于稳定状态。

4. 培训课程设计的基本目标

现代培训课程设计的基本目标是进行人力资源开发。许多人力资源开发的专家都认为,培训是人力资源开发三个主要组成部分之一,这三个组成部分是职业开发、培训与组织发展。在这三个同样重要的组成部分中,培训除本身就具有提高人力资源质量的功能之外,还是实现其他两个部分的手段和途径。培训课程正是实现培训功能的具体体现。

三、培训课程设计的基本要素

一般课程设计中主要有九个要素,这些要素共同构成了课程系统。下面我们分别介绍这九个要素。

1. 课程目标

课程目标为课程提供了学习的方向和学习过程中各阶段要达到的标准。在课程设计中,课程目标既可以明确地表述,也可在对其他各要素的选择组织之中体现。它们经常是通过联系课程内容,以行为术语表述出来,而这些术语通常属于认知范围。在我们所熟悉的一般课程的教学大纲中,最常见的有如"记住"、"了解"、"掌握"等认知指标。

2. 课程内容

课程内容的组织上有范围和顺序两个问题需要我们重视。顺序是指内容在垂直方向上的组织。对课程内容在顺序上的安排要作审慎考虑,以使学生通过按照合乎逻辑的步骤不断取得学习上的进步。范围指对课程内容在水平方向上的安排。范围要精心地限定,使内容尽可能地对学习者有意义并具有综合性,而且还要在既定的时间内安排。课程内容可以是学科领域内的概念、判断、思想、过程或技能。

3. 课程教材

教材要以精心选择或组织的有机方式将学习的内容呈现给学习者。在学科课程中,教科书是最常用的教材,也几乎是必备的,而且基本上是唯一的。在教材的选择上,学生很少拥有发言权,或者说没有决定权,基本上是一个被动体。

4. 教学模式

课程的执行模式,主要指的是学习活动的安排和教学方法的选择。这些安排和选择要与课程明确的或暗含的目标和方向直接相关。学习活动的安排及教学方法的选择,旨在促进学习者的认知发展和行为变化。好的执行模式,应当能较好地激发学习者的学习动机,使他们在学习过程中将注意力集中在课程所希望的方向上。

5. 教学策略

教学策略常常作为学习活动的一个内在部分,与学习活动有同样的目的。例如,一个被普遍运用的教学策略是"判断—指令—评价"。在这一策略中,教师分析学生的学习进展情况,判断他们遇到了什么困难,对学习顺序的下一个步骤作出指令,当学生完成指令后,教师作出评价,确定他们是否掌握了课程期望他们学习的内容。

6. 课程评价

评价程序要安排好、制定好,用来确定学习者在多大范围内和程度上掌握了学习内容、在什么程度上达到了课程的行为目标。学科课程的评价重点放在定量的测定上,衡量可以观察到的行为。例如,在报告学习者的学习状况时,常常用诸如 A、B、C、D 等人们假定能表明某种程度的成就的字母等级来表示。

7. 教学组织

学科课程大多数的教学组织形式是面向全体学习者的班级授课制,但是,分小组教学也经常被课程设计者运用。通常的小组划分是根据学生的学习能力的相似和学习进度的相同。分组教学为"因材施教"的个性化教学提供了某种可能。

8. 课程时间

时间是不可再生的有限资源,无论是对设计者来说,还是对教师和学生,都要最大限度地利用它。课程设计者要巧妙地配置有限的课程时间,教师要使学生在整个课程执行期间积极地参与学习活动,把课堂时间看成是最有价值的。课后作业也是一种开发利用时间的方法。

9. 课程空间

这里的空间主要就是指教室了。另外,还有一些特殊空间可以利用,例如图书馆、实验室、艺术室、研讨室,甚至运动场等等。

四、培训课程设计的基本程序

培训课程设计是一项创造性的工作,也是一项系统性的工作。因此,课程设计要有一个指导体系,完全依靠开发人员的主观想法来设计课程,必然会导致培训的失效。当然,你也不能按我们下面提供的程序按部就班,在实际设计工作中,仍然要发挥你的创造力,这是由课程开发活动本身的特性所决定的。

1. 前期准备工作

在开始课程设计之前,培训工作的领导人或培训项目的负责人首先要进行相关准备工作。这些准备工作将对以后的课程设计产生重要的影响,准备工作做得越充分,课程设计也就会越容易。

2. 课程目标设定

课程目标是指在培训课程结束时,希望学员通过课程学习能达到的知识、能力或态度水平。目标描述是培训的结果,而不是培训的过程,所以重点应放在学员该掌握什么,而不是愿意教什么。明确的目标可以增强学员的学习动力,也可为考核提供标准。培训要达到什么样的目标在课程设定工作之前就被提出来,在此基础之上,我们要对这些目标进行区分。哪些是主要目标,哪些是次要目标,不同的目标要区别对待,这些工作主要是在需求调查的基础之上完成的。分清主次以后,我们再对这些目标进行可行性分析,根据企业培训资源状况,将那些不可行的目标做适当的调整。最后,还要对目标进行层次分析,也就是哪些目标要先完成,其余的目标在此基础之上才有可能实现。

3. 信息和资料的收集

目标确定以后,我们就要开始收集与课程内容相关的信息和资料。资料收集的来源越广泛越好,我们可以从公司内部各种资料中查找自己所需信息,征求培训对象、培训相关问题的专家等方面意见,借鉴已开发出来的类似课程,从企业外部可能渠道挖掘可利用资源。

除了这些信息资料以外,我们还要了解在培训中可能所需的授课设备,如电影、录像、幻灯等多媒体视听设备。这些视听设备有助于提升课堂的趣味性,提高培训水平。

4. 课程模块设计

培训课程设计涉及很多方面,我们可以将其分成不同的模块,分别进行设计。当然,模块设计不能脱离于这个课程系统之外,它们之间也具有关联性。

具体的课程设计包括课程内容设计、课程教材设计、教学模式设计、教学活动设计、课程实施设计以及课程评估设计等方面。

5. 课程演习与实验

培训课程设计完成以后,我们的工作还没有完成。有时我们需要对培训活动按照设计进行一次排练,这就像演戏一样,在正式公演之前,要做一次预演,以确保做好了充分的准备。这是对你前一阶段工作的一次全面检阅,不仅包括内容、活动和教学方法,还应包括培训的后勤保障。预演中可以让同事、有关问题的专家或培训对象的代表作为听众。在演习结束后,对整个安排提出意见。

6. 信息反馈与课程修订

在课程预演结束以后,甚至在培训项目开展以后,要根据培训对象、有关问题的专家以及同事的意见对课程进行修订。课程修订工作非常重要,及时发现问题、解决问题对培训效果将有积极的影响。课程需要做出调整的内容视存在的问题而定,有些可能只需要对一小部分课程内容做出调整,有些甚至可能要对整个培训课程进行重新设计。但不管如何,存在的问题一定要及时进行解决。

第二节　科学实验研究方法

学习目标:能掌握科学实验研究方法。

一、科学方法

要真正理解科学,仅弄清科学的定义是不够的。但也不是要掌握许多科学知识才能理解科学,想迅速理解科学的捷径,那只有掌握一些主要的科学方法。

科学就是求真,也就是如何获得真的陈述,经典的科学方法有两大类,即实验方法和理性方法,具体地说主要就是归纳法和演绎法。

归纳法:将特殊陈述上升为一般陈述(或定律定理原理)的方法。经验科学来源于观察和实验,把大量的原始记录归并为很少的定律定理,形成秩序井然的知识体系,这就是经验科学形成的过程。可见怎样的归纳是有效的、可靠的,这是经验科学要研究的最重要的问题。自从严格意义上的科学诞生以来,从未停止过这方面的探索和争论。可以看到随着深入的研究,发现这是个非常复杂的问题。远比演绎法复杂。也许正是这个原因,教育不敢注重科学方法的普及,使得大众接受科学知识和接受其他知识似乎一样,以致分不清什么是科学知识,什么是非科学的知识。这里无法严格的讨论归纳方法的完整内容,但为了说明下面的一系列问题,这里简单提些基础的归纳要点。

归纳法分完全归纳法和不完全归纳法,其中完全归纳法应用范围很小,因为对绝大多数事物,可观察的现象往往都是无穷的。所以实用的归纳法必然是不完全归纳法。其又分两种即简单枚举法和科学归纳法。简单枚举法是不可靠的,只能得到或然性真理,因此科学归纳法是科学方法讨论的中心。

所谓科学归纳法又叫排除式归纳法,这种归纳法不一定要增加原始陈述,而是排除那些可应用于特定事例的可能假说。培根的"三表法"和穆勒的"五法"都是这类型的。下面简单列出穆勒"五法"。注意,它们的前提是,只存在两类现象,每类只有三个元素,即 a、b、c(现象)和 A、B、C(原因),并都先假定了:

(1) 只有一个出现 a 的条件(原因);

(2) 只有 A、B、C 是可能的条件(原因)。

科学方法是人类所有认识方法中比较高级、比较复杂的一种方法,它具有以下特点:

1) 鲜明的主体性。科学方法体现了科学认识主体的主动性、认识主体的创造性以及具有明显的目的性;

2) 充分的合乎规律性。是以合乎理论规律为主体的科学知识程序化;

3) 高度的保真性,是以观察和实验以及它们与数学方法的有机结合对研究对象进行量的考察,保证所获得的实验事实的客观性和可靠性。

1. 科学方法的本质

科学与艺术是人类两大文化主体,是人类文化发展的结晶。

人类在日益摆脱"动物性"而趋向"社会性"的漫长进化过程中,一直在创造和发展科学与艺术,并在这种文化活动中日趋成熟,然而,就科学之成体系而言,应该说,还是在近代几百年逐渐成熟与确立的,通常是将哥白尼的天文学说的发表作为分水岭,来区分西方中世纪的宗教体系与近代自然科学体系这样两种不同的历史时期。许多自然科学史著作对西方近代自然科学体系的发展轨迹作了清晰的描绘,在此不再作赘述,这里只就这一体系认识宇宙的思维方法最为本质的方面,进行细致的剖析。

近代自然科学认识宇宙的思维方法是传统的,由古希腊文化一脉相承而来,我们可以一直追溯到主张"万物皆数"的毕达哥拉斯学派,可以将其称为"标准化"的方式。这种传统的标准化方式是由人成为"社会性"动物后,在一种集体化的社会活动中,由相互交往彼此交流信息的需要而从根本上决定的,为了交流,人们必须以种种相互能理解和接受的共同标准来表述各类信息。

统一的标准化运动成了人类文化发展的主流,这种统一首先表现在文字语言方面。一定区域内,所有不同的个体、家庭、家族、部落、民族、种族、国家逐渐采用某种共同理解的标准语言来交流,而度量衡的标准化,更是有利于具体的商业交往。几千年来在各种领域的激烈争斗,依然掩盖不了整个地球人类为了相互交流而在一切领域所悄然进行的标准化运动带来的统一,直至今天,在当代人类活动的方方面面,仍不难发现这种势头在有增无减地展开。我们可以从大到小举出很多这样的例子。如最近中国为加入国际关贸协定组织,一直积极努力以标准化的方式与世界经济接轨,欧洲各国为实现政治经济一体化,开始启用一种作为共同标准的货币——欧元,而联合国的建立更是这种以标准化方式交流在国际政治中的具体结果,国际奥林匹克运动则是世界各国在体育方面表现出的标准化统一,至于像国际标准时、国际标准文字编码、标准件、标准舞等等,不胜枚举,无不说明标准化方式交流已渗透到了人类生活的各个方面。

20世纪,在探索宇宙太空的科技活动中,各国科学家已进行了广泛的合作,可以乐观地展望,人类最终必将在对宇宙的认识上,以标准化的方式形成统一。

近代自然科学体系认识宇宙的标准化方式是通过三项重要的原则而实施的,可以这么说,只有真正理解了这三项重要原则,才谈得上了解了科学方法的本质。

这三项重要原则可简略地称为量化、约化与简化原则。

(1) 量化

这一方法就是将一切事物以不同量级划分为标准等量的份额,然后去分析、衡量、研究和认识。这一方法为人们所习惯运用,在日常生活中构成了不可或缺的部分,一切度量衡标准都是运用这种方法进行的。在第二章中曾论及人们对时间间隔的划分,就是量化的结果。量化构成了数学思维的基础,促进了人类数学这一学科的发展,像物理学、化学中的一些基本概念,如体积、质量、温度、压力、速度、原子量、酸碱度、比重等,无一不是将人们能观察到的各种宏观现象,以规范的数学量去表征,并进一步深入地量化分析和研究。可以说,量化的方法是一切自然科学研究的最为基本的方法,这也决定了数学与一切其他学科的紧密结合,决定了只有与数学结合得更紧密的学科才是最先进最具有发展潜力的学问。

量化,就是将一切整体现象规范地予以分解成相等份额。

(2) 约化

约化的方法则正好与量化构成对应,这是一种以组合而不是分解的方式去规约事物为相等的份额。这一方法通常是在人们不方便或难以运用量化方法时所乐于采用的,在对宏观天体与微观世界的种种现象进行研究时,人们常常运用约化的方法,像天文学上"光年"、"秒差距"等就是约化的概念,而在量子世界,约化的方法已经被用专门术语称为"量子化"。

量子化的本质就是将连续变化的微小量组合规约为一份份的标准量,这种组合约化是由于人们受到观测能力的局限性所不得不采用的。

(3) 简化

一切量化与约化,都是为了一个目的,那就是便于进行数学上的计算。然而,任何计算如果没有某种程度上的简化,是难以真正进行下去的。

数学逻辑思维的简化原则主要有概念上的简化与计算上的简化。前者如通分与约分中的最小公倍数及最大公约数概念,还有第一章中论及的将立体空间和平面中无穷多的维简洁地分别用三维和二维去表征等,这种简化原则最终被推及至哲学上,著名的"奥卡姆"原则就是其典型代表。

计算上的简化是对一切运算的数值只求取近似,众所熟知的"四舍五入"原则,计算圆周率时根据精确程度的需要对 p 值小数点后取多少位,都是这种简化的具体运用。可以这么说,如果没有这种近似取值的简化,繁冗的计算将使任何人都难以承受,哪怕如今有了高速运行的电子计算机,仍然必须在计算上简化。物理、化学及其他学科中的一切原理,极端地说,都是建立在这种简化原则的基础之上,都是在对某些微小量级予以舍弃而近似获取的,如牛顿力学中的许多定律,能量守恒与对称原理等无一不是如此,最终我们甚至可以如此说,自然科学本质上就是对宇宙中的事物简洁近似地作出解释。科学的发展表现在这种解释的精确程度越来越高。

"科学之所以能够如此地成功,是人们发现了可以采用近似的方法,所有的科学理论和模型都是对于事物真实性质的近似,而这种近似所包含的误差常常小到足以使这样的处理方法富有意义"。

量化、约化与简化的方法构成了自然科学体系以标准化方式认识宇宙的原则基础。有了这种认识之后,我们就可以联系那些重大理论进行更为细致的分析了。

2. 科学实验

根据研究目的,运用一定的物质手段,通过干预和控制科研对象而观察和探索科研对象有关规律和机制的一种研究方法。科学实验和科学观察一样,也是搜集科学事实、获得感性材料的基本方法,同时也是检验科学假说,形成科学理论的实践基础,两者互相联系、互为补充。但实验是在变革自然中认识自然,因而有着独特的认识功能。原因是科学实验中多种仪器的使用,使获得的感性材料更丰富、更精确,且能排除次要因素的干扰,更快揭示出研究对象的本质;此外,它还能发挥人的主观能动性和对自然条件的控制力,揭示极端条件下物质运动的规律,提供更多的发现新事物、新现象的机会。科学实验的基本类型是探索实验和验证实验,常见的实验类型有比较实验、析因实验、模拟实验和判决实验等。

科学的方法应该包括六个重要步骤:

1) 观察:观察即对事实和事件的详细记录;

2) 对问题进行定义:定义是有确切程序可操作的;

3) 提出假设:对一种事物或一种关系的暂时性解释;

4) 搜集证据和检验假设:一方面要能提供假设所需的客观条件,一方面要找到方法来测量相关参数;

5) 发表研究结果:科学信息必须公开,真正的科学关注的是解决问题;

6) 建构理论:孤立的问题无法建立理论,科学的理论是可以被证伪的。

3. 科学研究

一个完整的科学认识过程,往往要经历感性认识、理性认识及其复归到实践等阶段,而各个阶段都有与各种具体内容的相对应的科学方法。随着现代科学的发展,特别是系统论、控制论和信息论等横向性学科的出现,极大地丰富了科学研究方法的内容。这些科学的研究方法为人们的科学认识,提供了强有力的主观手段的认识工具。

一般研究法可以划分为三大类型。

(1) 经验方法

一般说来,科学研究就是追求知识或解决问题的一项系统活动;有待解决的问题都是与研究对象的本质和规律有关的问题,而本质和规律是隐藏在现象中的,即在经验材料的背后。只有在关于对象的经验材料十分完备、准确可靠时,才能在这些材料的基础上建立正确的概念和理论,揭示对象的本质和规律,才能解决科研课题,即解决科学的问题。获得经验材料的方法就是经验方法,通常包括如下四个方面。

1) 文献研究法:教育技术学的发展有很强的历史继承性,文献研究就是为了对所要解决的问题有个全面的历史的了解。有了这种了解,才能站在前人的肩膀上,把前人和当代的成果作为进一步前进的起点,不重复前人已经做过的工作,避免前人已经走过的弯路,把精力放在创造性的研究上。

文献研究法就是有关专业文摘、索引、工具书、光盘以及 Internet 教育信息资源等文献的检索方法以及鉴别文献真伪、发挥文献价值与创造性地利用文献的方法。

2) 社会调查法:社会调查法就是人们有目的、有意识地对社会现象进行考察,从中获得来自社会系统中各种要素和结构的直接资料的一种方法。根据调查目的、调查对象和调查内容的不同,社会调查法可分为访问调查、问卷调查、个案调查等多种方法。在教育技术学研究中,经常使用问卷调查法。

3) 实地观察法:实地观察法是研究者有目的、有计划地运用自己的感觉器官或借助科学观察仪器,直接了解当前正在发生的、处于自然状态下的社会现象的方法。

4) 实验研究法:实验作为一种科学认识方法,开始是应用于自然科学领域,以后逐渐移植到社会科学领域。实验研究法是实验者有目的、有意识的通过改变某些社会环境的实践活动,来认识实验对象的本质及其规律的方法。实验研究法的基本要素是实验者,即实验研究中有目的、有意识的活动主体;实验对象,即实验研究所要认识的客体;实验环境和手段,即实验对象所处的社会条件。在教育技术实验研究中,实验环境就是利用现代信息技术进行教与学活动的特定社会条件;其实验手段就是借助现代信息技术进行刺激、干预、控制、检测实验对象的活动。实验研究的过程,就是这些要素相互作用、相互影响的过程。

(2) 理论方法

要达到完整的科学认识,仅仅运用经验方法是不够的,还必须运用科学认识的理论方法对调查、观察、实验等所获得的感性材料进行整理、分析,把原来属于零散的、片面的和表面的感性材料进行加工,使之上升为本质的、深刻的和系统的理性认识。科学研究法中的理论方法就是提供这种从感性认识向理性认识飞跃的切实可行的、具体的思考方法与加工处理的步骤的方法。

它主要包括两个方面:

1) 数学方法:所谓数学方法,就是在撇开研究对象的其他一切特性的情况下,用数学工具对研究对象进行一系列量的处理,从而作出正确的说明和判断,得到以数字形式表述的成果。

科学研究的对象是质和量的统一体,它们的质和量是紧密联系,质变和量变是互相制约的。要达到真正的科学认识,不仅要研究质的规定性,还必须重视对它们的量进行考察和分析,以便更准确地认识研究对象的本质特性。在教育技术学研究中,数学方法主要是运用统计处理和模糊数学分析方法。

2) 思维方法:科学的思维方法是人们正确进行思维和准确表达思想的重要工具,在科学研究中最常用的科学思维方法包括归纳演绎、类比推理、抽象概括、思辨想象、分析综合等,它对于一切科学研究都具有普遍的指导意义。

（3）系统科学方法

20世纪,系统论、控制论、信息论等横向科学的迅猛发展,为发展综合思维方式提供了有力的手段,使科学研究方法不断地完善。而以系统论方法、控制论方法和信息论方法为代表的系统科学方法,又为人类的科学认识提供了强有力的主观手段。它不仅突破了传统方法的局限性,而且深刻地改变了科学方法论的体系。这些新的方法,既可以作为经验方法,作为获得感性材料的方法来使用,也可以作为理论方法,作为分析感性材料上升到理性认识的方法来使用,而且作为后者的作用比前者更加明显。它们适用于科学认识的各个阶段,因此,我们称其为系统科学方法。

二、穆勒的因果探求法

穆勒（J.S. Mill,1806—1873年）是一个著名的英国哲学家,著作甚多。他在《逻辑系统》一书中提出五种寻找因果关系的方法,虽然简单,但十分实用。那就是:求同法、求异法、异同法、共变法、剩余法。

1. 求同法

假若我们想知道某现象E的成因,而在E出现的各个情况只有另一现象C是所有情况共通的,那么,C便是E产生的原因。

2. 求异法

假若我们想知道某现象E的成因,而E出现的各个情况与E不出现的情况只有一个,分别有某现象C是E出现时才出现,E不出现时便不出现,那么C便是E产生的原因。

3. 异同法

求异法及求同法的共同应用。

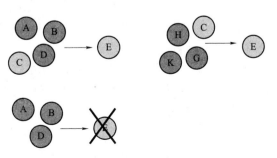

4. 共变法

假若我们想知道某现象 E 的成因,而 E 表现变化的各个情况中只有另一个现象 C 于不同情况中有所变化,其余现象没有不同,那么 C 便是 E 产生的原因。

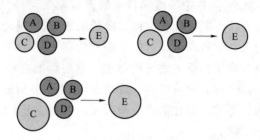

5. 剩余法

假若我们有理由认为现象 C2 C1 是导致 E1、E2 发生的原因,而 C1 是 E1 的因,那么 C2 便是 E2 产生的原因。

三、还原论

1. 什么是还原论

近现代科学特别是物理学运用许多具体的研究方法,例如,实验方法、模型方法、统计与概率方法,以及类比方法等等,科学巨匠牛顿在构建他的引力学说中甚至还使用过历史方法。特别值得一提的是,牛顿和莱布尼兹发明了微积分,是迄今为止最重要的数学分析方法,一项了不起的成就。

微积分不只适用于求面积、体积和速度,它还主要用于推导出力的公式和大小随时间与空间发生的变化。力是一种自然作用,在牛顿的理论体系中,物体及其相互作用是被"放"到时间和空间框架中的。牛顿根据人类的日常体验与直觉认识假定,空间的部分之和等于整体,由此出发推导出求解曲线包围面积的微积分公式。当牛顿运用相同的方法推算物体间相互作用力时,实际上假定了,自然作用也与时间空间关系一样,是部分之和等于整体的。其实,这样的想法和做法,并不是牛顿的原创,伽利略在对斜面上物体受力情况进行分解时,已经做出了相同的假定:合力等于各分力之和。

微积分的意义远远不仅限于数学运算和帮助牛顿推导出物体的运动轨迹与引力理论,更重要的意义在于,牛顿极为成功地把它与公理化演绎理论体系结合在一起,使之成为强有力的理论分析工具。公理化体系是古希腊欧几里得的发明的一种理论形态,他把概念、公理(事实)和定理用逻辑关系整合在一起,成为一种层层推进、步步关联的理论体系。这是人类发展出的最严谨最精密的思维成果,欧几里得的《几何原本》就是这样的洋洋大观的理论体系。牛顿用自己发明的微积分方法详尽描述了物体的运动,把由此获得的运动规律与他提出的运动的公理(三定律)与若干基本物理与力学概念结合在一起,构成了一个庞大的公理化理论体系,把当时已知自然知识几乎全部囊括其中。伴随着经典物理学的成功,公理演绎体系成为科学理论的"标准模型",与此同时,微积分作为标准的数学分析工具也成为一种几乎无坚不摧的科学方法。

人们把微积分的基本思想升华为一种哲学世界观：每一种事物都是一些更为简单的或者更为基本的东西的集合体或者组合物；世界或系统的总体运动，是其中每一个局部或元素的运动的总和。这种观点称为还原论。采用这种由确知局部或部分之数学和物理特性，再通过求和来了解整体特性的方法，就成为还原论方法。熟悉微积分推导过程、极限理论就会知道，还原论非常合乎人的直观感觉、合乎人的日常生活经验。其基本含义就是整体可以分割为多个部分，所有部分之总和等于整体。这在平面几何上是直观地正确的，在立体几何上也是完全不难想象的。这是空间方面。在时间上似乎也没有太大问题。

2. 科学方法本质上就是还原论方法

从牛顿以来，运用还原论方法研究自然，再把获得的知识纳入公理化演绎体系加以表达，成为科学研究的"标准操作"。不过分地说，所谓科学方法，本质上就是还原论方法；所谓科学精神，所谓实事求是精神，本质上就是科学研究中那种追求细致入微、理论与实际相互印证的精神。整个近代科学中，所有科学分支都以牛顿的力学理论为基石，用还原论方法来研究各自的对象，用公理化理论（至少是追求用这样的理论）解释自然。化学原子—分子学说、生物细胞学说甚至进化学说，能量守恒原理等等，都深深打上还原论方法的烙印。

还原论方法最大的成功之处在于，用这种方法建立起来的科学理论，不仅具有精确严密的特质，还具有强大的预言能力，这种预言经得起实验的检验。无论是哈雷彗星的发现与确认，海王星的发现，大量新基本粒子的发现认证，大爆炸学说的检验，还是各类化学药物的发明与临床验证，直至认识生命本质、遗传工程，奔月工程、地下资源开发等等，所有这些都是以科学理论为指导，在科学实践中取得成功的，而这些科学理论无不是还原论方法的成功应用。与此同时，公理演绎体系的成功则在于，人类对于自然认识的每一个事实、每一个概念和理论推演，都被纳入一个前后关联的逻辑统一体中，使得人类的关于自然的认识和思考，成为知识体系。

借助公理理论体系严密的逻辑关联，还原论的另一个优点是，每当预言失败时，或者理论计算与实验结果发生重大偏差时，人们能够根据逻辑和理论推导上溯到起点，调整理论预设或假定，从而建立起新的理论，做出新的预言，实现理论创新，甚至完成科学革命——对客观自然的基本原理做出全新的假定，或者重新建构关于自然基本作用的规则。我们在观察电磁理论的创立、量子力学和相对论理论的发生时，都会对这一点印象至深。这正是还原论的力量所在。在20世纪里，分子生物学、大爆炸宇宙学、超弦理论也都是沿着相似的路径发生的。

近现代几百年科学研究实践的历史的经验证明，科学家们自觉使用的还原论方法不但已经建立起几乎全部的关于自然的知识，而且这种方法还正在继续显示出强大的生命力。它的生命力显现在它的不断创新、不断贡献给人们新知识的过程中。现在，这种生命力已经延续到了社会科学中，例如，经济学，它的一个重要目标就是吸收来自自然科学的分析工具，建立起一种公理化的理论体系。而心理学，则由于成功地引入实验方法和科学的分析手段，已经被广泛认可为合格的自然科学学科。

3. 还原论方法是否可以被轻易取代

20世纪中晚期，兴起了一些反对还原论方法的见解，认为这种方法已经过时，科学的前途在于使用一些尚未经过成功检验的所谓新的"科学"方法。例如,一种叫做系统论的学说,提倡一种新哲学观,系统哲学观,又叫整体观。还有一种学问,叫复杂性研究,也认为在复杂系统之中,部分之和大于整体,盖因整体之功能不能完全解析为各个部分的功能之和。二者异曲同工,对还原论观念和哲学提出批判,主张应该用整体观点看待事物,从宏观上把握事物。应该说,这些批判是部分合理的,还原论方法没有解决全部问题,科学家们不讳言这一点,反而把这当做继续努力的鞭策。

世界是复杂的,是一种巨大的复杂巨系统。运用这种叫做系统观或复杂观的见解,我们的确注意到一些我们原先使用还原论没有发现的问题。例如,我们对单个原子已经比较了解,但是,当数百个原子组成一个纳米结构时,它表现出的某些理化特性却是始料未及的。还有一个著名的例子,耗散结构,讲的是在一个与外部环境交换物质与能量的系统中,会自发形成某种有序结构,它的发明人普利高津因此获得过诺贝尔奖。

然而,这并不意味着,还原论方法可以轻易被新方法(如果有这样的所谓方法的话)所取代,这些新方法试图割断自己与还原论的联系,也是不成功的。

实际上,经典物理学家们在处理多粒子系统问题时,早已认识到问题的复杂性。无论是研究过统计物理学的麦克斯韦、玻尔兹曼还是吉布斯,还是明确提出在微观领域因果性失效因而量子现象需要进行统计解释的玻尔,都不敢断下结论说传统的科学研究方法失效,爱因斯坦更是从不越雷池半步,对妄论科学研究方法的见解敬而远之,而冯·诺依曼最终还是仿照牛顿建立起量子力学的公理化理论体系。这些在不同时间、从不同侧面发动过物理学革命的大科学家都在运用还原论方法。

另一方面,不仅经典科学研究的多粒子体系,包括信息论、系统论在内,甚至复杂性研究本身,以及 20 世纪的所有重要研究成果,也都是循着还原论路径获得的,它们的理论推导都要使用最基本的微积分工具。这提示我们,如果要否定还原论,又要保留微积分工具,至少在策略上和行为上似乎是存在内在矛盾的。而且,从这些科学成果引申出的种种所谓新的科学研究方法和哲学意义,迄今没有带来有真正价值的新知识新见解,更没有能够做出有效的科学预言,指引人们去切实认识了解自然的努力方向。

再举一个读者都熟悉的例子。计算机运用十分普遍,它包含有硬件和软件两大部分。硬件中最有代表性的是中央处理器,软件中则是操作系统。人们常用集成度来说明中央处理器的复杂程度,现在的奔腾 4 代处理器集成了约数千万个元件。从还原论角度看,处理器由大量单元逻辑电路组成,这些电路其实很简单,都是由十多个元器件组成的单稳或双稳电路,经典电子电路理论早已对这些电路进行过透彻精确的分析——顺便提及,电子线路的动态分析,也需要微积分工具;另一方面,操作系统看上去是一个整体,其实是由大量功能软件整合在一起的。所有这些软件都是运用某种程序语言逐行逐句地编写出来的,就像哲学家编写著作那样。一个操作系统包含有数千万行这样的指令。在机器里,软件被翻译成源代码,再转译成机器码,也就是尽人皆知的 0 和 1,或者说有与无。当电脑运行时,这些 0 与 1 在处理器里转化成高与低(电平),运算处理之后输出运算结果,当然这些结果是将转化成人们能够懂得的自然语言或图形的。要紧之处在于,计算机的性能,决定于机器内的每一个单元电路每一个微小的元器件,决定于每一行程序指令,没有对这些细节的透彻认识与刻意安排,没有这些细节的通力配合,计算机的运算功能无从实现。

试想,如果只是从总体上对计算机做一番笼而统之的观察,说一些它是个很复杂的巨系统,包含有多少个诸如此类的功能子系统,有很强大的运算能力之类的话语,总结出它有若干种"性质",我们对计算机的了解究竟能增加多少? 又在多大程度上能够帮助计算机科学的进步?

幸运的是,上述计算机的问题对于不是科学家的我们来说更多的只是一个已知世界的问题,我们大可以仰赖计算机专家的工作,而只满足于不求甚解。可是,当我们面对迄今为止仍然隐藏在未知领域中的事物时该怎么办呢? 该如何入手去了解它呢? 同理,我们面对更加复杂得多又变动不居的社会时,如果不仔细考察社会中的个人、家庭、人群的种种情况并得出切实的认识,不了解村舍、工厂、商店的运行机制,不理解他们为了生存和发展所付出的挣扎和努力,我们的认识又在多大程度上能够确保其科学性呢?

参考文献

[1] 陈宝山,刘承新. 轻水堆燃料元件. 北京:化学工业出版社,2007.

[2] 蔡文仕,舒保华. 陶瓷二氧化铀制备. 北京:原子能出版社,1987.

[3] 邱言龙,郑毅,余小燕. 磨工技师手册. 北京:机械工业出版社,2002.

[4] 王盘鑫. 粉末冶金学. 北京:冶金工业出版社,2003.

[5] 施国洪. 质量控制与可靠性工程基础. 北京:化学工业出版社,2005.

[6] 傅世乾,项础. 全面质量管理普及教程. 成都:电子科技大学出版社,2002.

[7] 张能武. 热处理工入门. 合肥:安徽科学技术出版社,2006.

[8] 江书勇. 磨工基本技能. 成都:成都时代出版社,2007.

[9] 殷作禄. 初级磨工技术. 北京:机械工业出版社,2007.

[10] 颜学明,邓话,杨晓东,等. 烧结二氧化铀芯块技术条件. 北京:中国标准出版社,2008.